计算机技术开发与应用丛书

U0135522

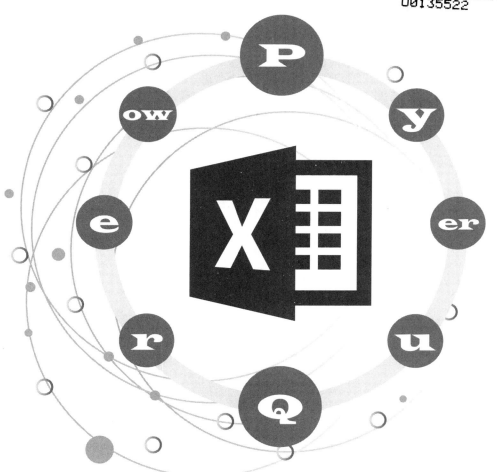

Power Query M函数
应用技巧与实战

邹 慧◎编著

清华大学出版社

北京

内 容 简 介

本书以实战案例为主线,以函数理论基础为核心,引导读者从整体上理解 Power Query(PQ)的灵活应用,从实例中获得解决问题的思路和灵感。

本书分为原理篇、实战篇、函数篇、扩展篇 4 篇共 24 章,详细讲解 PQ 的原理和函数应用。原理篇详细讲述三大数据结构(简称为三大容器)的原理和 M 函数的传参,实战篇通过案例讲解函数,函数篇按照类名讲解函数,扩展篇讲解自定义函数等的灵活应用。

本书的特点是,举一反三地把逻辑原理讲透、用类比法强化记忆、案例配套在线视频。不管使用 Excel 还是 PQ 处理数据,不仅要快,更要准确,本书列举了许多数据处理的思维和细节,提醒读者避坑。

本书面向会 PQ 界面操作的用户,作为从基础到中级水平的进阶参考书。

图书在版编目(CIP)数据

Power Query M 函数应用技巧与实战/邹慧编著. —北京:清华大学出版社,2024.2
(计算机技术开发与应用丛书)
ISBN 978-7-302-65605-0

Ⅰ. ①P… Ⅱ. ①邹… Ⅲ. ①表处理软件 Ⅳ. ①TP391.13

中国国家版本馆 CIP 数据核字(2024)第 045862 号

责任编辑:赵佳霓
封面设计:吴　刚
责任校对:时翠兰
责任印制:丛怀宇

出版发行:清华大学出版社
　　　　网　　　址:https://www.tup.com.cn,https://www.wqxuetang.com
　　　　地　　　址:北京清华大学学研大厦 A 座　　邮　　编:100084
　　　　社 总 机:010-83470000　　　　邮　　购:010-62786544
　　　　投稿与读者服务:010-62776969,c-service@tup.tsinghua.edu.cn
　　　　质量反馈:010-62772015,zhiliang@tup.tsinghua.edu.cn
　　　　课件下载:https://www.tup.com.cn,010-83470236
印 装 者:三河市科茂嘉荣印务有限公司
经　　销:全国新华书店
开　　本:186mm×240mm　　印　张:32　　　　　字　　数:716 千字
版　　次:2024 年 4 月第 1 版　　　　　　　　印　　次:2024 年 4 月第 1 次印刷
印　　数:1~2000
定　　价:119.00 元

产品编号:101959-01

前 言
PREFACE

做数据处理有一个苦不堪言的感受，重复地在不同的 Excel 表之间复制、粘贴数据，来回 VLOOKUP，效率低。Power Query(PQ)是解决这种问题的最佳方案。近年来，PQ 已经成为不会编程的办公室人员处理数据的利器。

学习 PQ 的特点是入门很快，但灵活应用较难。很多学习者的感受是对 PQ 又爱又无力，痛点是应用水平进阶困难。解决工作中随时出现的需求，应灵活地应用 M 函数。针对这些痛点，本书应运而生。

本书主要内容

第 1 章介绍使用 PQ 贯穿始终的 3 种数据结构（简称为三大容器），通过 Excel 单元格的用法和三大容器作类比，帮助读者理解三大容器的原理。

第 2 章介绍 M 语言的结构。初学 PQ 最头疼的问题是频繁地写错语法，本章详细地拆解 M 语言结构，帮助读者理解 PQ 的语法规则。

第 3 章介绍 M 函数、关键字、语句，从基础的 List 类函数入手，熟悉 M 函数。

第 4 章介绍 M 函数传参的原理，多个 M 函数涉及自定义函数传参，将传参原理理解透才能灵活地使用 M 函数。

第 5～21 章讲解 PQ 常用的函数，包括 Table 类、Record 类、List 类、Number 类、Date 类、Text 类、文件类等函数。

第 22 章介绍自定义函数的用法，本章是对 M 函数理解的扩展应用。

第 23 章介绍 PQ 与其他工具(VBA、数据透视表等)的结合使用，还介绍 PQ 对空值的处理，本章内容是数据处理的细节之一。

第 24 章介绍获取网络数据的 M 函数。

阅读建议

本书是一本基础夯实加实战的书籍，既有基础知识，又有丰富案例，包括详细的操作步骤，实操性强。

本书非常适合已经学习使用 PQ 1～3 个月的读者，帮助读者从基础阶段进阶到中级阶段。

本书每个章节的知识体系都是循序渐进的。已经熟练 PQ 的读者，可以根据目录任意选择自己需要的章节阅读。建议对三大容器、传参原理还未理解透彻的读者，按照章节顺序阅读。

本书部分章的最后一节是 PQ 的使用技巧，可以先阅览，以提高 PQ 操作效率。

本书源代码和视频

素材(源码)等资源：扫描目录上方的二维码下载。

致谢

非常感谢清华大学出版社赵佳霓编辑，让笔者有机会将多年的 PQ 学习经验分享给读者。感谢在这 7 个月的写作时光中，家人的陪伴和朋友们的支持，感谢 toot、ob、阿武、雾伴湾沟、峡山小明、双鱼协助我对本书内容进行了检查、给予了指正。

意见反馈

PQ 的使用细节非常多，书稿虽然经过笔者的全面检查，但疏漏之处在所难免，敬请读者批评指正。

邹 慧

2024 年 1 月

目　录

CONTENTS

配套资源

第一篇　原　理　篇

第二篇 实 战 篇

第三篇　函　数　篇

第一篇
原　理　篇

第 1 章

三大容器的原理

Power Query 简称为 PQ，学习 PQ 的读者十有八九有这样的学习体会：

（1）初识 PQ，惊艳于 PQ 的易操作性，信心百倍。

（2）学习 M 函数，不能透彻理解三大数据结构（简称为三大容器）、函数传参的原理，信心丢失。

（3）当遇到工作中的需求时雾里看花，无从下手，没有思路和灵感，想要进阶 M 函数。

PQ 是可视化操作，学习难度中等偏低，然而在实践学习中，很多读者学习 PQ 较长时间后，遇到的代码错误问题，仍然是由于对三大容器的错误使用。

在 PQ 的整个学习和使用过程中，对三大容器的原理理解不透彻，基石不牢，地动山摇。本章用 Excel 单元格的用法和三大容器做类比，帮助读者理解三大容器的原理。

1.1　Excel 版本异同

如果条件允许，建议使用 Excel 2016 及以上版本，PQ 是 Excel 2016 及以上版本中的内置组件，Excel 2010、Excel 2013 版本需要单独安装 PQ 插件。

大量的使用经验说明，如果 PQ 导入的 Excel 文件后缀名是. xls 格式，则最好将文件从. xls 格式转换为. xlsx 格式后，再导入 PQ，避免导入过程中出现问题，例如不识别文件，甚至数据部分丢失。

本书的 Excel 界面截图以 Excel 365 版本为准。从 Excel 2016 到 Excel 365 界面变化不大，但是不同版本的 M 函数，其中有一些存在函数和参数差异。本书如果用到不同版本有差异的函数（仅针对 Excel 2016 版本和 Excel 365 版本，两个版本的中间版本不做比较），则会尽量指出，使用 Excel 2016 版本的读者不用担心。版本异同举例如下。

1. 索引列函数

在 PQ 功能区，单击"添加列"→"索引列"→"从 0"，如图 1-1 所示。

在 Excel 2016 版本中，添加索引列的代码如下：

```
= Table.AddIndexColumn(源, "索引", 0, 1)
```

在 Excel 365 版本中，添加索引列，如图 1-2 所示，代码如下：

```
= Table.AddIndexColumn(源，"索引"，0，1，Int64.Type)
```

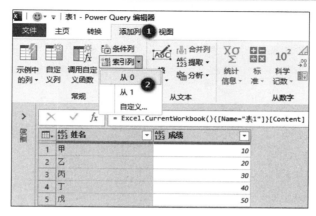

图 1-1 添加"索引列"的步骤

图 1-2 在 Excel 365 中添加"索引列"函数的参数

添加索引列函数在 Excel 2016 版本中有 4 个参数，在 Excel 365 版本中有 5 个参数。在 Excel 365 版本中，第 5 个参数是数据类型，如果不注意，没有手动删除第 5 个参数，此时把该文件发给其他用户，当其他用户的版本是 2016 版本时，对方刷新该查询，运行到添加"索引列"这一步骤，则会出现错误提示，提示这个函数只有 4 个参数，却提供了 5 个参数。

本书将分享大量的实操经验、处理细节，这些都是学习 PQ 的读者会遇到、网络搜索不一定有答案的应用场景。

2．合并查询

在 PQ 功能区，单击"主页"→"合并查询"→"合并查询"，如图 1-3 所示。

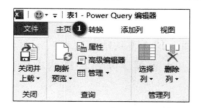

图 1-3 添加"合并查询"的操作步骤

在 Excel 365 版本的"合并"对话框中，选择"模糊匹配选项"，对应的函数是 Table．

FuzzyNestedJoin(),这个模糊匹配是 Excel 2016 版本没有的函数,如图 1-4 所示。

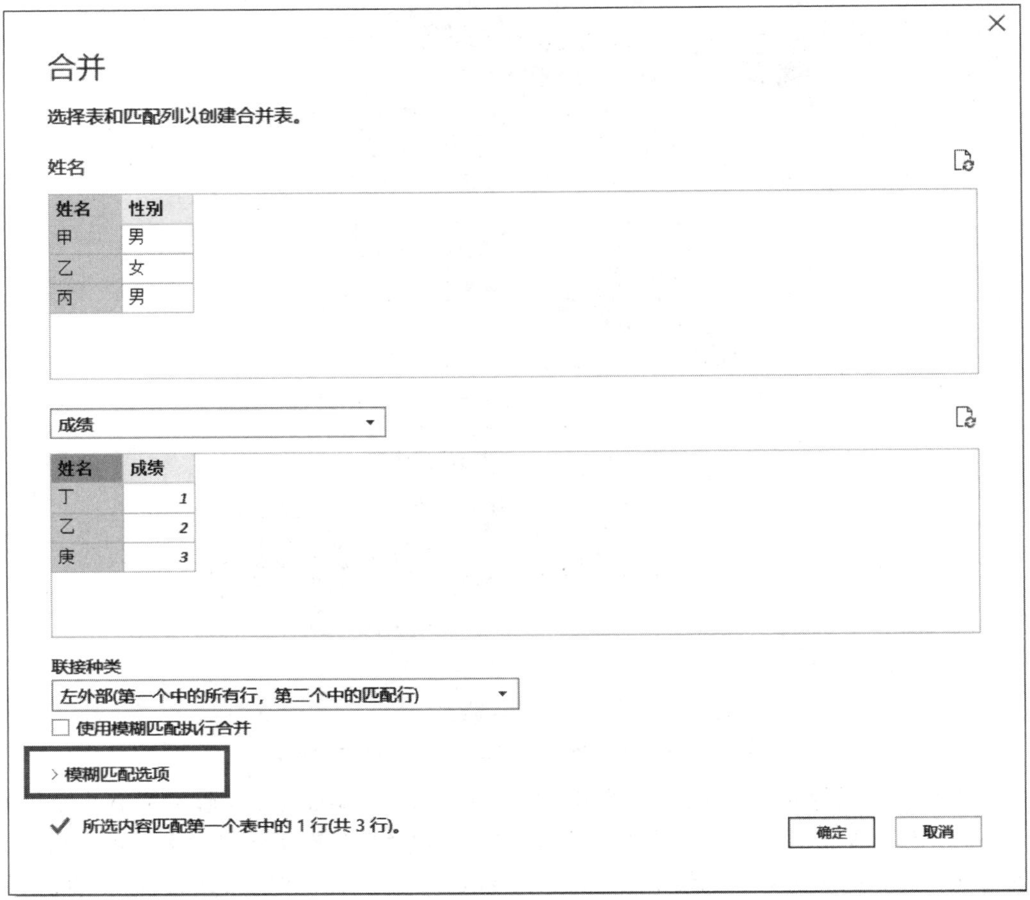

图 1-4　Excel 365 的"合并"对话框

　　Excel 版本越高,开发的函数越多,如果 PQ 查询仅供自用,则不用考虑 Excel 版本问题;如果要将工作簿发给其他用户,刷新 PQ 查询,则要提前考虑版本差异可能产生的代码问题。

1.2　三大容器和深化

　　PQ 中提供了 3 种基本的数据结构,即 table(表)、list(列表)、record(记录),分别对应着数据表的表结构、列结构、行结构,简称为三大容器。从每种结构中取值(可以取一行、一列或者单值),称为深化。

　　以 Table.Combine()函数举例,函数的参数要求是(tables as list)as table,必须理解 table 是什么,list 是什么,以及如何从原有数据转换为 table、list,这样才能正确且灵活地应用该函数。

1.2.1 深入理解三大容器

在 Excel 的 Sheet 中，日常处理的数据是一张表，这张表可能有 5 行 6 列，也可能只有一行一列，这时它看起来只是一个数据，但本质上还是一张表。

学习 Excel 表的顺序是单元格→行/一列→多行/多列。举例数据如图 1-5 所示。单元格是这个表的最小元素。在 Excel 的 Sheet 中单击或框选可对表的元素（表、行、列、值）进行选择。例如，在 C2 单元格输入"="，再单击 A2 单元格，此时 Excel 会帮助用户写上公式"=A2"。同样地，行、列、表也可以用鼠标框选出来。

将如图 1-5 所示的数据从 Excel 导入 PQ 中，看一下能否实现点选、框选？

在 A1～B6 的范围中，先选中任意一个单元格，再在 Excel 功能区单击"数据"→"来自表格/区域"，如图 1-6 所示。

图 1-5　Excel Sheet 中的举例数据

图 1-6　从 Excel 将数据导入 PQ

注意：将 Excel 数据导入 PQ 是入门阶段的操作，如果对界面操作不熟悉，则可查看相关的学习资源。Excel Sheet 表中的数据源将变成超级表，超级表的使用非常重要，本章会专门进行介绍。

操作 PQ 数据区域后发现，无法和 Excel 一样点选多个值。

（1）选中任意值，然后右击，在弹出的菜单中选择"深化"，返回该值，如图 1-7 所示。

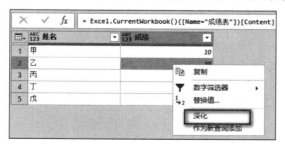

图 1-7　选中值进行深化

（2）选中任意列，然后右击，在弹出的菜单中选择"深化"，返回该列的值，如图 1-8 所示。

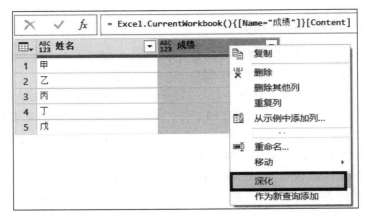

图 1-8　选中一列进行深化

（3）选中任意行，然后右击，没有菜单弹出，如图 1-9 所示。

图 1-9　选中一行无法深化

在 PQ 中选择值区域，不能用 Excel 的思维：先选中一个单元格，拖曳鼠标框选到一行/一列，再框选到整张表。PQ 是逆向的。数据从 Excel 导入 PQ 后呈现的是一张表，即使数据源只有一个值，导入 PQ 后也是一张表，有标题（姓名、成绩）和行号（左侧的 1、2、3 等），如图 1-10 所示。

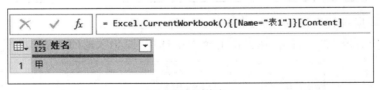

(a) 一行一列的表

(b) 多行多列的表

图 1-10　PQ 中的标题和行号

如何计算这张表里每行的和，每列的平均数，对某个值进行逻辑判断，对整张表计算有多少行？如何把 PQ 里的表、行、列、值取出来？PQ 中这一取值过程，叫作三大容器的深化。

深化不能如同 Excel 那样，通过框选、点选划定取值范围，多数情况下需使用代码的形式表达。

三大容器是 PQ 的表、行、列，但是 PQ 有个特别的名字，叫作 table、record、list。深化是从一个容器取值，深化结果可能是另一个容器，也可能是一个单值。为什么要起个特别的名字？接下来对比 Excel（数据区域还没有转换成超级表的状态下）和 PQ 的异同。

假设导入超级表的步骤名是"成绩表"。读者看到的名字可能是源，为了方便演示，这里改成了成绩表。第 1 个步骤的重命名只能到"高级编辑器"中修改，其修改方法是在 PQ 功能区单击"视图"→"高级编辑器"，如图 1-11 所示。

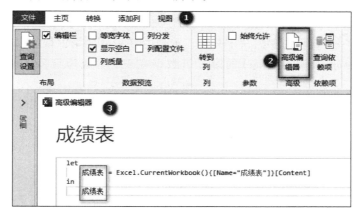

图 1-11　更改第 1 个步骤的名字

1．取表

在 Excel 中，Excel 选择表的方法是引用单元格范围，代码如下：

```
= A1:B6
```

在 PQ 中，在当前步骤下，当单击 fx 时将增加一个步骤，并引用上个步骤名，代码如下：

```
= 成绩表
```

在 PQ 中，如果引用步骤名，则会引用该步骤的结果。在本例中，成绩表这个步骤是一张表，引用此步骤名，则会引用整张表。表是有标题行的，数据从 Excel 导入时如果没有指定标题行，PQ 则会自动将标题指定为列 1、列 2 或 Column1、Column2，以此类推。

表在 PQ 中也叫 table。从左上角的图标也能看出来这是一张表，如图 1-12 所示。

2．取第 1 行

在 Excel 中，选择行的方法是引用行号，代码如下：

```
= 1:1
```

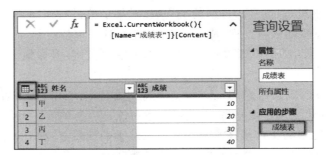

图 1-12 PQ 中的 table

在 PQ 中,在当前步骤下,单击 fx 增加一个步骤,修改代码如下:

```
= 成绩表{0}
```

PQ 和 Excel 一样,也有行号,从 1 开始。本例中,Excel 的第 1 行数据(姓名、成绩)已经提升到 PQ 中成为标题,所以 Excel 的第 2 行数据在 PQ 中成为行号 1 的数据,如图 1-13所示。

图 1-13 PQ 中的行号

在 PQ 中,深化行不能直接用行号,而是行号减 1,这个术语叫作索引,在 1.2.2 节将进行详细讲解。索引用英文状态下的花括号囊括数字,正如本例中的{0}。

在 Excel 中跨表引用行,例如引用 Sheet1 的第 2 行,代码如下:

```
= Sheet1!2:2
```

即"表名!行号",PQ 也是如此,引用行的代码如下:

```
= 表名{索引}
```

相当于将!换成了{ },正如本例中的"=成绩表{0}"。

行在 PQ 中也叫 record。record 的呈现形式不仅有数据还有标题,这种形式的优点是后面的处理可以通过深化标题取得该标题对应的值,使 PQ 对数据处理的灵活性增大。

record 的显示形式实际上把标题及行转置了 90°,如图 1-14 所示。

3. 取第 1 列

Excel 选择列的方法是引用列号,代码如下:

```
= A:A
```

(a) table的第1行

(b) table深化出第1行的显示形式

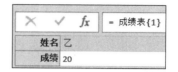

(c) table的第2行

(d) table深化出第2行的显示形式

图 1-14 table 深化出 record

在 PQ 中,在当前步骤下,单击 fx 增加一个步骤,修改代码如下:

```
= 成绩表[姓名]
```

PQ 和 Excel 一样,也有列号,只是这个列号是一个有意义的标签,也就是标题。用标题代替了 Excel 的列号 A、B 等。

PQ 中标题是不能重复的,如果在 Excel 中表的标题重复,则导入 PQ 时将自动重命名标题。基于标题的唯一性,可以用标题代表该列,如果引用标题,则深化了该列。

在 Excel 中跨表引用列,例如引用 Sheet1 的第 1 列,代码如下:

```
= Sheet1!A:A
```

即"表名!列号"。PQ 也是如此,深化列的代码如下:

```
= 表名[标题]
```

相当于将!换成了[ ]。正如本例中的"=成绩表[姓名]"。

列在 PQ 中也叫 list,list 的呈现形式没有标题,如图 1-15 所示。

4. 取第 1 个值

Excel 选择单元格的方法是引用列号+行号,代码如下:

```
= A1
```

在 PQ 中,在当前步骤下,单击 fx 增加一个步骤,修改代码,等同的代码如下:

```
= 成绩表[姓名]{0}
= 成绩表{0}[姓名]
```

(a) table的第1列　　　　　　　　　(b) table深化出第1列

(c) table的第2列　　　　　　　　　(d) table深化出第2列

图 1-15　table 深化出 list

在 Excel 中跨表引用单元格,示例代码如下:

```
= Sheet1!A1
```

在 Excel 中,引用一个单元格,用列号＋行号,即 A1,而不能写 1A。引用单元格的本质是行号和列号的交叉点。在 PQ 中,提取行和列交叉的值,先深化出列再深化出值与先深化出行再深化出值是等同的。PQ 是可视化界面,有利于读者实现千人千面的思路,只要达到数据处理的目的即可。

深化的代码、结果和说明见表 1-1。

表 1-1　深化的代码、结果和说明

代　　码	结　　果	说　　明
=成绩表	table	引用表名即引用表
=成绩表[姓名]	list	用标题深化出姓名列,table[标题]
=成绩表{0}	record	用索引深化出第 1 行,table{索引}
=成绩表[姓名]{0}	行和列交叉的值	"成绩表[姓名]"的结果是 list,再用索引深化得出值
=成绩表{0}[姓名]	行和列交叉的值	成绩表{0}的结果是 record,再用标题深化得出值

1.2.2　深入理解深化

深化有点抽象,在实际操作中,取 table 的一行、取 table 的一列、取 list 中的一个元素、取 record 中的值都叫作深化。通俗地讲,从一个容器取值的过程叫作深化。

深化可以通过写代码实现。在没有三大容器互相嵌套的情况下,有时也可以通过界面操作实现。在值或列上右击,在弹出的菜单中选择"深化",如图 1-7 和图 1-8 所示。

索引是很多编程语言都有的概念,例如 Python、VBA。有的语言的索引从 0 开始,有的从 1 开始,PQ 的索引从 0 开始。

索引用于 table 和 list 的深化。

table 的左侧是行号,从 1 开始,但是取第 1 行表示要深化索引 0,索引是行号减 1,即 0、1、2 等,如图 1-16 所示。

图 1-16　table 的索引是行号减 1

假设一个 table 的表名是 t,深化第 1 行,则写作 t{0};深化第 2 行,则写作 t{1}。

假设一个 list 的名称是 n,深化第 1 个元素,则写作 n{0};深化第 2 个元素,则写作 n{1},以此类推,如图 1-17 所示。

list 中的元素通过索引深化出,record 中的元素通过标题深化出。record 的举例数据如图 1-18 所示,假设 r 是这个 record 的结果,用"r[姓名]"深化出甲,用"r[成绩]"深化出 10。record 的值可以用标题深化,是由 PQ 标题的唯一性决定的。

图 1-17　list 的索引是行号减 1　　**图 1-18　record 举例数据**

标题用于 table 和 record 的深化。

深化很简单,无须死记硬背,只要不断地练习写代码。

深化过程见表 1-1,练习多层深化,可以从表分步深化到值,也可以一步到位地深化到值。

PQ 的优点是写一个步骤就能看到结果,完全可视化,熟练三大容器和深化原理的方法是反复练习从一个 table 深化到 record/list,再深化到底层的值。

能否总结出方括号中放标题、花括号中放索引? 方括号深化出 list、花括号深化出来 record? 不能。关键点在于方括号和花括号前面的源头,源头不同或者没有源头,其结果是不同的。

"＝table[标题]"深化出 list；"＝table{索引}"深化出 record；"＝record[标题]"深化出值；"＝list{索引}"深化出值。不同的源头深化出来的结果不一样，读者不需要死记硬背，多练习即可。

如果没有源头(table、list、record)，则会提示错误，如图 1-19 所示。

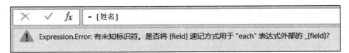

图 1-19　没有源头的深化错误

图 1-20　创建 list

{0,1}也不是索引，因为没有源头(table、list、record)，这表示创建一个 list，如图 1-20 所示。

table 有标题、索引；list 有索引；record 有标题。当前是一个 list，用"list{索引}"深化出 list 中的值；当前是一个 record，用"record[标题]"深化出 record 中的值。如何深化，要看源头是什么。用户的取值需求决定深化的层次度(深化几层)。

1.2.3　三大容器的创建

前文讲的表都是从 Excel 导入的，然后深化到 table、record、list、值。能否在 PQ 中直接创建三大容器？答案是可以的，而且在实践中经常需要这样做。

1. 创建 table

在 fx 编辑栏输入的代码如下：

```
= #table
```

♯table()的函数解释如图 1-21 所示。

```
X  ✓  fx   = #table

#table

根据 columns 和 rows 创建表值。 columns 值可以是列名列表、表类型、列数或
null。 rows 值是列表列表，其中每个元素都包含单行的列值。

输入参数
  columns (可选)
  [                    ]
  rows (可选)
  [                    ]

  [调用]  [清除]

function (columns as any, rows as any) as any
```

图 1-21　♯table()的函数解释

♯table 是 PQ 的一个关键字，用来创建 table。PQ 的关键字介绍见 3.4 节。

♯table 的第 1 个参数用于写标题，第 2 个参数用于写每行的值。等同效果的代码如下：

```
//ch1.2-01
= ♯table({"姓名","成绩"},{{"甲",10},{"乙",20}})
= ♯table(type table[姓名=text,成绩=number],{{"甲",10},{"乙",20}})
```

形成的表格如图 1-22 所示。

	ABC 123 姓名	ABC 123 成绩
1	甲	10
2	乙	20

fx = **#table**({"姓名","成绩"},{{"甲",10},{"乙",20}})

图 1-22　创建 table

2. 创建 list

创建 list，用花括号囊括，用英文状态的逗号分隔元素，示例代码如下：

```
= {1,2,3,4}
```

结果如图 1-23 所示。

在 Excel 中，如果在一个单元格中放数组，则会溢出。在 PQ 中，list 代表一列，list 中的每个元素相当于 Excel 中的一个单元格，每个单元格中可以放入任意值，包括各种数据类型、三大容器、函数等各种表达式。

在 PQ 功能区，单击"转换"→"数据类型：任意"，可查看 PQ 中常见的数据类型，如图 1-24 所示。

	列表
1	1
2	2
3	3
4	4

fx = {1,2,3,4}

图 1-23　创建第 1 个 list

图 1-24　数据类型

在 fx 编辑栏输入一个 list,代码如下:

```
//ch1.2-02
= {1, "1", true, #table, {1,2}, [a = 1]}
```

结果如图 1-25 所示。

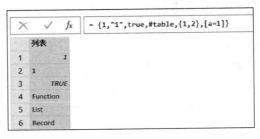

图 1-25　创建第 2 个 list

行号 1 是数字类型,靠右显示;行号 2 是文本类型,靠左显示;行号 3 是布尔值;行号 4 是函数;行号 5 是 list;行号 6 是 record,即 list 可以放任意值,不限制元素的个数,每个元素用逗号分开。

再写一个 list,代码如下:

```
= {{1,2}, {3,4}}
```

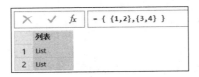

图 1-26　创建第 3 个 list

这个代码里有 3 个逗号,结果只有两个行号,说明只有两个元素。一定要数元素的整体个数。这是一个 list,list 中每个元素又是一个 list,是 lists as list 的结构,如图 1-26 所示。

三大容器是 PQ 中处理数据的基石,熟练学习本章的三大容器、深化知识极其重要。

注意:PQ 代码用英文状态下的符号,例如逗号、圆括号、花括号、方括号等。

符号两边可以加任意多个空格。例如[a=1,b=2]和[a = 1 , b = 2]等同。

---

3. 创建 record

在 fx 编辑栏创建一个 record,代码如下:

```
= [a = 1, b = 2, c = 3]
```

创建的 record 用方括号囊括,用逗号分隔字段,写法是"[标题 1=值,标题 2=值]"。标题不能重复,如图 1-27 所示。

record 和 list 是同理的。record 代表一行,record

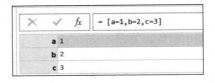

图 1-27　创建第 1 个 record

中的每个字段的值相当于 Excel 中的一个单元格,每个单元格可以放任何值,示例代码如下:

```
//ch1.2 – 03
 = [a = 1, b = "1", c = true, d = List.Sum, e = [a = 1], f = {1,2}]
```

结果如图 1-28 所示。

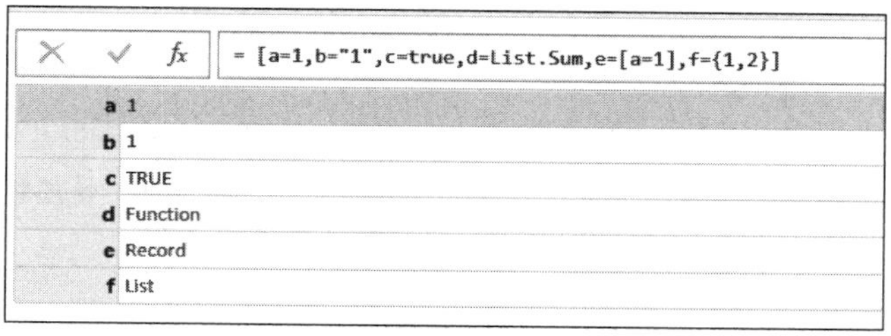

图 1-28 创建第 2 个 record

获取 record 中标题为 f 的第 1 个元素,即 f = {1,2} 中的 1。假设 record 的名字是 r,"= r[f]"深化出 f 这个标题下的元素,这个元素是 list,在此结果的基础上,如果继续深化索引{0},则可把 list 的第 1 个元素取出来,代码如下:

```
= r[f]{0}
```

区别深化三大容器和创建三大容器,关键点是源头(table、list、record),创建三大容器没有源头,是为了创建源头(table、list、record)。

1.3 超级表

本节用超级表与 PQ 进行对比,以加深对深化的理解。

在 A1～B6 的范围中,单击任意单元格,在 Excel 功能区,单击"插入"→"表格",创建超级表的快捷键是 Ctrl＋T,如图 1-29 所示。

是否勾选"表包含标题",取决于数据源。本例中的数据源已经有了姓名/成绩这个标题行,如果想把这行作为 PQ 的标题,则可勾选"表包含标题"。如果不勾选,则超级表将增加一个默认的标题行(列 1、列 2、……)。

超级表和 PQ 的原理类似,如它们都可以给这个表命名、表名用来引用整张表、标题的唯一性、标题的作用至关重要、数据范围能够自动扩展等。如果读者还不知道超级表的各种特性,则应先学习超级表的妙用。例如做数据透视表时,应先把数据区域转换成超级表,这样在刷新数据透视表时才能自动扩展数据源范围。

将这个超级表命名为"成绩表"。在超级表范围中,单击任意单元格,在 Excel 功能区单击"表设计"→"表名称",输入"成绩表",如图 1-30 所示。

如何引用一张超级表?在超级表范围以外的任意单元格中输入的代码如下:

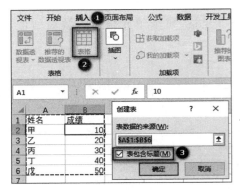

图 1-29　创建超级表

图 1-30　给超级表命名

= 成绩表

只要输入超级表的名字,Excel 就可选中整张表,不用像普通区域一样框选一定范围的单元格,如图 1-31 所示。

PQ 也是如此,如果在 fx 编辑栏输入"＝表名",则引用一张表,结果是 table。

如何引用超级表的一列? 如果输入"表名[标题]",则可取出列,如图 1-32 所示。

PQ 也是如此。如果在 fx 编辑栏输入"＝表名[标题]",则可深化成一列,结果是 list。

超级表的标题不能重复。如果标题重复,则超级表会自动重新命名,如图 1-33 所示。

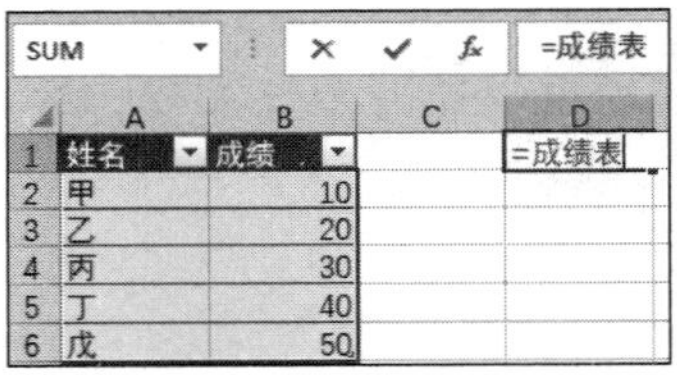

图 1-31　在 Excel 中引用超级表 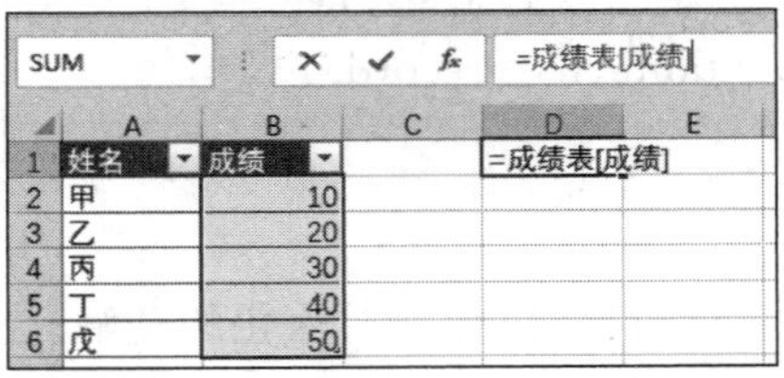　　图 1-32　在 Excel 中引用超级表的列 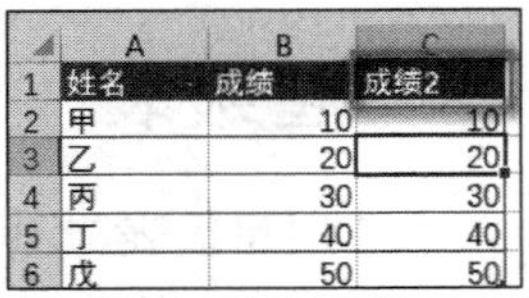　　图 1-33　超级表自动命名
　　　　　　　　　　　　　　　　　　　　　　　　　　　　　　　　　　　　　　重复标题

PQ 也是如此,标题不能重复。当给标题重命名时,如果和其他列名有重复,则提示错误,如图 1-34 所示。

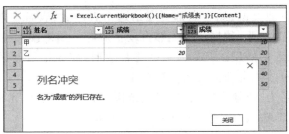

(a) 双击标题修改名称时出现的列名重复错误

图 1-34　标题不能重复

(b) 用重命名函数写代码时出现的错误

图 1-34 （续）

1.4 PQ 使用快捷方式

本节介绍提高 PQ 操作效率的设置。

1.4.1 快速访问工具栏

在 Excel 功能区,右击任意按钮,选择"添加到快速访问工具栏",如图 1-35 所示。

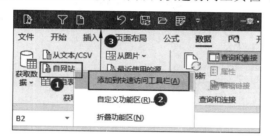

图 1-35 添加快速访问工具栏的按钮

1.4.2 快捷键 Alt＋数字

已经添加到快速访问工具栏的按钮,调用方法有两种。一是通过单击调用;二是通过"Alt＋数字"调用,数字指按钮在"快速访问工具栏"的排列顺序。例如,Alt＋3,实现"筛选"功能,因为从左边数第 3 个按钮是"筛选",如图 1-36 所示。

图 1-36 快速访问工具栏按钮的顺序

1.4.3 PQ 快速访问工具栏

PQ 和 Excel 同理,右击 PQ 功能区的按钮,将按钮添加到快捷访问工具栏,并通过单击按钮或用"Alt＋数字"进行调用,如图 1-37 所示。

1.4.4 自定义选项卡

在 Excel 功能区的任意空白处右击,在弹出的菜单中选择"自定义功能区",逐步建立自定义选项卡,如图 1-38 所示。

图 1-37　创建"快速访问工具栏"

(a) 选择"自定义功能区"

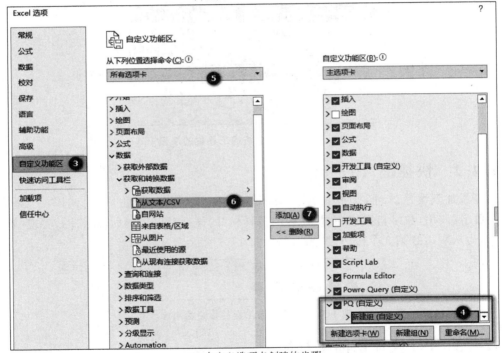

(b) 自定义选项卡创建的步骤

(c) 自定义选项卡创建后的示例

图 1-38　创建自定义选项卡

1.5 PQ 界面设置

1.5.1 查询设置

如果 PQ 界面未显示"查询设置"窗口,则可在 PQ 功能区单击"视图"→"查询设置",如图 1-39 所示。

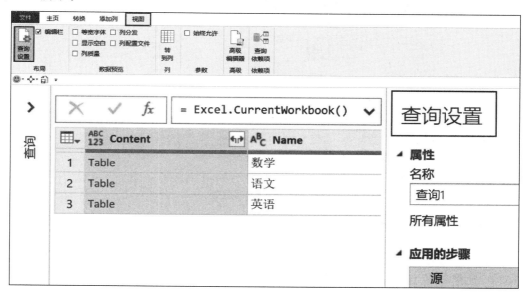

图 1-39 显示"查询设置"窗口

1.5.2 显示编辑栏

如果 PQ 界面未显示 fx 编辑栏,则可在 PQ 功能区单击"视图"→勾选"编辑栏",如图 1-40 所示。

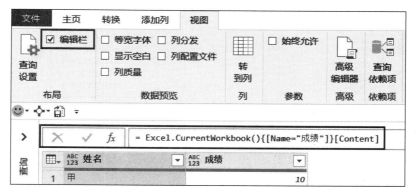

图 1-40 在视图中打开"编辑栏"

1.5.3　显示列质量

在 PQ 功能区单击"视图",勾选"列质量"。该部分在 Excel 2016 和 Excel 365 版本中显示的内容不尽相同,Excel 2016 版本没有"列质量"等,"列质量"显示的是每列空值、错误值(这是查找错误值所在列非常方便的方法)等在该列的占比,如图 1-41 所示。

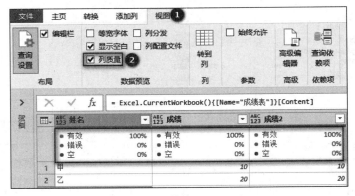

图 1-41　显示"列质量"

1.5.4　上载设置

在 PQ 功能区的"文件"选项卡下,"关闭并上载"的默认设置是将 PQ 中的查询上载到 Excel 中,如图 1-42 所示。

如果要修改此默认设置,则可在"查询选项"对话框中设置,如图 1-43 所示。

图 1-42　"关闭并上载"

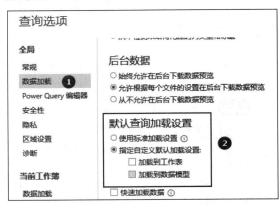

图 1-43　"数据加载"设置

"查询选项"是 PQ 的选项设置,类似于 Excel 中"文件"选项卡下"选项"的作用。打开"查询选项"对话框有以下两种方法。

第 1 种方法是在 PQ 中打开,如图 1-44 所示。

第 2 种方法是在 Excel 中打开,如图 1-45 所示。

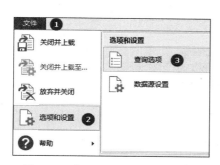

图 1-44　在 PQ 中打开"查询选项"　　　图 1-45　在 Excel 中打开"查询选项"

在"查询选项"对话框中有两部分，"全局"的设置对所有工作簿生效；"当前工作簿"的设置只对当前工作簿生效。

1.5.5　检测数据类型

默认设置下，"应用的步骤"中经常会自动增加一个"更改的类型"步骤，示例代码如下：

```
= Table.TransformColumnTypes(源,
{
{"姓名", type text},
{"1 月", Int64.Type},
{"2 月", Int64.Type},
{"3 月", Int64.Type}
})
```

在 PQ 自动补全的代码中，第 2 个参数是所有的列名，如果数据源的列减少，则该代码将出错。通常，不需要多次检测所有列的数据类型。修改默认设置的方法是先打开"查询选项"对话框，单击"数据加载"，然后在"类型检测"部分勾选"从不检测未结构化源的列类型和标题"，如图 1-46 所示。

在"当前工作簿"部分，所有的 Excel 版本都有"类型检测"的设置，但是在"全局"部分，是否有"类型检测"的设置取决于不同的 Excel 版本。

1.5.6　查询名

假设 Excel 中超级表的名称是"成绩表"，将"成绩表"导入 PQ 中，在默认情况下，左侧的查询区中的查询名是超级表的名称，如图 1-47 所示。

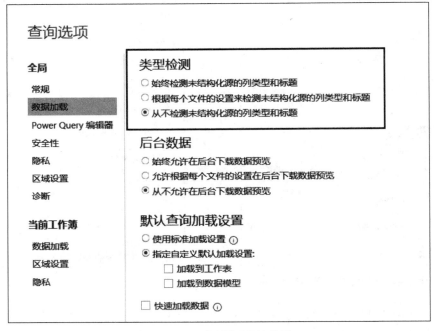

图 1-46　"类型检测"的设置

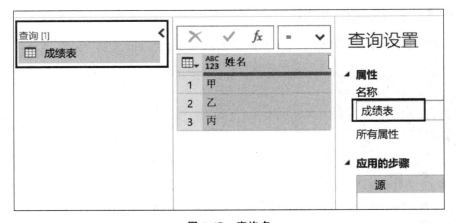

图 1-47　查询名

　　查询区的查询名的修改方法是右击名称→"重命名",或按 F2 键,或双击。修改查询名不影响 Excel 中的超级表名称。

　　查询区的查询名和右侧"查询设置"下"属性"中的名称是联动的,也可在"属性"下修改查询名。

　　如果不修改查询名,则将保留数据源超级表的名称,当将 PQ 的数据导出到 Excel 中时查询的结果也是一张超级表,由于超级表在一个工作簿内不能重名,因此该查询在 Excel 中会自动变更名称,如图 1-48 所示。

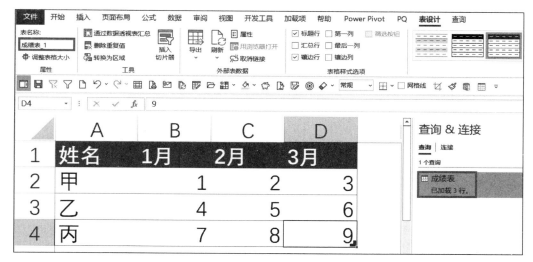

图 1-48　导出到 Excel 中的查询名

此时，可修改"表名称"，而不影响 PQ 中的查询名。

在"查询 & 连接"窗口的查询名"成绩表"和 PQ 中的查询名是联动的。

1.5.7　查询和连接

打开"查询 & 连接"窗口的方法是在 Excel 功能区单击"数据"→"查询和连接"，如图 1-49 所示。

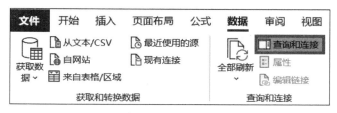

图 1-49　打开"查询和连接"窗口

在 Excel 2016 版本中，这个窗口名为"工作簿查询"，打开方法是单击"数据"→"显示查询"。

将鼠标放在查询名称上，将显示预览数据等信息，如图 1-50 所示。

在查询名称上右击，弹出的菜单如图 1-51 所示。

该菜单中的项目使用频繁。单击"属性"后打开"查询属性"对话框，可对刷新进行设置，如图 1-52 所示。

"查询属性"对话框的设置是针对该查询的。

（1）在"允许后台刷新"勾选的状态下，在 Excel 功能区单击"数据"→"全部刷新"按钮后，先刷新数据透视表，再刷新 PQ，参见 23.3 节。

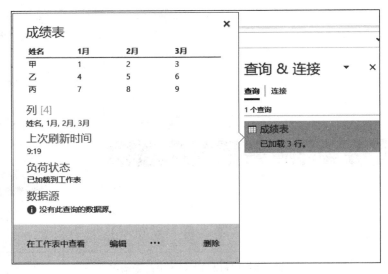

图 1-50 预览 PQ 的数据

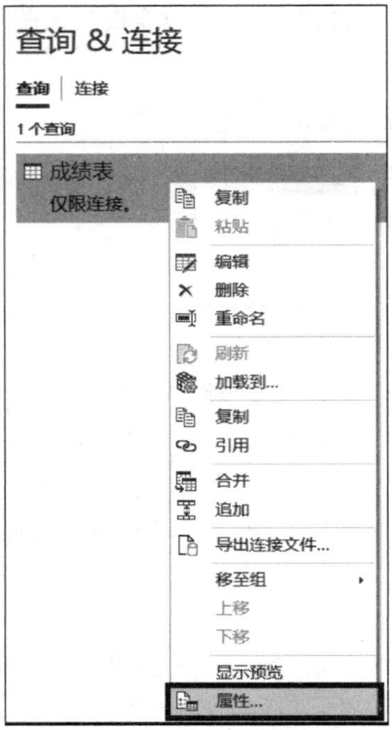

图 1-51 右击查询名弹出的菜单    图 1-52 "查询属性"对话框

（2）勾选"刷新频率"，设置定时刷新。

（3）如果勾选"打开文件时刷新数据"，则在打开 Excel 工作簿时会自动刷新此查询。

（4）选择"数据"→"全部刷新"，如果不想此查询在该操作下被刷新，则不要勾选"全部刷新时刷新此连接"，例如静态查询表可进行此设置，以减少刷新时间，或将该查询用作历史版本。

（5）勾选"启用快速数据加载"可提高刷新速度，在数据量大或有复杂数据时有用，但是勾选后，在刷新结束前，Excel 不能做其他处理。

1.5.8　进入 PQ 编辑器

从 Excel 界面进入 PQ 编辑器的方法有多种。

（1）双击"查询 & 连接"窗口的查询名，或右击查询名，在弹出的菜单中单击"编辑"。

（2）新建空白查询，在 Excel 功能区，单击"数据"→"获取数据"→"自其他源"→"空白查询"，如图 1-53 所示。

（3）启动 PQ 编辑器，在 Excel 功能区，单击"数据"→"获取数据"→"启动 Power Query 编辑器"，如图 1-53 所示。

图 1-53　进入 PQ 编辑器

1.6　约定

对于 PQ 的列名，本书约定的叫法有标题、列名、字段名，以便在不同的场景下使用。

1.7　练习

三大容器是 PQ 应用中贯穿始终的知识点。阅读完本章，若有不明白的地方，则可先继续阅读后面的章节。通过后面对 M 函数的学习，能够帮助提高对三大容器的理解。学习 PQ 是一个反复的过程，三大容器→M 函数→传参→三大容器→M 函数。大部分 M 函数会用到三大容器的概念。练习如下。

（1）将一张表从 Excel 导入 PQ，在 PQ 任意值上右击，在弹出的菜单中选择"深化"，观察结果。

（2）创建 list 和 record。

（3）代码如下：

```
//ch1.7-01
= {1, "1", true, #table, {1,2}, [a = 1], [d = {1}]}
```

从这个 list 中取出第 5 个元素的第 1 个值，即{1,2}中的 1；取出第 7 个元素的第 1 个值，即 d＝{1}中的 1。

第 2 章

M 语言结构

PQ 的脚本语言是 M Formula Language，简称为 M 语言，是一种混合式语言（Mashup Language），由值、表达式、环境、函数等构成，其中，函数简称为 M 函数。

本章使用如图 1-5 所示的数据源成绩表。

2.1 M 语言简介

将"成绩表"导入 PQ 中，如图 2-1 所示。

	ABC 123 姓名	ABC 123 成绩
1	甲	10
2	乙	20
3	丙	30
4	丁	40
5	戊	50

= Excel.CurrentWorkbook(){[Name="成绩表"]}[Content]

图 2-1　将成绩表导入 PQ 中

单击"主页"→"保留行"→"保留最前面几行"，在"保留最前面几行"对话框中输入 3，如图 2-2 所示。

(a) 保留行

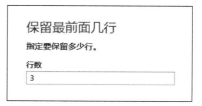
(b) "保留最前面几行"对话框

图 2-2　保留最前面几行

单击"主页"或"视图 "→"高级编辑器"后会弹出"高级编辑器"对话框，如图 2-3 所示。

M 语言结构有以下特点。

1. let in 结构

从 let 开始，以 in 结束，in 后面会输出最终结果，示例代码如下：

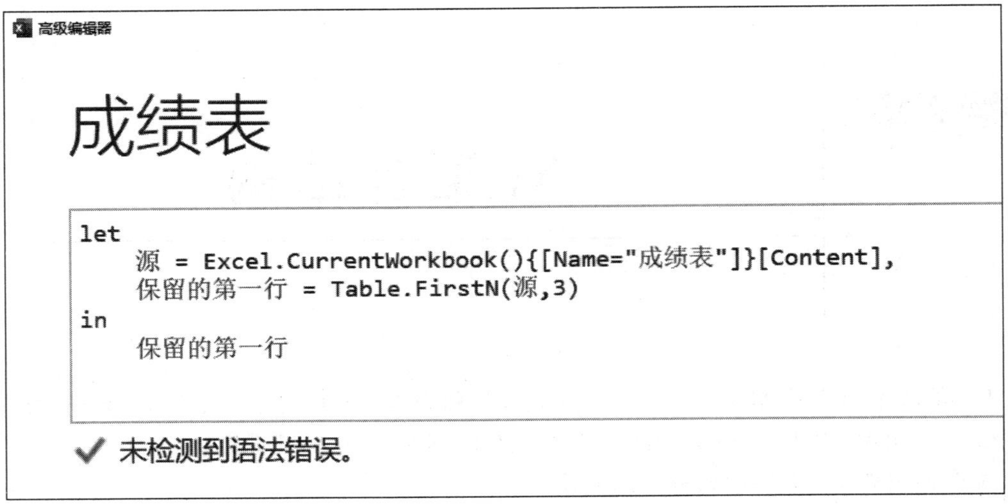

图 2-3 高级编辑器

```
let
    源 = Excel.CurrentWorkbook(){[Name = "成绩表"]}[Content],
    保留的第一行 = Table.FirstN(源,3)
in
    保留的第一行
```

in 可以输出最后一个步骤,也可以输出中间步骤,示例代码如下:

```
let
    源 = Excel.CurrentWorkbook(){[Name = "成绩表"]}[Content],
    保留的第一行 = Table.FirstN(源,3)
in
    源
```

in 输出最后一个步骤和中间步骤,在可视化页面中显示的区别如图 2-4 所示。

可见,如果 in 输出为中间步骤,则"应用的步骤"中不再显示其他步骤名。

实际上,in 后面可以输出任何表达式,示例代码如下:

```
let
    a = 1,
    b = 2
in
    a + b
```

另一个示例代码如下:

```
let
    a = 1,
    b = 2
in
    3
```

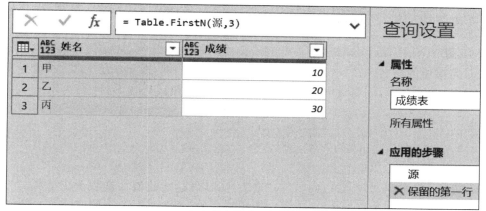

(a) in输出最后一个步骤

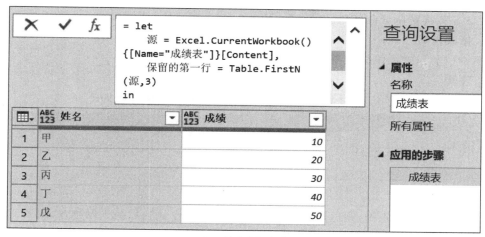

(b) in输出中间步骤

图 2-4　in 的输出结果

2．逗号

每个步骤以逗号结束,最后一个步骤除外,没有逗号,如图 2-3 所示。

因为每个语句后面有逗号作为分隔符,所以语句之间不进行分行也是可以的,如图 2-5 所示。

```
let 源 = Excel.CurrentWorkbook(){[Name="成绩表"]}[Content],保留的第一行 =
Table.FirstN(源,3)in
    保留的第一行



✔ 未检测到语法错误。
```

图 2-5　M 语言的语法特点

本例只用于展示 M 语言的语法特点,规范地书写代码应按照图 2-3 所示,以优雅的语法格式书写代码。

3.变量

变量是对值的命名。在 let in 结构中,变量是步骤名称;在 record 结构中,变量是字段名。变量名区分大小写。变量可以被其他步骤引用。示例代码如下:

```
a = 1 + 1,
b = a + 1,
A = 2 + 2,
c = [d = 1, D = 2]
```

第 1 步"a=1+1","="右边的"1+1"是表达式,表达式的值 2 被赋予变量名 a,变量能够被其他步骤引用,例如第 2 步"b=a+1"引用了变量 a,同时将 a+1 的值赋予变量名 b。

A 和 a 是不同的步骤名,D 和 d 是不同的字段名,名称区分大小写。

在 2.5 节将对变量命名和引用进行讲解。

4.修改代码

修改代码可在"高级编辑器"中修改,也可以在 fx 编辑栏修改。

5.注释

单行注释以//开头。多行注释以/ * 开头,以 * /结束,示例代码如下:

```
= Table.FirstN(源,3) //保留表的前三行
/ * 保留
前三行
* /
```

6.语法错误

如果语法书写不正确,则返回错误提示。例如,第 1 个语句后缺少逗号,如图 2-6 所示。

图 2-6 语法错误

7. let in 嵌套

在 let in 结构内可以再嵌套多个 let in,嵌套的 let in 整体作为一个变量值。示例代码如下:

```
let
    a = 1,
    b =
        let
            c = 2
        in
            c
in
    b
```

2.2　M 函数语法

Excel 中函数的调用方法是"＝函数名(参数 1,参数 2,…)",示例代码如下:

```
= SUM(1,2,3)
```

PQ 中 M 函数的调用方法同理,"＝函数名(参数 1,参数 2,…)",示例代码如下:

```
= List.Sum({1,2,3})
```

M 函数可以在 fx 编辑栏中编写,也可以在高级编辑器中编写,如图 2-7 所示。

图 2-7　编写 M 函数

Excel 和 PQ 的函数相似度高,区别也很明显。M 函数的特点如下。

1. 函数名

PQ 的函数名不仅有方法名(Sum),还有类名(List)。除了几个函数名是用关键字创建函数的,例如♯table()、♯date()等,其他函数名的写法都是"类名.方法名",并且每个单词的首字母大写,采用驼峰式命名,例如"＝ Table.RowCount()"。

如果语法书写错误,则将出现错误提示。标点不正确、函数大小写不正确的提示如图 2-8 所示。

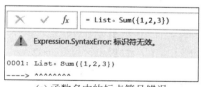
(a) 函数名中的标点符号错误

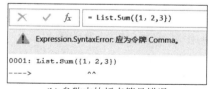
(b) 参数中的标点符号错误

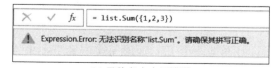
(c) 函数名大小写错误

图 2-8　M 函数语法错误

2. 参数类型

通过函数名 List.Sum()可以看出,这个函数跟 list 有关,这是学习三大容器的原因之一。是否有 Table.Sum()、Record. Sum()? 对于 Sum 函数来讲,答案是没有。

在 fx 编辑栏输入的代码如下:

```
= List.Sum
```

在不加圆括号、参数的情况下,PQ 返回了函数说明,如图 2-9 所示。

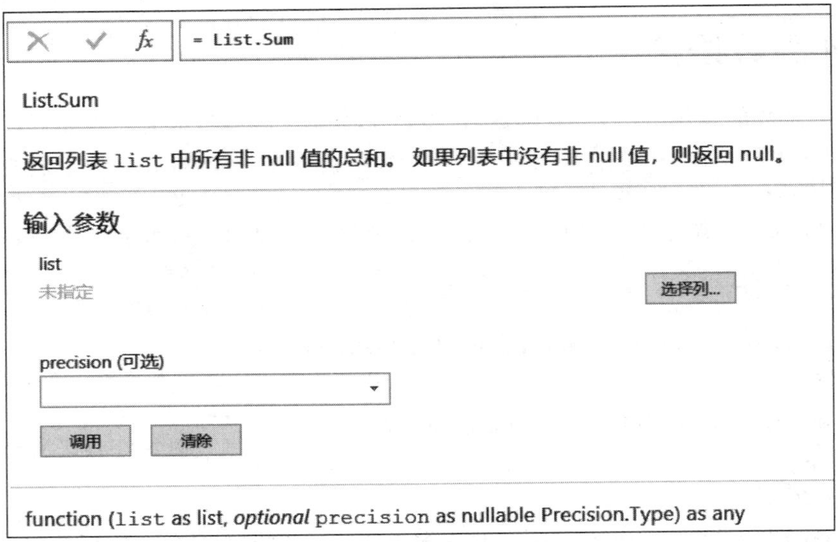

图 2-9 函数说明

每个 M 函数的说明中必有一段参数说明,例如本例中,参数如下:

```
function(
list as list,
optional precision as nullable number)
as any
```

学习使用 M 函数要看懂参数说明。

第 1 个参数是 list as list,说明参数类型必须是 list(as 后面的 list),并且有且只有一个 list 作为参数传递到函数中(list as list 中的第 1 个 list 是单数)。示例代码如下:

```
= List.Sum({{1,2},{3,4}})
```

结果如图 2-10 所示。

第 1 个参数尽管是 list,但不是一个 list,而是 list 嵌套 list,相当于 lists as list 的结构(第 1 个 list 是复数),不符合 List. Sum()第 1 个参数的要求。

有的 M 函数的参数是 lists as list,指这个参数的数据类型必须是 list,该 list 中每个元素也是 list,是一种{{},{}}的 list 嵌套形式。

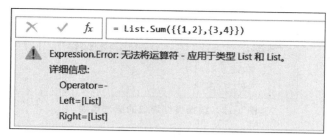

图 2-10　参数语法错误

第 2 个参数是 optional precision as nullable number，optional 说明参数是可选的，nullable 是可空类型，number 是数字类型。

括号外的 as any 是该函数结果返回的数据类型。

3．参数个数

正确书写一个 M 函数，参数个数是非常重要的语法问题，Excel 中 SUM() 的参数个数可以为任意多个，PQ 中 List.Sum() 只有一个必选参数，如何求 100 个值的和？list 表示一列，可以放不限制个数的元素。例如计算 1~10 的和，代码如下：

```
= List.Sum( 1,2,3,4,5,6,7,8,9,10 )
```

错误提示如图 2-11 所示。

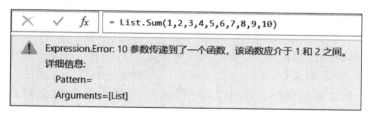

图 2-11　函数语法错误

List.Sum() 最多只有两个参数，而且第 1 个参数必须是 list，正确的代码如下：

```
= List.Sum({1,2,3,4,5,6,7,8,9,10})
```

4．数据类型

在 Excel 中的示例代码如下：

```
= SUM(1 + "1")          //2
```

在 Excel 中，数字和文本型数字相加的结果是 2，说明 Excel 自动把文本型数字转换成数值。在 PQ 中的示例代码如下：

```
= List.Sum({1,"1"})
```

结果如图 2-12 所示。

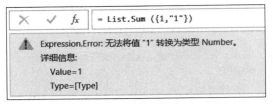

图 2-12　数据类型导致的语法错误

在 PQ 中提示语法错误,无法将文本转换为数字类型。PQ 对数据类型要求非常严格,不同的数据类型之间必须强制转换成相同类型才能进行聚合运算。

5. 空格

函数名是一个整体,写为"List.　Sum"是错误的。函数名和括号之间、参数之间有空格是允许的,示例代码如下:

```
= List.Sum ( {1 , 1 } )
```

M 函数的参数不符合要求是初学者会高频犯的语法错误,需要一个慢慢积累、熟练使用 M 函数的过程。

2.3　M 函数应用

学习了语法结构后,如何把 List.Sum()用在实际数据中? 示例代码如下:

```
= List.Sum({1,2,3,4,5})
```

这样直接写参数的情况比较少,更多的应用场景是对一行、一列、一张表进行求和。由于目前只学习了一个求和函数,现在只讲如何对一列数据进行求和。对一行、一张表的数据求和需要进行三大容器的转换。因为 List.Sum()的第 1 个参数必须是 list,而一行是 record、一张表是 table。

第 1 步,将成绩表导入 PQ 中,PQ 会自动生成 Excel.CurrentWorkbook()函数,这是导入超级表的函数。

第 2 步,深化成绩列,将 table 深化成 list。

第 3 步,用 List.Sum()进行求和。

代码如下:

```
//ch2.3 - 01
let
    成绩表 = Excel.CurrentWorkbook(){[Name = "成绩表"]}[Content],
    成绩 = 成绩表[成绩],
    求和 = List.Sum(成绩)
in
    求和
```

List.Sum()的第 1 个参数为什么没有花括号? 因为"成绩"是上个步骤的结果,本身就是一个 list。

每个步骤的名称可被修改,重命名的方法有多种。

(1) 在"应用的步骤"区域,右击步骤,在弹出的菜单中选择"重命名";或选中步骤,按 F2 键,如图 2-13 所示。

(2) 进入"高级编辑器"以修改步骤名。

第 1 个步骤的默认步骤名是"源",只能到高级编辑器中修改名称。

每个步骤名也是变量名,可以被其他步骤引用。

M 函数可以多层嵌套,示例代码如下:

```
let
    成绩表 = Excel.CurrentWorkbook()
                    {[Name = "成绩表"]}[Content],
    求和 = List.Sum(Table.FirstN(成绩表,3)[成绩])
    //对表的前 3 行的成绩求和
in
    求和
```

图 2-13 步骤重命名

M 函数嵌套多少层,看个人的使用习惯,但是如果嵌套得太多,则在阅读代码时不能一目了然,从而在修改代码时,给自己设置了障碍。

2.4 函数智能提示

在 Excel 2016 版本中,没有类似 Excel 中的函数参数提示,只有在 Excel 365 版本中才有参数提示。

在"查询选项"对话框中,可以打开函数提示。设置后,先退出 PQ 编辑器,当重新进入 PQ 编辑器时将出现函数智能提示,如图 2-14 所示。

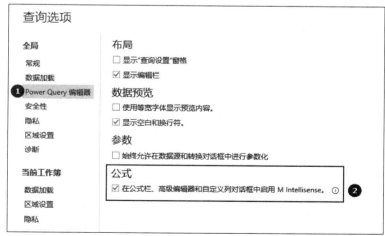

(a) 查询选项设置

图 2-14 函数智能提示

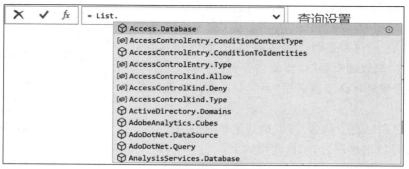

(b) fx编辑栏智能函数提示

图 2-14 （续）

2.5 变量

2.5.1 命名规则

PQ 对数据的处理依赖名称,包括表的名称、查询表的名称、步骤名、数据表的标题等。

在 Excel 中,对超级表进行命名,如果命名为"123",则会出现错误提示,如图 2-15 所示。

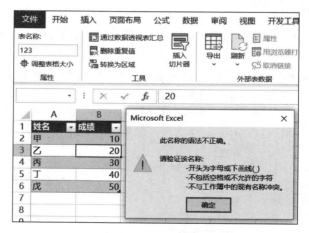

图 2-15 超级表命名的语法

可见超级表的命名有 3 条规则。

(1) 开头为字母或下画线,不能以数字开头。

(2) 不包括空格或不允许的字符。

(3) 不与工作簿中的现有名称冲突。

基于超级表的命名规则,观察 PQ 中命名的规律。

数据源如图 2-16 所示。

该表的标题有以下特点,第 1 列标题是纯数字,第 2 列标题有空格,第 3 列标题有逗号,第 4 列标题是以数字开头的,第 5 列标题是纯汉字。

123	成 绩	成,绩	123成绩	成绩
甲	10	10	10	10
乙	20	20	20	20
丙	30	30	30	30
丁	40	40	40	40
戊	50	50	50	50

图 2-16　不规范的标题命名

数据源导入 PQ 后,先在列上右击,深化第 1 列,再单击 fx,PQ 补全代码如下:

```
let
    源 = Excel.CurrentWorkbook(){[Name = "成绩表"]}[Content],
    #"123" = 源[123],
    自定义1 = #"123"
in
    自定义1
```

深化第 2 列,单击 fx,PQ 补全代码如下:

```
let
    源 = Excel.CurrentWorkbook(){[Name = "成绩表"]}[Content],
    #"成 绩" = 源[成 绩],
    自定义1 = #"成 绩"
in
    自定义1
```

深化第 3 列,单击 fx,PQ 补全代码如下:

```
let
    源 = Excel.CurrentWorkbook(){[Name = "成绩表"]}[Content],
    #"成,绩" = 源[#"成,绩"],
    自定义1 = #"成,绩"
in
    自定义1
```

深化第 4 列,单击 fx,PQ 补全代码如下:

```
let
    源 = Excel.CurrentWorkbook(){[Name = "成绩表"]}[Content],
    #"123 成绩" = 源[123 成绩],
    自定义1 = #"123 成绩"
in
    自定义1
```

深化第 5 列,单击 fx,PQ 补全代码如下:

```
let
    源 = Excel.CurrentWorkbook(){[Name = "成绩表"]}[Content],
    成绩 = 源[成绩],
    自定义1 = 成绩
in
    自定义1
```

以上 5 个代码块,只有最后一个不以数字开头,没有特殊字符的名称是比较"正常的"。

其他命名方式,或者在深化时,或者在引用步骤名时,均会出现♯号和双引号。双引号是文本的表现形式,♯号是转义字符。对于不规范的命名方式,PQ需要转义后才能使用。

以上代码是通过界面操作的,PQ会自动补全代码,当读者自行写代码时,如果不符合上述规则,则将出现语法错误,如图2-17所示。

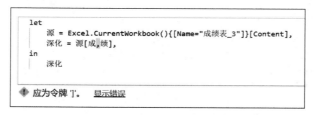

图2-17 缺少转义字符的语法错误

只要名称不规范,引用时都要转义。以引用查询名称为例,查询"表1"引用查询"123",如图2-18所示。

图2-18 查询名称的转义

虽然方括号和record中的字段名包含空格,但是不需要转义,代码如下:

```
= [a b = 1, b = 2][a b]
```

含有一个空格的标题和含有两个空格的标题是完全不同的两个标题。如果在进行合并表格、重命名标题等操作前有这种情况,则需要先清洗标题。

当句号用于标题、步骤名时不用转义,示例代码如下:

```
let
    a.1 = [a.1 = 1, b.1 = 2][a.1]
in
    a.1
```

句号不能用于查询名,并且查询名不区分大小写,如图2-19所示。

同样地,工作簿中的超级表名称也不区分大小写。

当名称需要使用标点符号时,"_"是最佳实践,不需要转义,可用于步骤名、标题名、查询名,示例代码如下:

```
let
    源 = Excel.CurrentWorkbook(){[Name = "成绩表"]}[Content],
    成_绩 = 源[成_绩],
    自定义1 = 成_绩
in
    自定义1
```

(a) 句号不能用于查询名

(b) 查询名不区分大小写

图 2-19 查询名的语法要求

规范命名能够减少语法错误,简化代码。

PQ 中的查询名中可以包含空格,而 Excel 中超级表的名称不能包含空格。假设将 PQ 中的查询命名为"表 1"(含有空格),则加载到 Excel 中的超级表名将自动更名为"表_1"。同样地,假设将 PQ 中的查询命名为"123",则加载到 Excel 中的超级表名将自动更名为"_123"。

2.5.2 导航

将成绩表导入 PQ,对成绩列深化,如果第 2 个步骤是深化,则将被自动命名为"导航",结果如图 2-20 所示。

图 2-20 导航

高级编辑器的代码如下：

```
let
    源 = Excel.CurrentWorkbook(){[Name = "成绩表"]}[Content],
    成绩 = 源[成绩]
in
    成绩
```

第 2 个步骤在可视化页面显示为"导航"，在高级编辑器中显示为"成绩"。只要第 2 个步骤是深化，可视化页面就会显示为"导航"。PQ 为何如此设计？不得而知。如果用户不想看到"导航"，则第 2 个步骤不是深化即可，示例代码如下：

```
let
    源 = Excel.CurrentWorkbook(){[Name = "成绩表"]}[Content],
    t = 源,
    成绩 = t[成绩]
in
    成绩
```

2.5.3　步骤和查询引用

每个步骤名和查询名都是变量，变量有作用域。编程语言中有全局变量、局部变量等概念。PQ 变量的作用域是如何定义的？

变量的作用域的原理是"环境"，let in 组成一个环境，record 组成一个环境，在同一环境中，命名不能重复，超出同一个环境，可用相同的变量名。

（1）在一个 let in 查询内，每个步骤名都可以被任意引用，不论变量名出现的前后顺序。

将 b+1 的值赋给 a 时，b 在后面的步骤中才被定义。变量名出现的前后顺序不重要，只要该变量名在 let in 结构内存在即可，示例代码如下：

```
let
    源 = 123,
    a = b + 1,
    b = 345,
    c = a + 1
in
    c
```

（2）在一个查询环境内，名称不能重复。

let in 环境示例如图 2-21 所示。

查询区环境示例如图 2-22 所示。

record 自成一个环境，代码如下：

```
let
    a = [b = 1, c = 2][c],    //本步骤里的 b 和 c 并不是后面步骤出现的 b 和 c
    b = 123,
    c = a + b
in
    c                          //125
```

```
let
    源 = 123,
    a = b,
    b = 345,
    a = 789,
    c = a+b
in
    c
```

◆ 已在此作用域中定义名为 "a" 的变量。　显示错误

图 2-21　重复的步骤名

图 2-22　重复的查询名

步骤名可以和本查询或其他查询的名称重复,这是因为环境不同。引用时,PQ 先寻找本查询内的变量名,再寻找其他查询的变量名,如图 2-23 所示。

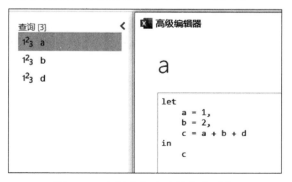

图 2-23　步骤名和查询的名字重复

（3）如果引用一个查询名，则引用该查询的 in 输出的结果。

查询 1 的代码如下：

```
let
    a = 1,
    b = 2,
    c = 3
in
    c
```

查询 2 引用查询 1，如图 2-24 所示。

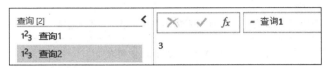

图 2-24　引用其他查询

PQ 中不能直接引用另一个查询的中间步骤。要实现引用另一个查询的中间步骤，方法一是复制另一个查询，删除最后几个步骤，把想要的结果作为最后一个步骤；方法二是修改 in 的输出。示例代码如下：

```
let
    a = 1,
    b = 2,
    c = 3
in
    c
```

上述代码查询的名称为"查询 1"，如果引用"查询 1"，则引用了 c 的结果 3。要引用 a 的结果 1，方法一是复制原查询，删除最后几个步骤，代码如下：

```
let
    a = 1
in
    a
```

方法二是将 in 的输出修改成中间步骤，代码如下：

```
let
    a = 1,
    b = 2,
    c = 3
in
    a
```

（4）总结。

在一个查询的 let in 环境中，PQ 查找变量，先在该 let in 环境内从上至下查找，所以不论变量（步骤名）在该 let in 内定义的先后顺序如何都不影响变量的引用。在 let in 环境内未找到变量,再寻找其他查询名(查询名也是变量名)。

2.6　PQ 编辑区域使用技巧

2.6.1　在 fx 编辑栏内换行

在 Excel 的 fx 编辑栏内换行的方法是按快捷键 Alt＋ Enter,在 PQ 中的方法是按快捷键 Shift＋Enter,如图 2-25 所示。

在 fx 编辑栏内,可使用快捷键 Ctrl＋Z 和 Ctrl＋Y 撤销、恢复正在进行的修改代码的操作。快捷键 Ctrl＋A 可选中编辑栏内的所有代码。如果要放弃代码修改,则可按 Esc 键。

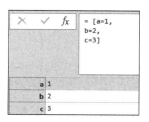

图 2-25　在 fx 编辑栏内换行

2.6.2　缩放编辑区域

在 Excel 中,缩放编辑页面可使用快捷键 Ctrl＋鼠标滚轮,或拖曳 Excel 工作簿右下角的缩放按钮,如图 2-26 所示。

图 2-26　Excel 中的缩放按钮

在 PQ 中,缩放编辑页面只能使用快捷键 Ctrl＋Shift＋＝ 或 Ctrl＋Shift＋－(“＝”和 “－”指 Backspace 左侧的两个键),结果如图 2-27 所示。

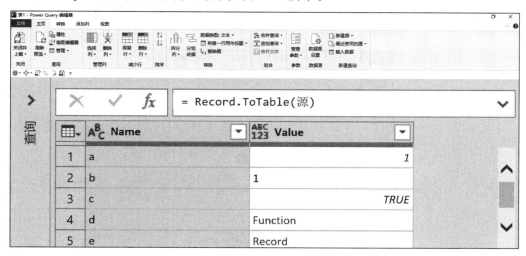

图 2-27　PQ 中的放大效果

第 3 章

M 函数基础

基于前两章的基础知识,本章学习一些简单的常用的 M 函数。

PQ 中有多少个 M 函数? 笔者的 Excel 365 版本中有 830 个。和 Excel 函数一样,PQ 的函数也不用全部学完。学习方法是了解有多少类函数,以及每类函数中常用的函数有哪些。了解函数之间的通性,当遇到某个需求时搜索相关的 M 函数。

本书通过类比法,将有通性的函数结合起来讲解。

3.1 查询所有 M 函数

在 PQ 中,查询所有 M 函数的代码如下:

```
= #shared
```

上述代码返回的结果是以 record 形式列出所有的 M 函数及当前所有的查询名(例如查询 1),单击"转换"→"到表中",将 record 转换成 table,对 Name 列排序,结果如图 3-1 所示。

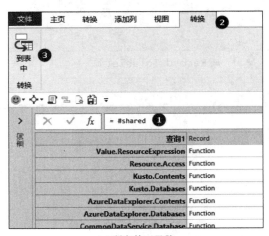

(a) 所有的M函数

图 3-1　查询所有的 M 函数

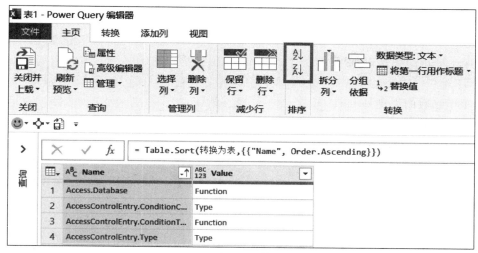

(b) 对Name列排序

图 3-1 （续）

在所有类名中，Table 类、Record 类、List 类、Text 类、Date 类、Number 类、文件类的相关函数使用频率高。

只导出当前 PQ 编辑器中所有的查询名，代码如下：

```
= #sections
```

3.2 聚合函数

在 Excel 中，函数按照类别进行了分类，如图 3-2 所示。

图 3-2 Excel 函数

在 PQ 中，函数是按照类名分类的，多个聚合的函数在 List 类中。笔者用的 Excel 365 版本中有 72 个 List 类函数。本节学习简单的常用的聚合函数。

3.2.1 List.Sum()

List.Sum()的作用是返回 list 中非空值的总和。如果列表中没有非空值，则返回 null。参数如下：

```
List.Sum(
list as list,
optional precision as nullable number)
as any
```

示例代码如下：

```
= List.Sum({1,2,3,null})          //6
= List.Sum({null,null})           //null
= List.Sum({})                    //null
```

第 1 个参数的类型是 list。

第 2 个参数是可选参数，用于精度控制。

当列表中没有元素时，是一个空列表，代码如下：

```
= { }
```

3.2.2　List.Average()

List.Average()的作用是忽略空值，返回 list 中各项的平均值。如果列表为空，则返回 null，参数如下：

```
List.Average(
list as list,
optional precision as nullable number)
as any
```

示例代码如下：

```
= List.Average({null,null,1,2,3})     //2
= List.Average({null,null})           //null
= List.Average({})                    //null
```

第 1 个参数的类型是 list。

第 2 个参数是可选参数，用于精度控制。

3.2.3　List.Min()

List.Min()的作用是忽略空值，返回 list 中各项的最小值。如果列表为空，则返回可选默认值，可以指定一个返回值。参数如下：

```
List.Min(
list as list,
optional default as any,
optional comparisonCriteria as any,
optional includeNulls as nullable logical)
as any
```

示例代码如下：

```
= List.Min({1,2,3})               //1
= List.Min({ })                   //null
= List.Min({ },-1)                //-1
= List.Min({null,null},-1)        //-1
```

第 1 个参数的类型是 list。

第 2 个参数是可选参数，表示在第 1 个参数的 list 为空或 list 元素都是 null 时，返回的默认值。

第 3 个参数和第 4 个参数是可选参数。

同类函数有 List.Max()，参数和使用方法与 List.Min() 相同。

3.2.4　List.MinN()

List.MinN() 的作用是忽略空值，返回 list 中最小的 N 项。参数如下：

```
List.MinN(
list as list,
countOrCondition as any,
optional comparisonCriteria as any,
optional includeNulls as nullable logical)
as list
```

示例代码如下：

```
= List.MinN({1,2,3,4,5},2)              //{1,2}
= List.MinN({1,2,3,4,5,null,null},2)    //{1,2}
```

第 1 个参数的类型是 list。

第 2 个参数是数字或比较条件，当为数字时，用于指定返回最小的 N 项。

第 3 个参数和第 4 个参数是可选参数。

同类函数有 List.MaxN()，参数和使用方法与 List.MinN() 相同。

3.2.5　List.Count()

List.Count() 的作用是返回 list 中元素的个数，参数如下：

```
List.Count(list as list) as number
```

示例代码如下：

```
= List.Count({1,2,3})       //3
= List.Count({1,2,3,null})  //4
= List.Count({})            //0
```

只有一个参数，类型是 list。

3.2.6　List.NonNullCount()

List.NonNullCount() 的作用是返回 list 中非空元素的个数，参数如下：

```
List.NonNullCount(list as list) as number
```

示例代码如下：

```
= List.NonNullCount({1,2,3})              //3
= List.NonNullCount({1,2,3,null})         //3
```

只有一个参数,类型是 list。

3.2.7　List. Product()

List. Product()的作用是返回 list 中非空元素的乘积。如果列表中没有非空值,则返回 null,参数如下:

```
List.Product(
list as list,
optional precision as nullable number)
as nullable number
```

示例代码如下:

```
= List.Product({1,2,3})           //6
= List.Product({1,2,3,null})      //6
= List.Product({null,null})       //null
= List.Product({})                //null
```

第 1 个参数的类型是 list。

第 2 个参数是可选参数,用于精度控制。

观察本节的 M 函数,第 1 个参数的数据类型都是 list。大多数 List 类函数的第 1 个参数是 list。用上述类比法,当遇到其他计算需求时,可在所有 M 函数中查找单词。例如求众数,找到函数 List. Mode()或 List. Modes();求标准偏差,找到函数 List. StandardDeviation();求中位数,找到函数 List. Median()。

3.3　空值 null

在 3.2 节的 M 函数中,特别提到对空值的处理。当空值从 Excel 中导入 PQ 中时将显示为 null。

在 Excel 的单元格中,肉眼不可见的值有多种,只有真空,导入 PQ 后才显示为 null,如图 3-3 所示。

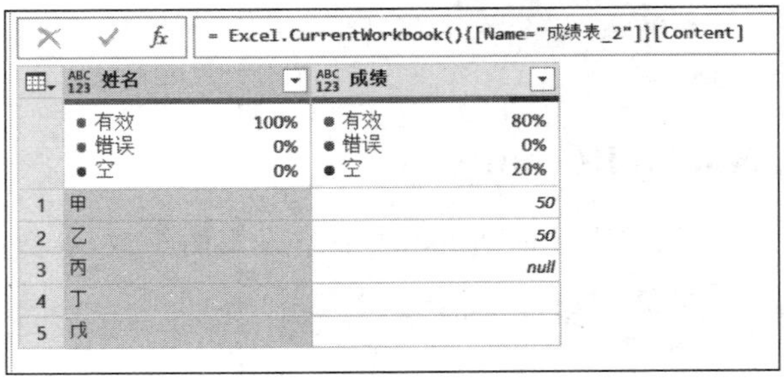

图 3-3　真空与不可见字符

例如空文本(假空),当导入 PQ 中时不为 null。Excel 和 PQ 中的空文本,代码如下:

```
= ""
```

一个值中有一个或多个空格,或者其他不可见打印字符,在 PQ 中不显示为 null。这些细节在实操中很常见,只要不显示为 null,而又看不见内容,就说明值为空文本占位或者其他不可见字符,可用 Text.Trim()、Text.Clean()、Text.Remove()等方法清洗。

3.4　关键字

null 是 PQ 的关键字之一。关键字是内置的类似标识符的字符序列,已被赋予特别的含义,在未转义的情况下,不能被用于步骤名。null 作为步骤名的错误提示如图 3-4 所示。

```
let
    null = Excel.CurrentWorkbook(){[Name="成绩"]}[Content]
in
    null
```

应为令牌 Identifier。　　显示错误

图 3-4　null 是关键字不能用作步骤名

PQ 中的关键字见表 3-1。

表 3-1　PQ 中的关键字

关　键　字	关　键　字	关　键　字	关　键　字
and	or	not	if
else	then	true	false
let	in	try	otherwise
each	null	type	as
is	error	meta	section
shared	#table	#binary	#date
#time	#datetime	#datetimezone	#duration
#infinity	#nan	#shared	#sections

可见,在 3.1 节用到的 #shared 和 #sections 是关键字。

3.5　运算符和标点符号

PQ 中的运算符和标点符号如下:

```
, ; = < <= > >= <> + - * / & ( ) [ ] { } @ ! ? ?? => . .. ...
```

除了圆括号、方括号、花括号、逗号,其他常用符号的作用如下。

(1) 算术运算符:+(加)、-(减)、*(乘)、/(除)。

(2) 比较运算符:=(相等)、<(小于)、>(大于)、>=(大于或等于)、<=(小于或等

于)、<>(不等于)。

（3）赋值运算符：＝。

（4）& 连接符，可连接文本、table、list、record、null 等，示例代码如下：

```
= {1,2} & {3,4}                //{1,2,3,4}
= [a = 1, b = 2] & [c = 3]     //[a=1,b=2,c=3]
= [a = 1, b = 2] & [b = 3]     //[a=1,b=3] 相同字段的值被后面的 record 替代
= null & null                  //null
= "1" & "2"                    //"12"
```

（5）＝＞用于函数的参数传递，非常重要，参见第 4 章。

（6）? 和 ?? 是深化的语法糖，用于简化语法，参见 18.12 节。

（7）@ 用于递归。

（8）… 是 error 的快捷方式，参见 18.13 节。

（9）.. 是创建 list 连续元素的快捷方式，使用频繁，本节重点讲解。

3.5.1　连续的列表

建立连续的列表，可用 .. 快捷方法，代码如下：

```
= {开始字符..结束字符}
```

（1）创建连续的数字列表，代码如下：

```
= {1..5}       //{1,2,3,4,5}
= {100..0}     //{} 只能是正序的列表
= {1..1}       //{1}
```

数字列表的最小值是 －2 147 483 648，最大值是 2 147 483 647，list 中最多容纳 2 147 483 647 个数。数值上下限和元素个数应同时满足，示例代码如下：

```
= { - 2147483649.. - 2147483648}
//Expression.Error: 数量超出 32 位整数值范围.详细信息: - 2147483649
= {2147483647.. 2147483648}
//Expression.Error: 数量超出 32 位整数值范围.详细信息:2147483648
= List.Count({ - 2147483648.. - 2})
//2147483647
= { - 2147483648.. - 1}
//{} 超过元素个数限制,返回空列表
```

（2）创建连续的数字型文本字符，只能创建单字符列表，代码如下：

```
= {"0".."9"}           //正确写法
= {"0".."11"}          //11 是双字符,错误提示如图 3-5 所示
```

要实现从文本 1 到文本 11 的创建，用 List.Transform() 循环遍历。

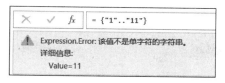

图 3-5　双字符的错误提示

（3）创建常见的汉字列表，代码如下：

```
= {"一".."龟"}
```

（4）创建英文字母列表，代码如下：

```
= {"a".."z"}                    //创建小写字母列表
= {"A".."Z"}                    //创建大写字母列表
= {"A".."Z","a".."z"}          //创建大小写字母列表，用逗号分开列表元素
```

创建大小写字母为何不写{"a".."Z"}或{"A".."z"}。这种快速创建方法基于 Unicode 编码的原理，参见 20.1 节。

3.5.2　加减乘除不简单

在日常清洗中，加、减、乘、除的使用非常频繁。只有细节满分，才能保证运算结果正确。进行加、减、乘、除运算最好使用函数，而不是运算符，因为运算符不支持空值的处理。

（1）数字与 null 的运算。

在 Excel 中，空值当作 0 处理。数 1 是数字，数 2 是空值，运算结果如图 3-6 所示。

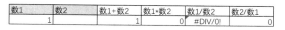

数1	数2	数1+数2	数1*数2	数1/数2	数2/数1
1		1	0	#DIV/0!	0

图 3-6　Excel 中空值的计算

在 PQ 中，任何数值和空值用运算符进行加、减、乘、除运算，结果是 null，代码如下：

```
= 1 + null          //null
= 1 - null          //null
= null - 1          //null
= 1 * null          //null
= 1 / null          //null
= null / 0          //null
```

最佳实践，代码如下：

```
= List.Sum({1, null})              //1
= List.Sum({-成绩,null})
//成绩在此处代表一个变量，减法也用 List.Sum()实现
= List.Product({1, null})          //1
```

（2）数字与 0 相除。

在 Excel 中，0 和空值的处理一样。在 PQ 中，0 作为除数，结果是 infinity，表示无穷大，

代码如下：

```
= 1 / 0          //infinity、∞、正无穷大
= -1 / 0         // - infinity、- ∞、负无穷大
```

（3）0 与 0 运算。

在 Excel 中，0 和空值的处理一样。在 PQ 中，0 和 0 相除，结果是 NaN，即 Not a Number，代码如下：

```
= 0 / 0      //NaN
```

当结果是 NaN 或 infinity 时，容错处理的代码如下：

```
//ch3.5 - 01
let
    源 = 数 1/数 2,              //数 1、数 2 代表某个数字或者空值
    容错 =
      if Number.IsNaN(源)
        or 源 = 1/0            //1/0 表示正无穷大
        or 源 = -1/0          // - 1/0 表示负无穷大
      then null
      else 源
in
    容错
```

上述代码实现的效果是，当数 2 是 0，或者数 1、数 2 都是 0 时，结果不再是 infinity 或 NaN，而是 null。

总之，null 与任何值用运算符进行加、减、乘、除运算，其结果都是 null，最好用 List.Sum() 等函数替代运算符。

Number.IsNaN() 的作用是判断数字是否为 NaN，代码如下：

```
= Number.IsNaN(0/0)     //true
```

3.6 if 条件语句

在 ch3.5-01 代码中，用到的 if then else 是条件语句。熟悉条件语句，可以从界面操作开始。在 PQ 功能区，单击"添加列"→"条件列"，弹出的"添加条件列"对话框如图 3-7 所示。

条件语句和 Excel 中的 IF() 作用相同。Excel 中的 IF() 用逗号分隔参数，PQ 中的 if 语句用关键字 if、else、then 和空格分隔语句，其有两种写法。

1. 双分支

双分支命令如下：

```
if true then 结果 1 else 结果 2
```

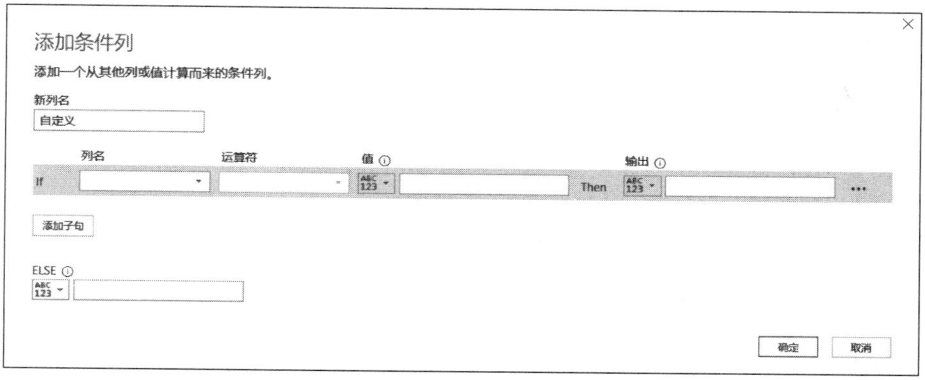

图 3-7 "添加条件列"对话框

示例代码如下：

```
let
    成绩 = 90,
    评比 = if 成绩>=90 then "优秀" else "合格"
in
    评比
```

上述语句的作用是，如果成绩>=90，则返回"优秀"，否则返回"合格"。双分支语句是从两个结果中返回其中的一个结果。

2. 多分支

多分支命令如下：

```
if true then 结果1
else if true then 结果2
else 结果3
```

示例代码如下：

```
//ch3.6-01
let
    成绩 = 90,
    评比 = if 成绩>=90 then "优秀"
        else if 成绩>=80 then "良好"
        else if 成绩>=60 then "合格"
        else "不及格"
in
    评比
```

上述语句的作用是，如果成绩>=90，则返回"优秀"；如果成绩>=80，则返回"良好"；如果成绩>=60，则返回"合格"，否则返回"不及格"。多分支是从多个结果中返回其中的一个结果。

编程语言中都有 if 语句，初学 PQ 容易和其他语言的 if 语句的语法混淆。if 语句的关键字都是小写，并且 else if 是分开书写的。Python 中的写法是 elif。

if 后面的表达式的值必须是布尔值 true 或 false。

3.7 布尔值

布尔值是 true 和 false,也是关键字,是逻辑表达式的值。

条件语句 if 后面是布尔值,布尔值可以通过逻辑表达式得出。如果表达式的值不是布尔值,则会造成语法错误,示例错误代码如下:

```
= if 1 then "结果是 1" else "结果是 2"        //错误提示,无法将 1 转换为逻辑类型
```

修改代码如下:

```
= if 1 = 1 then "结果是 1" else "结果是 2"
```

1=1 是逻辑判断,结果是 true。同理,修改代码如下,也是成立的。

```
= if true then "结果是 1" else "结果是 2"
= if false then "结果是 1" else "结果是 2"
```

true 与 1(非 0)对应,false 与 0 对应。PQ 中相关的逻辑函数,示例代码如下:

```
= Logical.From(1)               //true
= Logical.From( - 100)          //true
= Logical.From(0)               //false
= Logical.FromText("true")      //true
= Logical.FromText("True")      //true
= Logical.ToText(true)          //"true"
= Number.From(true)             //1
```

3.8 逻辑运算符

逻辑运算符有 or、and、not,它们都是关键字,示例代码如下:

```
= 条件 1 and 条件 2 and 条件 n
= 条件 1 or 条件 2 or 条件 n
= not true               //false
= not false              //true
```

or 和 and 用于连接多个条件判断,每个条件的表达式的值是布尔值或 null,示例代码如下:

```
//ch3.8 - 01
let
    数学 = 98,
    语文 = 98,
    条件语句 =
        if 数学> = 90 and 语文> = 90 then "全科优秀"
        else if 数学> = 90 or 语文> = 90 then "单科优秀"
        else "无优秀科目"
in
    条件语句
```

and 的运算逻辑是当所有条件均成立时,结果为 true;如果有一个条件不成立,则结果为 false。可以理解为,true 是 1,false 是 0,and 是 *(乘法)。例如,true and false and false,结果为 1 * 0 * 0,因此,只要有一个 false,其结果为 false。

or 的运算逻辑是当任一个条件成立时,结果为 true,如果所有条件均不成立,则结果为 false。可以理解为,true 是 1,false 是 0,or 是＋(加法)。例如,true or false or false,结果为 1＋0＋0,因此,只要有一个 true,结果为 true。

根据上述逻辑,and 只要遇到 false,最终结果就为 false;or 只要遇到 true,最终结果就为 true。得出确定结果后,逻辑运算符后面的表达式无须继续运算。这种计算方式称为短路运算。

not 的示例代码如下:

```
//ch3.8-02
let
    成绩 = 98,
    条件语句 =
        if not(成绩>=90) then "未达优秀" else "优秀"
in
    条件语句
```

注意:在一个分支语句中,当 not、and 和 or 混合使用时,建议加上括号,避免逻辑混乱,从而造成结果不符合预期,参见 23.6 节。

3.9　显示的误区

在 PQ 中数据类型、数据结构、关键字都是小写单词,但是在界面上显示出来时,有时是大写,有时是小写,并不代表在 M 函数中可以任意书写,示例如图 3-8 所示。

(a) "添加条件列" 的显示

图 3-8　大小写的显示问题

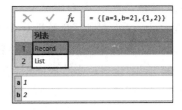

(b) 逻辑值的显示　　　　(c) 数据结构的显示

图 3-8　（续）

PQ 中这种显示方式容易造成误解，读者要注意区别，参见 3.10 节。

3.10　is 和 = 的用法

本节讲解关键字 is 的用法，实操中经常用到，代码如下：

```
//注意数据类型、数据结构、关键字都是小写
= {1,2,3} is list
= "A" is text
= 123 is number
= [a = 1, b = 2] is record
= #date(2023,1,1) is date
= #datetime(2023,1,1,12,0,0) is datetime
```

is 用于判断表达式的值是否为某种数据类型/结构，结果返回布尔值。

"="不能用于判断数据类型/结构，错误代码如下：

```
= {1,2,3} = list
= "A" = text
= 123 = number
```

"="用于比较两个表达式的值是否相等，代码如下：

```
= {1,2,3} = {1,3,2}              //false
= [a = 1, b = 2] = [b = 2, a = 1]  //true
= 123 = "123"                   //false
```

通过上述代码可以看出，由 table 和 record 标题的唯一性决定了标题的顺序改变，table 和 record 的值不变；由于 list 有索引，所以当 list 中的元素顺序改变时 list 的值改变。

注意：a={1,2,3}={2,3,4}，第 1 个"="是赋值运算符，将右边的表达式赋值给变量 a，第 2 个"="是比较运算符，两个 list 的比较结果为 false。

3.11　try 容错语句

当表达式结果出现错误时，将提示 Error，导致后面的运算或步骤无法进行，如图 3-9 所示。

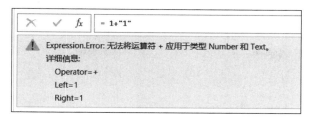

图 3-9　表达式出现错误时的提示

很多情况下,运算结果 Error 是正常的过程,如果想要的结果是跳过该 Error,继续进行下一次运算,则可使用容错语句,格式和示例代码如下:

```
= try 表达式
= try 1 + "1"
```

try 的结果是 record,如图 3-10 所示。

图 3-10　try 的结果是 record

判断表达式是否有错误的代码如下:

```
= (try 1 + "1")[HasError]        //true
```

处理容错,使用频率更高的是 try otherwise。格式和示例代码如下:

```
= try 表达式 1 otherwise 表达式 2
= try 1 + "1" otherwise "先转换数据类型再运算"
```

如果表达式 1 有错误,则返回表达式 2,否则返回表达式 1。等同的运算逻辑代码如下:

```
= try 表达式 1 otherwise 表达式 2
= if (try 表达式 1)[HasError] then 表达式 2 else 表达式 1
```

实操中,容错语句使用频繁,try 后面的表达式 1 和 otherwise 后面的表达式 2 可在各种场景中灵活地应用。

3.12　♯ 的用法

♯ 的作用有多种。

1．声明关键字

例如♯table，用于区别♯table()和table，代码如下：

```
//ch3.12 - 01
= ♯table({"姓名","成绩"},{{"甲",10},{"乙",20}}) is table    //true
```

2．对关键字转义

例如 null 是关键字，当 null 用于步骤名时会报错，转义后可使用。此处只用于说明用法，关键字作为步骤名并非最佳实践。示例代码如下：

```
♯"null" = 1
```

3．输出特殊字符

例如回车符♯(cr)、换行符♯(lf)、制表符♯(tab)。示例代码如下：

```
//ch3.12 - 02
= "abc" & "♯(lf)" & "dfg"
```

结果如图 3-11 所示。

图 3-11　特殊字符

当有多个特殊字符需要输出时，示例代码如下：

```
//ch3.12 - 03
= "abc" & "♯(lf,cr)" & "dfg"
= "abc" & "♯(lf)♯(cr)" & "dfg"
```

4．转义 4 位和 8 位十六进制

♯(000D)、♯(0000000D)和♯(cr)是等效的。

3.13　总结

M 函数的知识量看似繁多，其实环环相扣。通过学习原理、内在逻辑来理解这些知识点，层层递进，只要多写、多练习，就能掌握其用法。

单独讲解某个函数或者某类函数比较枯燥，当实战中遇到需求时，可能想不到用哪个函数。第 4 章讲解 M 函数的参数传递原理，这样便可以通过案例来讲解函数的灵活应用了。

M 函数传参原理

对于 PQ 初学者,三大容器是第 1 个难点,需要一段时间才能熟练运用。第 2 个难点则是 M 函数参数的传递。本章抽丝剥茧,将传参和循环遍历的面纱层层揭开。

4.1 解构函数

当使用 List.Sum()时,其实是调用内置 M 函数的过程。当括号内传入参数时,List.Sum()会计算出结果,但计算的过程用户看不到,而只能看到结果,其中必然有一定的运算逻辑,而运算逻辑是在定义这个函数时编写的。

假设 List.Sum()有两个参数,运算逻辑的表达式是 x+y,则函数在定义时的代码如下:

```
List.Sum = (x,y) => x + y
```

定义函数的过程分为 4 部分,见表 4-1。

表 4-1 函数定义的分解

分　解	名　称	作　用
List.Sum	函数名	在调用函数时使用的名称
(x,y)	参数	用于定义参数名,参数的个数可以是 0 到多个
=>	函数传递符	=和>是一个整体,如果分开,则不能表示函数传递符。>表示传递方向,说明函数是把左边的参数名传递到右边的表达式
x+y	表达式	运算逻辑,以返回结果

由表 4-1 可见,定义函数的格式如下:

```
函数名 = (参数1,参数n) => 表达式        //参数n是形参
```

在调用函数时,格式如下:

```
函数名 (参数1,参数n)        //参数n是实参
```

将参数传递到括号内,经过函数传递符,传递到右边的表达式,返回结果。函数调用时,用户看不到右边表达式的运算逻辑,实际运算逻辑的代码如下:

```
函数名 (参数 1,参数 n) => 表达式
```

目前已经接触过的函数都是 PQ 的内置函数,根据函数定义的原理,同样可以自定义函数,示例代码如下:

```
fx = (x,y) => x + y
code = (x,y,z) => x * y * z
con = (x) => 1
```

调用自定义函数,相应的代码如下:

```
fx(1,2)
code(1,2,3)
con(3)
```

自定义函数和内置函数的编写过程、调用过程是相同的。

当 M 函数的参数要求是 function 时,格式如下:

```
(参数 1,参数 n) => 表达式        //由于定义函数的过程没有函数名,所以为匿名函数
```

List.Transform()的第 2 个参数是 function。

4.2　List.Transform()

List.Transform()是学习 PQ 第 1 个循环遍历的函数。

List.Transform()的作用是将第 1 个参数 list 中的每个元素传递到第 2 个参数的表达式进行运算,参数如下:

```
List.Transform(
list as list,
transform as function)
as list
```

示例代码如下:

```
= List.Transform({1..5},(x) => x + 1)
```

结果如图 4-1 所示。

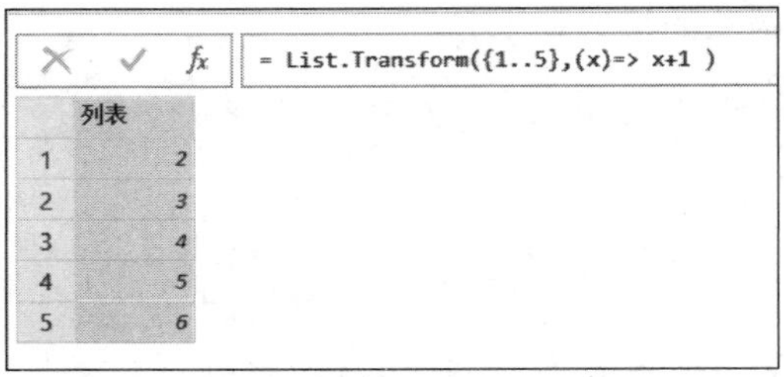

图 4-1　参数传递举例

第 1 个参数是 list。

第 2 个参数是 function。由于参数是 function,所以格式如下:

> (参数 1,参数 n) => 表达式　　　//由于定义函数的过程没有函数名,所以为匿名函数

（x）=>x+1 和上述格式相同。这里的 x 通过 List. Transform()的第 1 个参数传递过来。List. Transform()将第 1 个参数 list 中的每个元素先传递给 x,再通过函数传递符=>传递到右边的表达式。每传递一次,得出一个结果,传递 n 次,得出 n 个结果,将 n 个结果放在 list 中,因此,List. Transform()的返回结果是 list。

表达式可以是各种形式的,示例代码如下:

> = List.Transform({1..5},(x)) => List.Sum({x,1})

返回的结果与图 4-1 中的结果相同。

对于（x）=>,x 是参数名,可以叫 x、小明,符合变量名命名规则即可。括号内只有一个参数名,说明只传递一个参数。当传递多个参数时,用逗号分开。两个参数的示例代码如下:

> (x,y) => x + y

List. Transform()的第 2 个函数要求只有一个参数传递过来,如果将下面的代码用于List. Transform(),则是错误的。错误代码如下:

> = List.Transform({1..5},(x,y) => x + y + 1)

结果如图 4-2 所示。

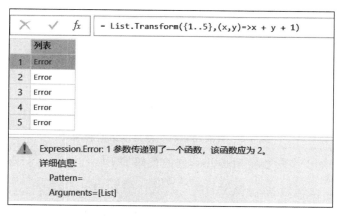

图 4-2　参数个数的错误提示

在第 2 个参数（x）=>x+1 中,x 代表 1~5,所以 x+1 的结果是 2~6。将 List. Transform()的第 1 个参数 list 中的每个元素取出,循环遍历,传递到第 2 个参数左边的括号里的 x,再通过函数传递符=>传递到右边的表达式 x+1。循环遍历的逻辑见表 4-2。

表 4-2 循环遍历的逻辑

第 1 个参数的元素	第 2 个参数表达式(x)=＞x+1	结　果
1	(1)=＞1+1	2
2	(2)=＞2+1	3
3	(3)=＞3+1	4
4	(4)=＞4+1	5
5	(5)=＞5+1	6

第 1 章讲解过识别 list 的元素个数非常重要,示例代码如下:

```
//ch4.2-01
= List.Transform({{1,2},{3},{4,5}},(x) => x + 1)
```

循环遍历的逻辑见表 4-3。

表 4-3 元素个数对循环遍历的重要性

第 1 个参数的元素	第 2 个参数表达式(x)=＞x+1	结　果
{1,2}	({1,2})=＞{1,2}+1	
{3}	({3})=＞{3}+1	list 和数字相加,其结果是 Error
{4,5}	({4,5})=＞{4,5}+1	

list 中有 3 个元素,所以遍历 3 次,结果是含有 3 个元素的 list。每次遍历,传递到第 2 个参数的表达式,由于数据类型不匹配,所以运算结果是 Error,如图 4-3 所示。

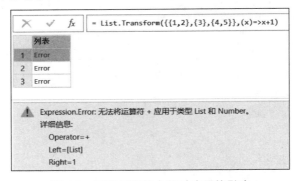

图 4-3 列表元素的个数对遍历的影响

List.Sum()的第 1 个参数类型是 list,修改代码如下:

```
//ch4.2-02
= List.Transform({{1,2},{3},{4,5}},(x) => List.Sum(x))
```

或者用容错语句修改 Error,代码如下:

```
//ch4.2-03
= List.Transform({{1,2},{3},{4,5}},(x) => try x + 1 otherwise null)
```

结果如图 4-4 所示。

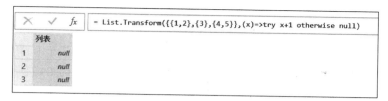

图 4-4　容错处理

只有反复练习函数的传参过程，才能理解循环遍历和传参。再对上述函数进行修改，代码如下：

```
= List.Transform({1..3},(x) => 1)
```

函数右边的表达式是 1，尽管没有用到参数 x，结果没有任何错误。循环遍历的逻辑见表 4-4。

表 4-4　循环遍历的逻辑

第 1 个参数的元素	第 2 个参数表达式(x) => 1	结　　果
1	(1) => 1	1
2	(2) => 1	1
3	(3) => 1	1

结果是含有 3 个元素的 list，因为第 1 个参数的 list 有 3 个元素，所以循环遍历了 3 次。

不论定义几个参数，右边的表达式在运算过程中是否用到这些参数都不会报错。只要右边有表达式，不留空即可，即使只有 1，也是表达式的值，4.3 节将详解表达式。示例代码如下：

```
(x,y) => 1
(x,y,z) => 1
```

既然(x) => 表达式是一个 function，写法上就可以延续函数的特点，示例代码如下：

```
= List.Transform({1..5},(x as number) => 1)
```

前文讲解过函数参数的说明，例如(x as list，y as number)，在编写函数时，通过关键字 as 强制定义参数类型。

遍历是指从头到尾依次从容器中取出元素，本书用循环遍历的叫法以加深读者的理解。

总之，对于 List.Transform()，第 1 个参数是一个 list，对 list 的每个元素进行循环遍历，有几个元素就遍历几次，依次传递到第 2 个参数左边的(x)，再通过函数传递符 => 传递到右边的表达式。

M 函数中许多函数的参数是 function，把某个参数的元素循环遍历，传递到其他参数。例如，Table.AddColumn()的第 1 个参数是 table，table 不像 list，list 的元素单一，table 的元素可以转换为 list、record、值。Table.AddColumn()是把 table 转换成 record，再传递到其他参数，Table.SelectRows()、Table.Skip()、Table.Sort()等都是如此。从本质上讲，不

论参数是 list,还是 table 都是把该参数进行容器转换后传递到其他参数。

List.Transform()的第 2 个参数是自定义函数,这个自定义函数没有函数名,是匿名函数,所以不能被其他步骤、其他查询调用,只能用在这个 List.Transform()中。

只有定义有函数名的自定义函数,才能在当前工作簿的 PQ 查询中的任何步骤被调用,参见第 22 章。

4.3 表达式

表达式是用于构造值的公式。表达式可以使用多种语法结构形成。一些表达式示例见表 4-5。

表 4-5 表达式的构成

表 达 式	解 释	表 达 式	解 释
"Hello World"	文本值	(x, y) => x + y	自定义函数,两个参数
123	数字	if 2 > 1 then 2 else 1	条件语句
1 + 2	计算	let x = 1 + 1 in x * 2	let in 结构
{1, 2, 3}	list	[x = 1, y = 2]	record

List.Transform()的第 2 个参数是 function,function 的右边是表达式。示例代码如下:

```
= List.Transform({1..5},(x) =>
let
    y = x + 1
in
    y * 2
)
```

4.4 each 的用法

PQ 中有特定的简化语法的写法,称为语法糖,each 是其中之一,使用频率非常高。

当自定义函数只有一个参数时,可简化成 each 的写法。等同的代码如下:

```
(x) => 1
each 1
```

each 等同于(x)=>,只有一个参数,参数 x 和参数传递符=>都省略了,用 each 代替。

当参数右边的表达式要用到参数时,等同的代码如下:

```
(x) => x + 1
each _ + 1
```

只有一个参数,不管参数名是 x、y、z,传递到右侧都不会产生歧义,用"_"代替。

因此,当只有一个参数时,才能用 each 代替。当没有参数或者参数超过一个时不能用

each 代替。each 实际上有一个参数,和没有参数的情况并不等同,示例代码如下:

```
= each 1           //等同于(x) => 1
= () => 1
```

结果如图 4-5 所示。

(a) each代表一个参数 （b) 无参数

图 4-5　each 的用法

List. Transform()中使用 each 的等同代码如下:

```
= List.Transform({1..3},(x) => x + 1)
= List.Transform({1..3}, each _ + 1)
```

使用 each 的循环遍历过程见表 4-6。

表 4-6　each 的循环遍历过程

第 1 个参数的元素	第 2 个参数的表达式 each _＋1	结　　果
1	each 1＋1	2
2	each 2＋1	3
3	each 3＋1	4

"_"代表的是 List. Transform()的第 1 个参数 list 中的每个元素,等同于原始代码中定义的参数 x。示例代码如下:

```
= List.Transform({1..3}, each _ + _ + 1)
= List.Transform({1..3}, (x) => x + x + 1)
```

each 的优点是代码简洁,一目了然。局限性是只有一个参数传递时可以使用。

能使用 each 的函数很多,例如 List. Select()、Table. AddColumn()、Table. SelectRows()、Table. Skip()等,当这些函数互相嵌套时,一个语句就会出现多个 each _,PQ 能否正确地识别出"_"和哪个 each 匹配? 答案是可以的,以就近原则实现,即"_"和最近的 each 匹配。当需求是接收外层函数传递过来的参数值时,应恢复成有明确参数名的传递方式,例如(x)＝＞。理解多层嵌套的传参方式是学习 M 函数的难点,本书会有多个案例讲解。

4.5 List.Select()

List.Select()是本书讲解的第2个循环遍历的函数,其作用是从list中返回符合条件的值列表,参数如下:

```
List.Select(
list as list,
selection as function)
as list
```

示例代码如下:

```
= List.Select({1..5}, (x) => x >= 3 )
= List.Select({1..5}, each _ >= 3 )
```

第1个参数的类型是list。

第2个参数的类型是function,并且自定义函数右边的表达式的值是布尔值。

和List.Transform()一样,对第1个参数list中的每个元素进行循环遍历,传递到第2个参数。结果将表达式的值是true的对应的元素筛选出来,返回list。循环遍历的过程见表4-7。

表4-7 循环遍历的过程

第1个参数的元素	第2个参数表达式 x>=3(或_>=3)	结　　果
1	1>=3	false
2	2>=3	false
3	3>=3	true
4	4>=3	true
5	5>=3	true

循环遍历得出的结果是{false,false,true,true,true},第1个参数是{1,2,3,4,5},与true相同索引对应的元素是{3,4,5},因此,结果返回{3,4,5},结果如图4-6所示。

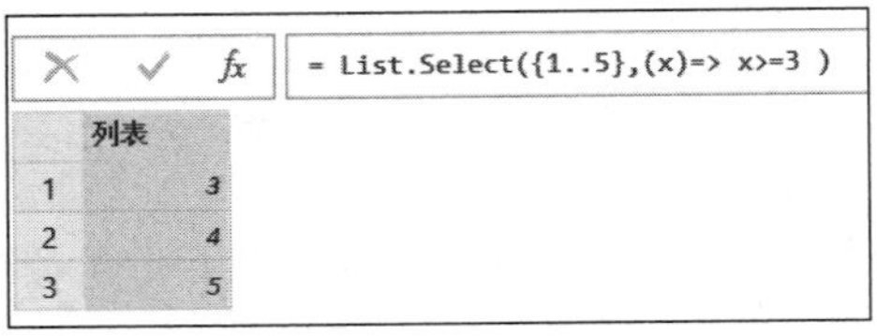

图4-6 List.Select()的用法

在理解了List.Transform()的基础上,List.Select()比较容易理解。List.Transform()的第2个参数的表达式的值可以是任何值,呈现的结果是运算的结果。List.Select()的第2个参数的表达式的值是布尔值,呈现的结果是true时相对应的list中的元素。示例代码如下:

```
= List.Select({1..5},each true)
```

1～5 传递到第 2 个参数的表达式,由于表达式的值是 true,所以结果如图 4-7 所示。同样地,如果表达式的值都是 false,则结果是空列表{},如图 4-8 所示。

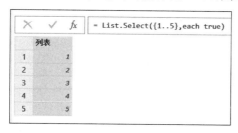

图 4-7　第 2 个参数是 true　　　　　　图 4-8　第 2 个参数是 false

当第 2 个参数的表达式不是布尔值时,结果如图 4-9 所示。

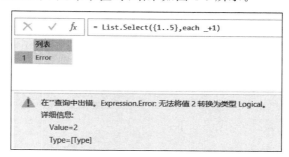

图 4-9　第 2 个参数不是布尔值的报错

4.6　each 嵌套

List. Transform()和 List. Select()的共同特点是第 2 个参数 function 的参数只有一个且都可以用 each 的简化写法,当这两个函数嵌套时,两个 each 同时出现能否互不干扰?

首先分开写两个函数,看一下结果,代码如下:

```
//ch4.6 - 01
let
    a = List.Transform({1..5},each _ + 1),
    b = List.Select(a, each _ > 3)
in
    b
```

用 List. Transform()返回了一个 list{2,3,4,5,6},并作为 List. Select()的第 1 个参数,将这个 list 的每个元素传递给 List. Select()的第 2 个参数的表达式进行逻辑判断,结果如图 4-10 所示。

实操中,由于有时参数循环遍历以后必须马上传递给下一个参数,嵌套不可避免,所以在此练习嵌套

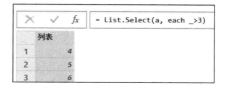

图 4-10　循环遍历判断的结果

的写法。在可以避免多层嵌套的情况下,代码简洁是最佳实践。

嵌套代码如下:

```
//ch4.6 - 02
= List.Select(
    List.Transform({1..5},each _ + 1),
        each _ > 3)
```

上述代码有两个"_",根据就近原则,均能匹配到相应的 each。将两个函数分别修改成原始的参数名,效果是等同的。

将两个函数修改成相同的参数名,代码如下:

```
= List.Select(
    List.Transform({1..5},(x) => x + 1),
        (x) => x > 3)
```

将两个函数修改成不同的参数名,代码如下:

```
= List.Select(
    List.Transform({1..5},(x) => x + 1),
        (y) => y > 3)
```

修改第 2 个函数的参数名,代码如下:

```
= List.Select(
    List.Transform({1..5},each _ + 1),
        (y) => y > 3)
```

从上述代码可以看出,把参数改成 x、y 或者 each 都是成立的,当两个函数中都用一个参数名或者都用 each 时互不影响,根据就近原则,PQ 能够识别出来这个值是从哪个参数传递过来的。

有时,传参的就近原则不是我们预期的需求,这就需要打破就近原则,为了就远传参,应使用原始的传参方式,例如(x)=>。

4.7 function 的简化用法

当参数的自定义函数满足以下条件时,形式上可以进一步省略,即用函数名代表自定义函数。

(1)表达式只有一个函数。

(2)表达式的函数的必选参数的个数与传参的个数相等。

示例代码如下:

```
= List.Transform({{1,2},{3,4}},each List.Sum(_))
= List.Transform({{1,2},{3,4}},(x) => List.Sum(x))
= List.Transform({{1,2},{3,4}},List.Sum)
```

上述代码的 3 种写法是等同的,因为表达式是单一的函数,List.Sum() 只有一个必选参数,而参数传递也只有一个,所以可以只保留函数名。

当表达式不是单一的函数时会报错,错误代码举例如下:

```
= List.Transform({{1,2},{3,4}},List.Sum + 1)
```

目前已经讲解了三大容器的原理、M 函数的结构、函数传参的原理,具备了这些知识后,第 5 章将迈入实战篇,结合案例解决实际问题。

4.8　PQ 技巧

4.8.1　保存习惯

在 PQ 编辑界面没有保存按钮,必须回到 Excel 界面保存。虽然 PQ 崩溃的概率比较小,但是崩溃的风险仍然存在,当长时间在 PQ 界面下编辑时,建议定时回到 Excel 界面保存工作簿。

4.8.2　语法错误解析

语法错误举例如图 4-11 所示。

错误提示中的令牌指标识符、关键字、文字、运算符、标点符号等。返回的错误提示描述可能不准确,仅作为查找错误的参考。

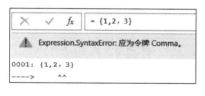

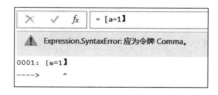

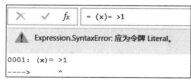

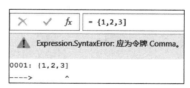

(a) 符号错误

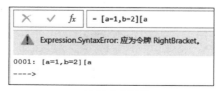

(b) 缺少右括号

图 4-11　语法错误举例

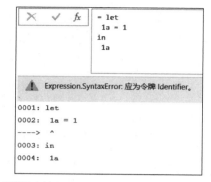

(c) 不规范的步骤名未转义

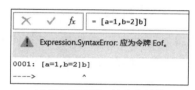

| (d) 文字错误 | (e) 语句不完整，缺少方括号 |

图 4-11 （续）

错误提示中"┅＞"用于定位错误行，"＾"用于定位大概的错误位置。

错误提示的英文解释，见表 4-8。

表 4-8 错误提示的英文解释

英　　文	中　　文	说　　明
Comma	逗号	检查标点符号，不限于逗号
Identifier	标识符	检查关键字、变量名等
RightBracket	右括号	圆括号、花括号、方括号
Literal	文字、字符	
Expression	表达式	
Error	错误	
Syntax	语法	
SyntaxError	语法错误	
Eof(End of file)	文件末尾	语句不完整

当刷新查询时，如果一个步骤的错误造成后续步骤的错误，则可能有"转到错误"的提示，单击"转到错误"可快速定位到第 1 个错误的步骤，如图 4-12 所示。

图 4-12　转到错误提示

第二篇
实　战　篇

第 5 章

求和案例学函数

5.1 动态月份的求和案例

【例 5-1】 数据源是一张成绩表，每月增加一列。需要的结果是对所有月份的成绩求和，如图 5-1 所示。

姓名	1月	2月
甲	10	10
乙	20	20
丙	30	30
丁	40	40

(a) 动态求和案例数据源

= Table.AddColumn(源, "合计", each List.Sum(List.Skip(Record.ToList(_))))

	姓名	1月	2月	合计
1	甲	10	10	20
2	乙	20	20	40
3	丙	30	30	60
4	丁	40	40	80

(b) 最终结果

图 5-1　动态求和案例数据源及最终结果

最终代码如下：

```
//ch5.1 - 01
let
    源 = Excel.CurrentWorkbook(){[Name = "成绩表"]}[Content],
    累计求和 = Table.AddColumn(源, "合计",
        each List.Sum(
            List.Skip(
                Record.ToList(_))))
in
    累计求和
```

5.2～5.6 节都围绕本节的案例展开。

5.2　Table.AddColumn()

5.2.1　界面操作

接5.1节案例,合计列是增加一列,通过界面操作完成。在PQ功能区,单击"添加列"→"自定义列",弹出的"自定义列"对话框如图5-2所示。

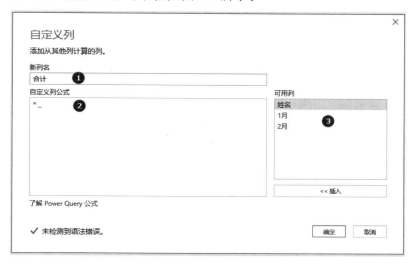

图 5-2　"自定义列"对话框

将"新列名"修改为"合计",在"自定义列公式"框中输入的代码如下:

```
= _
```

PQ会帮助用户自动补全代码,代码如下:

```
= Table.AddColumn(源, "合计", each _ )
```

结果如图5-3所示。

fx　`= Table.AddColumn(源, "合计", each _)`

	ABC 123 姓名	ABC 123 1月	ABC 123 2月	ABC 123 合计
1	甲	10	10	Record
2	乙	20	20	Record
3	丙	30	30	Record
4	丁	40	40	Record

姓名	甲
1月	10
2月	10

图 5-3　添加列的结果

为什么在新增加的一列中每行的值是 record 形式？这是由 Table.AddColumn()的函数传参原理决定的。

5.2.2　理解 record

Table.AddColumn()的作用是在原表上新添加一列,参数如下:

```
Table.AddColumn(
table as table,
newColumnName as text,
columnGenerator as function,
optional columnType as nullable type)
as table
```

等同的代码如下:

```
= Table.AddColumn(源, "合计", each _ )
= Table.AddColumn(源, "合计", (x) => x )
```

第 1 个参数是要新增列的表。

第 2 个参数是新增列的标题,例如"合计"。

第 3 个参数的类型是 function,和 List.Transform()一样,为自定义函数,例如"(x)=＞x"或者"each _"。

第 4 个参数是可选参数,用于指定新增列的数据类型。

Table.AddColumn()的第 1 个参数是 table,将 table 的每行转换为 record,record 是带标题的行,然后将 record 传递给第 3 个参数。

在第 3 个参数"(x)=＞x"中左边的 x 是每行遍历后的 record 形式,再传递到右边的表达式"x",所以呈现的结果是 record。

同理,"each _"中的"_"相当于"(x)=＞x"右边的 x,每行遍历后以当前行的 record 形式传递到右边的表达式"_",每行的结果是 record。

每行的 record 是当前行的映射,如图 5-4 所示。

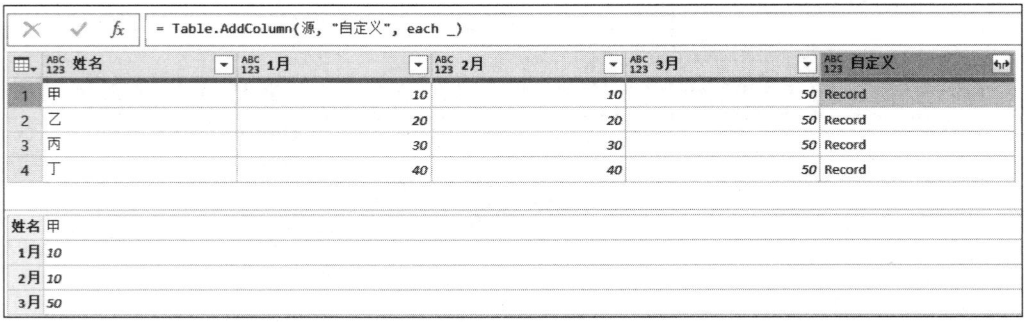

(a) record映射当前行4列的数据

图 5-4　每行的遍历

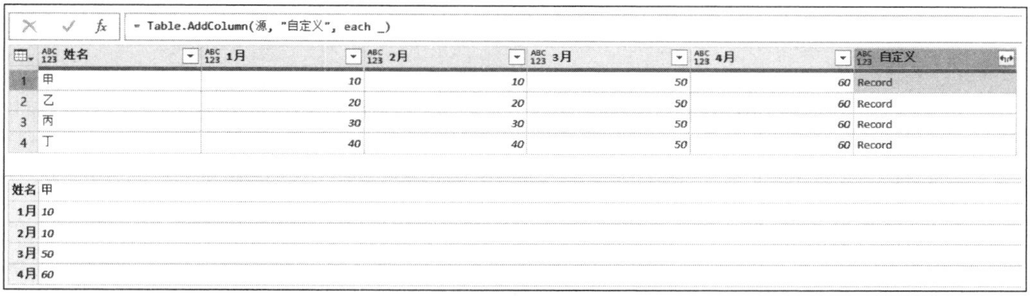

(b) record映射当前行5列的数据

图 5-4　（续）

可见，record 是随着数据源列数的增减而动态变化的。

5.2.3　理解第 3 个参数

在对 List. Transform() 的讲解中，曾写过代码 (x)＝＞1 和 each 1，同样的写法可以用在 Table. AddColumn() 中，因为自定义函数的原理相同，等同的代码如下：

```
= Table.AddColumn(源, "合计", each 1 )
= Table.AddColumn(源, "合计", (x) => 1 )
```

每行的 record 形式仍然传递到第 3 个参数 function 右边的表达式，只是表达式的值是常量 1，所以新列的每行的结果是 1，如图 5-5 所示。

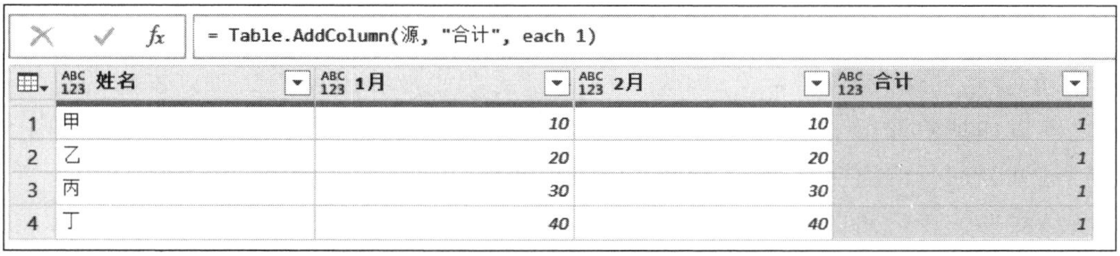

图 5-5　理解第 3 个参数

Table. AddColumn() 的第 3 个参数的数据类型是自定义函数，和 List. Transform() 的第 2 个参数一样，可以写各种表达式。

注意：Table. AddColumn() 的函数名中的 Column 是单数，顾名思义，一次只能添加一列。

5.2.4　each _的简写

因为每行的结果是当前行的 record 形式，所以 record 可进一步深化，等同的代码如下：

```
= Table.AddColumn(源, "合计", each _[姓名])
= Table.AddColumn(源, "合计", (x) => x[姓名])
```

在上述代码中"_"或者 x 代表每行的 record 形式,用"[标题]"可以深化出相应字段的值。

M 函数的灵活应用就是在遍历循环、函数传参的基础上一步步地扩展,例如把姓名列的值取出来后,再连接其他文本,示例代码如下:

```
= Table.AddColumn(源, "合计", each _[姓名] & "同学")
= Table.AddColumn(源, "合计", (x) => x[姓名] & "同学")
```

更加灵活的是"_"可以省略,等同的代码如下:

```
= Table.AddColumn(源, "合计", each _[姓名])
= Table.AddColumn(源, "合计", each [姓名])
= Table.AddColumn(源, "合计", (x) => x[姓名])
```

注意:尽管_和 x 都代表 record,但是只有 each _ 中的"_"在一定条件下才可以省略,(x)=>x 中右边的 x 不能省略。有"_"必有 each,但有 each 不一定有"_"。

示例代码如下:

```
= Table.AddColumn(源, "合计", each [姓名])
= Table.AddColumn(源, "合计", each 1 )
```

在上述代码中,"each [姓名]"和"each 1"不一样,虽然都没有"_",但是前者是"each _ [姓名]"的省略写法,后者是常量,因为 each 1 是表达式没有用到"_",所以不写"_"。"[姓名]"之所以能把值取出来,是因为原始形式为"_[姓名]",即在"_"代表 record 的基础上,把"姓名"这列当前行的值深化出来,理解这点非常重要。

再从界面操作的角度来理解 each _ 的简写。

在"自定义列"对话框中,在"可用列"栏双击"姓名"列,PQ 会帮助用户自动补全代码,代码如下:

```
= Table.AddColumn(源, "合计", each [姓名] )
```

可见,PQ 自动补全的代码是"each _"的简写形式,如果不理解原理,则无法灵活地扩展应用。例如把 1 月和 2 月的成绩相加,等同的代码如下:

```
= Table.AddColumn(源, "合计", each _[1月] + _[2月] )
= Table.AddColumn(源, "合计", each [1月] + [2月] )
= Table.AddColumn(源, "合计", (x) => x[1月] + x[2月] )
```

前文讲过,null 与任何数值进行加、减、乘、除运算的结果都为 null,因此,上述代码改成 List.Sum()更好,以避免空值造成结果错误,等同的代码如下:

```
= Table.AddColumn(源, "合计", each List.Sum({_[数学],_[语文]}) )
= Table.AddColumn(源, "合计", each List.Sum({ [数学], [语文]}) )
= Table.AddColumn(源, "合计", (x) => List.Sum({x[数学],x[语文]}) )
```

"_"能够省略的条件是当"each _"中的"_"代表record或table并用标题进行深化时（同样地，只有源头是 record 和 table 时，才能用标题进行深化），可以省略"_"，等同的代码如下：

```
//ch5.2 - 01
= List.Transform({[a = 1,b = 2],[a = 2,b = 2]},each _[a])
= List.Transform({[a = 1,b = 2],[a = 2,b = 2]},each [a])
```

否则结果完全不同，示例代码如下：

```
= List.Transform({{1,2},{3,4}},each _{0})        //深化索引
= List.Transform({{1,2},{3,4}},each {0})         //创建 list
```

结果如图 5-6 所示。

(a) 深化索引　　　　　　　　　　　(b) 创建list

图 5-6　省略"_"的结果

能够省略"_"的原因是深化标题的形式为"_[标题]"，创建 record 的形式是"[标题 = 值]"，省略"_"在函数传递过程中不会产生歧义。

5.3　Record.ToList()

自本节开始，用简化的传参形式写代码，不再同时写 3 种传参形式（each _、(x) => x、each）。

接 5.2 节的案例结果，当前行的 record 形式已经获取，代码如下：

```
= Table.AddColumn(源, "合计", each _)
```

现在有 1 月、2 月的成绩，进行累计求和，代码如下：

```
= Table.AddColumn(源, "合计", each List.Sum({[1月],[2月]}))
```

上述代码可得到当前已有月份的求和，但无法动态求和。这种代码称为"硬代码"。当原始数据增加了将来月份的列时不可能每个月都修改上述代码。

书写灵活的代码,仍从 record 入手。"each _"中的"_"代表 record,思路是把 record 所有字段的值取出,再用 List.Sum()求和。用到的函数是 Record.ToList()。

Record.ToList()的作用是取出 record 所有字段对应的值,返回 list,参数如下:

```
Record.ToList(record as record) as list
```

Record.ToList()只有一个参数,类型是 record,示例代码如下:

```
= Record.ToList([a = 1, b = 2])        //{1,2}
```

"_"代表的是 record,可作为 Record.ToList()的参数,代码如下:

```
= Record.ToList(_)
```

"_"是当前行的 record 形式,随着月份的增加,"_"包含的月份数是动态增加的,因此,上述代码可动态地列出值。

Record.ToList()将 record 转换成 list,是否有其他函数用于各个容器的转换?答案是有的,同类函数有 Record.FromList()、Record.ToTable()、Table.ToColumns()等十几个函数。这是一大类函数,其作用像魔方一样,将表、行、列扭转后重新归位,参见第 13 章。

5.4　Record.FieldValues()

M 函数非常多,5.3 节中用 Record.ToList()将 record 中所有字段的值取出,本节介绍 Record.FieldValues(),也能获得同样的结果。

Field 是字段、Value 是值。

Record.FieldValues()的作用是取出 record 中所有字段对应的值,返回 list,参数如下:

```
Record.FieldValues(record as record) as list
```

Record.FieldValues()只有一个参数,类型是 record,示例代码如下:

```
= Record.FieldValues([a = 1, b = 2])        //{1,2}
```

5.5　List.Skip()

在 5.3 节案例中,通过 Record.ToList()将 record 所有字段对应的值取出,构成了一个 list。例如第 1 行的值是"{"甲",10,10}",如果这个 list 直接作为 List.Sum()的第 1 个参数,则会报错,因为"甲"是文本,不能参与数值的求和计算,接下来,用 List.Skip()删除 list 中索引 0 对应的元素。

List.Skip()的作用是将 list 中最前面的符合条件的元素删除后返回列表,参数如下:

```
List.Skip(
list as list,
optional countOrCondition as any)
as list
```

第 1 个参数的类型是 list。

第 2 个参数是可选参数,类型是数字或 function。

1. 默认第 2 个参数

第 2 个参数的默认值为 1,可以省略。等同的代码如下:

```
= List.Skip({1,2,3})          //{2,3}
= List.Skip({1,2,3},1)        //{2,3}
= List.Skip({1,2,3},null)     //{2,3}
```

当第 2 个参数是 null 时,表示没有第 2 个参数,即相当于第 2 个参数是 1 的结果。

2. 第 2 个参数是数字

第 2 个参数可以是数字,例如 1、2 等,数字代表删除前 n 个值,示例代码如下:

```
= List.Skip({1,2,3},2)        //{3}
= List.Skip({1,2,3},8)        //{} 删除的元素个数超过总元素个数,则返回空列表
```

3. 特别用法

第 1 个参数可以是空列表,第 2 个参数为任何值都返回空列表,代码如下:

```
= List.Skip({})
= List.Skip({},8)
= List.Skip({},null)
```

4. 第 2 个参数是 function

第 2 个参数也可以是自定义函数,参数要求里的 Condition 指条件判断,即表达式的值为布尔值。示例代码如下:

```
= List.Skip({1,2,3,4,3,4},each _<3)
= List.Skip({1,2,3,4,3,4},(x) => x<3)
```

结果如图 5-7 所示。

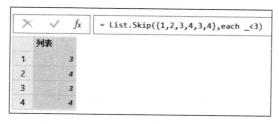

图 5-7　List. Skip()的第 2 个参数的用法

List. Skip()先对第 1 个参数 list 中的每个元素进行循环遍历,然后传递到第 2 个参数,再根据 => 右边的表达式进行逻辑判断,如果逻辑值是 true,则 skip(删除、跳过),当遇到 false 时,跳出循环。循环遍历的逻辑见表 5-1。

表 5-1　List.Skip()循环遍历的逻辑

第 1 个参数的元素	第 2 个参数的表达式(x)＝＞x＜3(或 each _＜3)	结　果
1	(1)＝＞1＜3	true
2	(2)＝＞2＜3	true
3	(3)＝＞3＜3	false
4		
3		
4		

当遍历到第 3 个元素时,如果结果是 false,则跳出循环,删除前两个元素,从第 3 个元素开始保留,从而构成一个 list。

示例代码如下:

```
= Table.Skip({1..10},each true)      //{}
```

在上述代码中,因为每次循环遍历的结果都是 true,所以删除所有元素,结果返回空列表。

List.Skip()和 List.Select()的相同点是第 2 个参数 function 的表达式的值为布尔值。不同点是 List.Select()用于遍历所有元素,Select(筛选)出表达式值为 true 对应的元素,从而构成 list;List.Skip()从第 1 个元素开始遍历,如果遍历到结果为 false 对应的元素,则跳出循环,Skip(删除)最前面条件判断结果为 true 对应的元素,保留后面的元素,从而构成 list,后面的元素不再遍历。

根据 List.Skip()的用法,修改 5.3 节案例,代码如下:

```
= Table.AddColumn(源, "合计",
    each List.Sum(
        List.Skip(
            Record.ToList(_))))
```

5.6　案例总结

在 Table.AddColumn()中,"each _"中的"_"代表当前行的 record 形式,当当前行是 2 月份时,record 是[姓名＝"甲",1 月＝10,2 月＝10],当当前行是 3 月时,record 是[姓名＝"甲",1 月＝10,2 月＝10,3 月＝10],代码灵活地实现了在数据源增加月份后都能取到当前行所有的数据。通过 Record.ToList()取出 record 所有字段对应的值,通过 List.Skip()删除姓名列的值,最后用 List.Sum()求和。

这个案例是动态横向求和的通用思路。

5.7　List.First()

List.Skip()的同类函数,见表 5-2。

表 5-2　List.Skip( )的同类函数

函 数 名	参 数
List.First	(list as list，optional defaultValue as any) as any
List.Last	(list as list，optional defaultValue as any) as any
List.FirstN	(list as list，countOrCondition as any) as list
List.LastN	(list as list，countOrCondition as any) as list
List.RemoveFirstN	(list as list，optional countOrCondition as any) as list
List.RemoveLastN	(list as list，optional countOrCondition as any) as list

List.First( )的作用是返回 list 的第 1 个元素，参数如下：

```
List.First(
list as list,
optional defaultValue as any)
as any
```

第 1 个参数的类型是 list。

第 2 个参数是可选参数，是当第 1 个参数为空列表时的返回值。示例代码如下：

```
= List.First({0..5})          //0
= List.First({0..5}, −1)      //0
= List.First({null,null}, −1) //null
= List.First({})              //null
= List.First({}, −2)          //−2
```

List.First( )和 List.Last( )的参数和使用方法相同。List.Last( )的作用是返回 list 的最后一个元素。

5.8　List.FirstN( )

List.FirstN( )、List.LastN( )、List.RemoveFirstN( )、List.RemoveLastN( )的遍历、传参逻辑与 List.Skip( )相通。当条件判断的结果为 false 时，跳出循环。List.Skip( )和 List.RemoveFirstN( )的效果相同。示例代码如下：

```
//ch5.8 - 01
= List.FirstN({},2)              //{ }
= List.FirstN({1..5},2)          //{1,2}
= List.FirstN({1..5},each _<3)   //{1,2}
= List.LastN({1..5},each _>3)    //{4,5}
= List.RemoveFirstN({1..5},each _<3)  //{3,4,5}
= List.RemoveLastN({1..5},each _>2)   //{1,2}
```

以 List.RemoveLastN( )为例，循环遍历的逻辑见表 5-3。

表 5-3　List. RemoveLastN()循环遍历的逻辑

第 1 个参数的元素	第 2 个参数的表达式 each _>2	结　果
1		
2	each 2>2	false
3	each 3>2	true
4	each 4>2	true
5	each 5>2	true

从 list 的最后一个元素开始遍历并进行逻辑判断,当结果为 true 时,相对应的元素被 Remove(删除),直到结果为 false 时,跳出循环,保留后面对应的元素,从而构成一个 list。

5.9　求累计金额案例

【例 5-2】　计算截至当月的累计销售额,如图 5-8 所示。

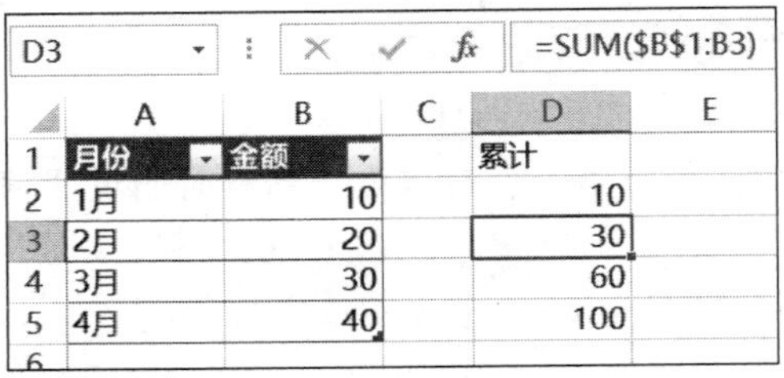

图 5-8　累计求和案例数据源

这个需求在 Excel 中容易实现,用混合引用锁定求和的范围。PQ 中的混合引用通过深化、索引实现,相对于 Excel 函数略复杂。

5.10　Table. AddIndexColumn()

接 5.9 节案例,PQ 中实现混合引用,先添加索引列,再取出前 n 行。

Table. AddIndexColumn()的作用是在原表上添加索引列,参数如下:

```
Table.AddIndexColumn(
table as table,
newColumnName as text,
optional initialValue as nullable number,
optional increment as nullable number,
optional columnType as nullable type)
as table
```

添加索引列的界面操作如图 1-1 所示,代码如下:

```
= Table.AddIndexColumn(源, "索引", 1, 1)
```

第 1 个参数是要添加索引列的表。

第 2 个参数是索引列的标题。

第 3 个参数是可选参数，是初始的第 1 个索引值，省略时默认为 0。

第 4 个参数是可选参数，是索引值增量，当省略时默认为 1。

第 5 个参数是可选参数，用于表示索引列的值的数据类型，并且在 Excel 2016 版本中没有第 5 个参数。

当只写必选参数时相当于第 3 个参数为 0，第 4 个参数为 1，等同的代码如下：

```
= Table.AddIndexColumn(源, "索引")
= Table.AddIndexColumn(源, "索引", 0, 1)
```

索引值增量指相邻的两个索引值的差，例如，要创建的索引列的值为 $\{1,3,5,7,\cdots\}$，代码如下：

```
= Table.AddIndexColumn(源, "索引", 1, 2)
```

将如图 5-8 所示的数据添加索引列后，再新增 1 个自定义列，把第 1 个步骤"源"的表引用过来，代码如下：

```
let
    源   = Excel.CurrentWorkbook(){[Name = "金额表"]}[Content],
    索引  = Table.AddIndexColumn(源, "索引", 1, 1),
    结果  = Table.AddColumn(索引, "累计", each 源)
in
    结果
```

结果如图 5-9 所示。

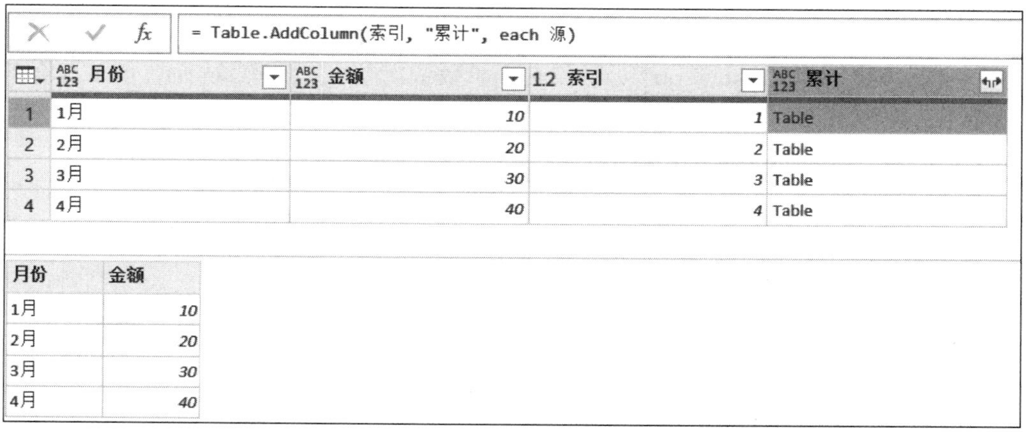

	ABC 123 月份	ABC 123 金额	1.2 索引	ABC 123 累计
1	1月	10	1	Table
2	2月	20	2	Table
3	3月	30	3	Table
4	4月	40	4	Table

月份	金额
1月	10
2月	20
3月	30
4月	40

图 5-9　添加源表

这时，每行的值 Table 都是相同的表。下一步将深化金额列，代码如下：

```
结果 = Table.AddColumn(索引, "累计", each 源[金额])
```

结果如图 5-10 所示。

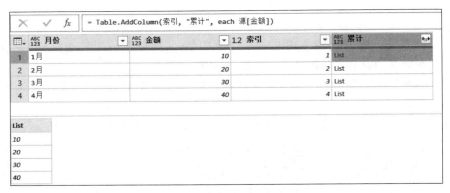

图 5-10　深化源表

思考一下，下面两行代码的区别：

```
结果 = Table.AddColumn(索引, "累计", each 源[金额])
结果 2 = Table.AddColumn(索引, "累计", each [金额])
```

在第 1 行代码中，"源[金额]"的作用相当于 table[标题]，用于深化出第 1 个步骤的表的金额列，结果是 list，每行的"源[金额]"是固定值。

在第 2 行代码中，"[金额]"是"_[金额]"的简写，是从当前行的 record 形式深化出来的，所以这个"[金额]"是当前行金额列的值，每行的值不同。

下一步，根据索引列获取 list 的前 n 个值，代码如下：

```
结果 = Table.AddColumn(索引, "累计", each
       List.FirstN(源[金额],[索引]))
```

在上述代码中"[索引]"是"_[索引]"的简写，是从当前行的 record 形式深化出来的，每行的值不同，因此，每行 List.FirstN()的第 2 个参数依次是 1、2、3 等，从而获得了混合引用值区域的效果，结果如图 5-11 所示。

```
fx = Table.AddColumn(索引, "累计", each List.FirstN(源[金额],[索引]))
```

ABC 月份	ABC 金额	1.2 索引	ABC 累计
1月	10	1	List
2月	20	2	List
3月	30	3	List
4月	40	4	List

List
10
20
30
40

图 5-11　用索引获取 list 的元素

最后，对每行的 list 求和，最终代码如下：

```
//ch5.10 - 01
let
    源 = Excel.CurrentWorkbook(){[Name = "金额表"]}[Content],
    索引 = Table.AddIndexColumn(源, "索引",1,1),
    结果 = Table.AddColumn(索引,"累计", each
            List.Sum(List.FirstN(源[金额],[索引])))
in
    结果
```

结果如图 5-12 所示。

图 5-12 累计求和的结果

在 PQ 中，添加索引列是求累计值的通用思路。通过本节案例复习了 Table. AddColumn()和其他函数的嵌套、三大容器深化和 each 传参的原理。

5.11 PQ 技巧

5.11.1 界面操作

本书用的界面操作以 PQ 功能区为主，在实操中可以根据个人的使用习惯，也可以通过在 PQ 编辑区右击后在弹出的菜单中操作，如图 5-13 所示。

图 5-13 右击后弹出的菜单

5.11.2 快速获取数据

数据源如图 5-14 所示。

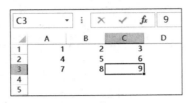

图 5-14 数据源

A1～C3 的范围,不论是普通区域还是超级表区域,在任意一个单元格右击,在弹出的菜单中单击"从表格/区域获取数据",这个范围将作为超级表导入 PQ 中,其作用相当于在 Excel 功能区单击"数据"→"来自表格/区域",如图 5-15 所示。

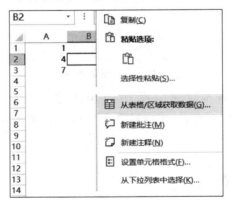

图 5-15 快捷地将数据导入 PQ 中

"来自表格/区域"中的"表格"指超级表,超级表的翻译来自 Table。"区域"指代什么范围?选中 A1～C3 单元格,操作步骤如图 5-16 所示。

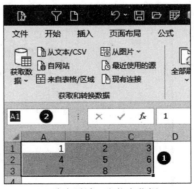

(a) 选中区域,定位名称框

图 5-16 定义名称区域

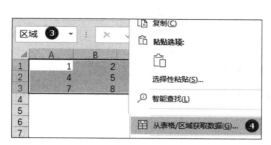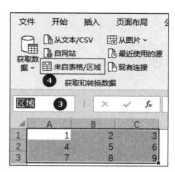

(b) 修改名称，以两种方法导入PQ

	ABC 123 Column1		ABC 123 Column2		ABC 123 Column3	
1	1		2		3	
2	4		5		6	
3	7		8		9	

(表达式栏) = Excel.CurrentWorkbook(){[Name="区域"]}[Content]

(c) 导入PQ的结果

图 5-16　（续）

可见，定义名称区域和超级表一样都是有名称的区域，可以导入 PQ 中。

第 6 章

文件导入函数

前文的数据来源都是以当前工作簿的数据作为超级表从 Excel 导入 PQ 中,但在实操中,导入外部数据的需求非常多,本章将讲解用于文件解析的函数。

6.1 Excel.CurrentWorkbook()

Excel.CurrentWorkbook()是在使用 PQ 界面操作时接触的第 1 个函数,也是容易被忽略的函数。方法名 CurrentWorkbook 指当前工作簿的所有超级表、定义名称区域。参数如下:

```
Excel.CurrentWorkbook() as table
```

可见,Excel.CurrentWorkbook()是一个无参数的函数。

在 Excel 功能区,单击"公式"→"定义名称"→"定义名称",在弹出的"新建名称"对话框的"名称"栏输入"区域",如图 6-1 所示。

Excel.CurrentWorkbook()能够将当前工作簿的定义名称区域识别出来,如图 6-2 所示。

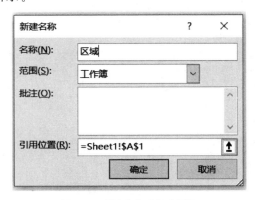

图 6-1 "新建名称"对话框

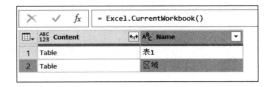

图 6-2 PQ 识别定义名称区域

6.1.1 函数原理

在 Excel 中创建 3 个超级表,将超级表分别命名为数学、语文、英语,如图 6-3 所示。

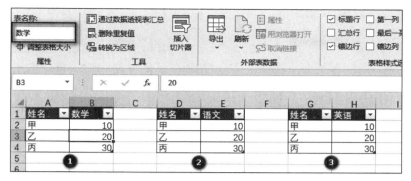

图 6-3　Excel 中的超级表

将"数学"这个超级表导入 PQ 中,结果如图 6-4 所示。

图 6-4　将数据源导入 PQ 中

PQ 自动补全的代码如下:

```
= Excel.CurrentWorkbook(){[Name = "数学"]}[Content]
```

可见,将超级表从 Excel 导入 PQ 中用到的函数是 Excel.CurrentWorkbook()。通过 [Name="数学"]和[Content]深化出数据表。

接下来,分解该函数,只写函数本身,修改后的代码如下:

```
= Excel.CurrentWorkbook()
```

Excel.CurrentWorkbook()可识别出当前工作簿中所有的超级表、自定义名称区域,如 图 6-5 所示。

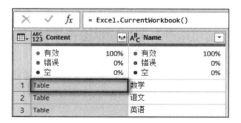

图 6-5　识别当前工作簿的特定区域

Content 列每个值 Table 是对应区域的数据。

深化出第 1 行数学,代码如下:

```
= Excel.CurrentWorkbook(){0}
```

通过索引将 table 深化成 record,这是常规的深化方法,即"table{索引}",如图 6-6 所示。

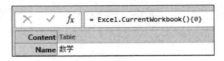

图 6-6　table 的深化

然后通过字段名 Content 深化出值 Table。

6.1.2　{[标题=值]}的深化方法

深化还有一种方法,用"{[标题=值]}"代替索引,接 6.1.1 节的案例,对索引 0 进行替换,代码如下:

```
= Excel.CurrentWorkbook(){[Name = "数学"]}
```

标题仍然放在方括号中,"[标题=值]"囊括在花括号中,"数学"在第 1 行,相当于获取了索引 0。经过这种深化方法以后其结果不变,如图 6-7 所示。

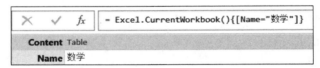

图 6-7　特别的深化方法

然后通过字段名 Content 深化出值 Table,代码如下:

```
= Excel.CurrentWorkbook(){[Name = "数学"]}[Content]
```

上述代码可得出 PQ 自动补全的代码。

在花括号中可以放多个筛选条件,示例代码如下:

```
= Excel.CurrentWorkbook(){[姓名 = "甲"],[成绩 = "数学"]}
```

这种深化方法较少使用,此用法有局限性。根据花括号内的筛选条件,当筛选出的结果只有一行时才能用[标题=值]的方法代替索引。在本例中,因为 Name 是超级表的名字(数学、语文、英语),并且超级表的名字唯一,所以才能使用这种深化方法。

数据源如图 6-8 所示。

代码如下:

```
= 源{[列 1 = "数学"]}        //Error
= 源{[列 1 = "数学",列 2 = "语文"]}
```

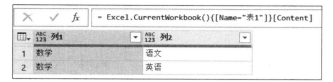

图 6-8 数据源

结果如图 6-9 所示。

(a) 筛选出重复行

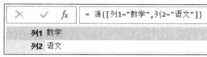

(b) 筛选出唯一行

图 6-9 特殊深化方法的使用条件

这种深化的方法相当于先筛选行再深化,可用 Table. SelectRows( )替代,如图 6-10 所示。

图 6-10 筛选行

6.1.3 多超级表导入

基于 6.1.1 节讲解的函数原理,本节将讲解如何灵活地导入多个超级表。

1. 基于源代码修改

导入任意一个超级表后,在查询区复制该查询,如图 6-11 所示。

图 6-11 复制查询

在 PQ 自动生成的代码的基础上,修改"Name＝"后面的超级表名称,示例代码如下:

```
= Excel.CurrentWorkbook(){[Name = "数学"]}[Content]
= Excel.CurrentWorkbook(){[Name = "语文"]}[Content]
= Excel.CurrentWorkbook(){[Name = "英语"]}[Content]
```

2．作为新查询添加

导入所有超级表，代码如下：

```
= Excel.CurrentWorkbook()
```

在某个值 Table 上右击，如果在弹出的菜单中单击"作为新查询添加"，则可增加一个新查询，如图 6-12 所示。

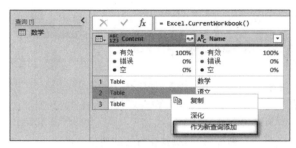

图 6-12　作为新查询添加

PQ 只能手动增加新的查询，相比 VBA 能够批量地增加工作簿、工作表，PQ 操作略显烦琐。

6.2　导入外部文件

以导入 Excel 工作簿为例，讲解导入外部文件所使用的函数。

假设 Excel 的工作簿名为"成绩表"，路径为"D:\成绩表.xlsx"，Excel 中只有一个 Sheet1，Sheet1 中有 3 个超级表：数学、语文、英语，如图 6-3 所示。

用界面操作导入外部文件的方法有多种。

（1）从 Excel 功能区"数据"选项卡导入，如图 6-13 所示。

图 6-13　从 Excel 功能区导入外部文件

（2）从 PQ 功能区"主页"选项卡导入，如图 6-14 所示。

（3）从 PQ 查询区导入，如图 6-15 所示。

（4）从 Excel/PQ 快捷访问工具栏导入。

图 6-14　从 PQ 功能区导入外部文件

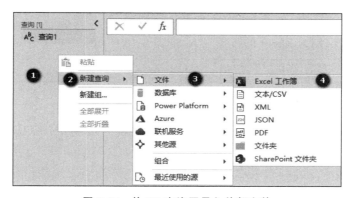

图 6-15　从 PQ 查询区导入外部文件

选择磁盘中的 Excel 文件后，弹出的"导航器"对话框如图 6-16 所示。

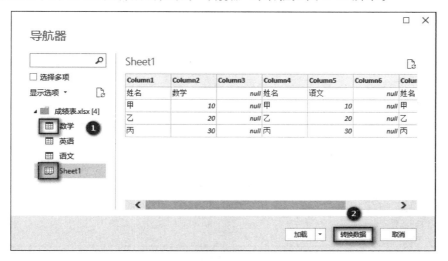

图 6-16　"导航器"对话框

该导航器能够识别出超级表、Sheet 表、定义名称区域，通过图标能区分这 3 种数据区域。

在一个 Sheet 表中可能有超级表、普通的区域、数据透视表，如图 6-17 所示。

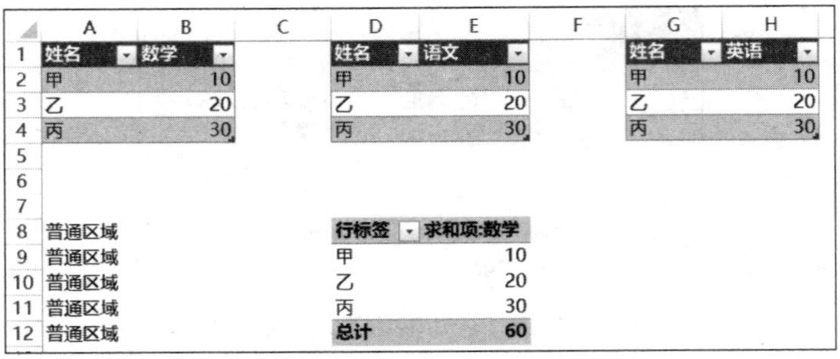

	A	B	C	D	E	F	G	H
1	姓名	数学		姓名	语文		姓名	英语
2	甲	10		甲	10		甲	10
3	乙	20		乙	20		乙	20
4	丙	30		丙	30		丙	30
5								
6								
7								
8	普通区域			行标签	求和项:数学			
9	普通区域			甲	10			
10	普通区域			乙	20			
11	普通区域			丙	30			
12	普通区域			总计	60			

图 6-17　Sheet 表中的各种数据区域

这些区域将被识别为 Sheet 的数据导入，如图 6-18 所示。

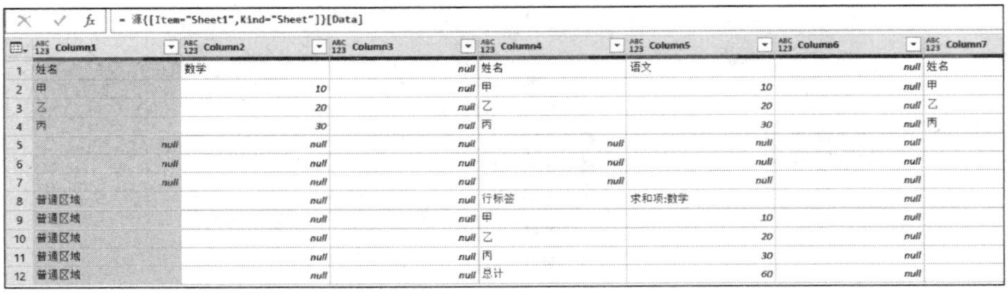

= 源{[Item="Sheet1",Kind="Sheet"]}[Data]

	Column1	Column2	Column3	Column4	Column5	Column6	Column7
1	姓名	数学	null	姓名	语文	null	姓名
2	甲	10	null	甲	10	null	甲
3	乙	20	null	乙	20	null	乙
4	丙	30	null	丙	30	null	丙
5	null	null	null	null	null	null	
6	null	null	null	null	null	null	
7	null	null	null	null	null	null	
8	普通区域	null	null	行标签	求和项:数学	null	
9	普通区域	null	null	甲	10	null	
10	普通区域	null	null	乙	20	null	
11	普通区域	null	null	丙	30	null	
12	普通区域	null	null	总计	60	null	

图 6-18　Sheet 表中的所有数据被导入 PQ

在本例中，选择“数学”超级表导入 PQ 中，PQ 自动补全的代码如下：

```
let
    源 = Excel.Workbook(File.Contents("D:\成绩表.xlsx"), null, true),
    数学_Table = 源{[Item = "数学",Kind = "Table"]}[Data]
in
    数学_Table
```

每个步骤如图 6-19 所示。

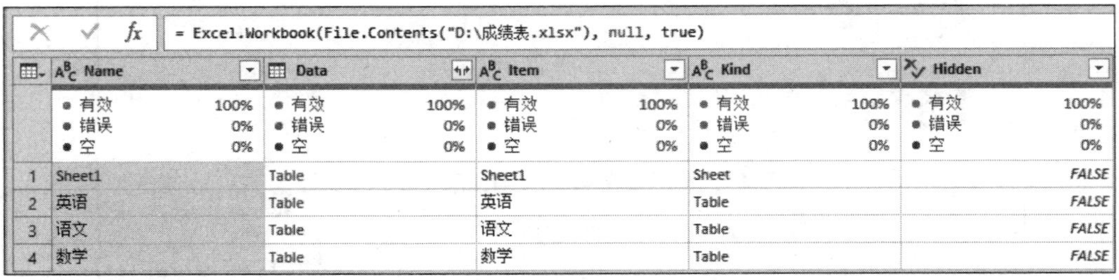

= Excel.Workbook(File.Contents("D:\成绩表.xlsx"), null, true)

	Name	Data	Item	Kind	Hidden
	● 有效 100% ● 错误 0% ● 空 0%	● 有效 100% ● 错误 0% ● 空 0%	● 有效 100% ● 错误 0% ● 空 0%	● 有效 100% ● 错误 0% ● 空 0%	● 有效 100% ● 错误 0% ● 空 0%
1	Sheet1	Table	Sheet1	Sheet	FALSE
2	英语	Table	英语	Table	FALSE
3	语文	Table	语文	Table	FALSE
4	数学	Table	数学	Table	FALSE

(a) 第1个步骤导入工作簿

图 6-19　导入工作簿的步骤

(b) 第2个步骤深化

图 6-19 （续）

第 1 行代码涉及两个函数，File. Contents()用来导入文件，Excel. Workbook()用来识别 Excel 格式。

第 2 行代码用深化提取出数据区域的内容，这种深化的方式已经在 6.1.2 节讲解过。

6.3 File. Contents()

File. Contents()的作用是以二进制的形式返回文件的内容，参数如下：

```
File.Contents(
path as text,
optional options as nullable record)
as binary
```

第 1 个参数是文件的路径，类型为文本。

第 2 个参数是可选参数，仅供官方内部使用。

函数返回的结果是 binary，即二进制文件，示例代码如下：

```
= File.Contents("D:\成绩表.xlsx")
```

结果如图 6-20 所示。

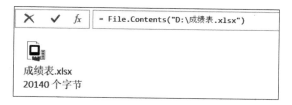

图 6-20 导入工作簿的结果

File. Contents()将单个文件以二进制形式导入，在 PQ 中，binary 指二进制的数据类型。进一步验证 File. Contents()导入的文件是否为二进制，代码如下：

```
= File.Contents("D:\成绩表.xlsx") is binary        //true
```

File. Contents()不仅可用于导入 Excel 文件，还可用于导入多种文件类型的通用函数。

如何将二进制文件转换成用户能看懂的数据？如果导入的是 Excel 文件，则用 Excel. Workbook()识别二进制文件；如果是 CSV 文件，则用 Csv. Document()识别二进制文件，以此类推。

6.4 Excel.Workbook()

6.4.1 语法结构

为了识别 Excel 文件,可在 File.Contents() 的外层嵌套 Excel.Workbook(),参数如下:

```
Excel.Workbook(
workbook as binary,
optional useHeaders as nullable logical,
optional delayTypes as nullable logical)
as table
```

第 1 个参数是工作簿文件,类型是二进制,File.Contents() 导入的文件是二进制文件,符合参数要求。

第 2 个参数是可选参数,但使用频率高。当第 2 个参数为 true 时,代表提升标题;当第 2 个参数为 null、false、省略时,代表默认值,不提升标题。

第 3 个参数是可选参数,字面意思是延迟类型,使用频率低。第 3 个参数为 true 时与为 null、false、省略时,效率一般没有区别。

第 2 个参数的示例代码如下:

```
= Excel.Workbook(File.Contents("D:\成绩表.xlsx"), null)
= Excel.Workbook(File.Contents("D:\成绩表.xlsx"), true)
```

对于 Sheet 表,提升标题是把 Sheet 表的第 1 行作为标题,结果如图 6-21 所示。

fx	= Excel.Workbook(File.Contents("D:\成绩表.xlsx"), null, true)			
ABC Name	▼ Data	▼ 中⊪ ABC Item	▼ ABC Kind	▼ Hidden
1 Sheet1	Table	Sheet1	Sheet	FALSE
2 语文	Table	语文	Table	FALSE
3 数学	Table	数学	Table	FALSE
4 英语	Table	英语	Table	FALSE

Column1	Column2	Column3	Column4	Column5	Column6	Column7	Column8
姓名	数学	null	姓名	语文	null	姓名	英语
甲	10	null	甲	10	null	甲	10
乙	20	null	乙	20	null	乙	20
丙	30	null	丙	30	null	丙	30
null	null	null	null	null	null	null	null
null	null	null	null	null	null	null	null
null	null	null	null	null	null	null	null
普通区域	null	null	行标签	求和项:数学	null	null	null
普通区域	null	null	甲	10	null	null	null
普通区域	null	null	乙	20	null	null	null
普通区域	null	null	丙	30	null	null	null
普通区域	null	null	总计	60	null	null	null

(a) Sheet表不提升标题的结果

图 6-21 第 2 个参数对于 Sheet 表的影响

Name	Data	Item	Kind	Hidden
1 Sheet1	Table	Sheet1	Sheet	FALSE
2 语文	Table	语文	Table	FALSE
3 数学	Table	数学	Table	FALSE
4 英语	Table	英语	Table	FALSE

`= Excel.Workbook(File.Contents("D:\成绩表.xlsx"), true, true)`

姓名	数学	Column3	姓名1	语文	Column6	姓名2	英语
甲	10	null	甲	10	null	甲	10
乙	20	null	乙	20	null	乙	20
丙	30	null	丙	30	null	丙	30
null	null	null	null	null	null	null	null
null	null	null	null	null	null	null	null
null	null	null	null	null	null	null	null
普通区域	null	null	行标签	求和项:数学	null	null	null
普通区域	null	null	甲	10	null	null	null
普通区域	null	null	乙	20	null	null	null
普通区域	null	null	丙	30	null	null	null
普通区域	null	null	总计	60	null	null	null

(b)Sheet表提升标题的结果

图 6-21　（续）

对于超级表，提升标题和不提升标题的结果相同，因为超级表本身有标题，在 Excel. Workbook()的设定中不能二次提升标题，结果如图 6-22 所示。

`= Excel.Workbook(File.Contents("D:\成绩表.xlsx"), null, true)`

Name	Data	Item	Kind	Hidden
1 Sheet1	Table	Sheet1	Sheet	FALSE
2 语文	Table	语文	Table	FALSE
3 数学	Table	数学	Table	FALSE
4 英语	Table	英语	Table	FALSE

姓名	语文
甲	10
乙	20
丙	30

(a) 超级表不提升标题的结果

`= Excel.Workbook(File.Contents("D:\成绩表.xlsx"), true, true)`

Name	Data	Item	Kind	Hidden
1 Sheet1	Table	Sheet1	Sheet	FALSE
2 语文	Table	语文	Table	FALSE
3 数学	Table	数学	Table	FALSE
4 英语	Table	英语	Table	FALSE

姓名	语文
甲	10
乙	20
丙	30

(b) 超级表提升标题的结果

图 6-22　第 2 个参数对于超级表的影响

6.4.2 工作簿信息

Excel. Workbook()将二进制文件识别出来后共有 5 列，分别是 Name、Data、Item、Kind、Hidden，如图 6-23 所示。

= Excel.Workbook(File.Contents("D:\成绩表.xlsx"), true, true)

	Name	Data	Item	Kind	Hidden
1	Sheet1	Table	Sheet1	Sheet	FALSE
2	Sheet2	Table	Sheet2	Sheet	FALSE
3	Sheet3	Table	Sheet3	Sheet	TRUE
4	英语	Table	英语	Table	FALSE
5	语文	Table	语文	Table	FALSE
6	数学	Table	数学	Table	FALSE
7	_xlnm._FilterDatabase	Table	Sheet2!_xlnm._FilterDatabase	DefinedName	TRUE
8	自定义区域	Table	自定义区域	DefinedName	FALSE

图 6-23 工作簿的信息

1. Data

Excel 中的数据区域放在 Data 列，即每行的值 Table。单击 Table(鼠标变成小手形状)，PQ 可帮助用户深化出值，示例代码如下：

```
= 源{[Item = "英语",Kind = "Table"]}[Data]
```

2. Kind

在 Excel 工作簿中，数据区域不仅有可见的 Sheet 表、超级表，还有隐藏的 Sheet 表、筛选过的缓存区域、定义名称区域，这些结构都能被 Excel. Workbook()识别出来。

Sheet 指 Sheet 表，Table 指超级表，DefinedName 指筛选过的区域或定义名称区域。

3. Hidden

TRUE 指数据区域的属性是隐藏的，例如 Sheet 表被隐藏了筛选过的区域。

4. Name 和 Item

这两个标题是区域名称，例如，定义名称区域的名称、Sheet 表的名称、超级表的名称。在大多数情况下，这两者的名称一致。

超级表存在于一个 Sheet 表中，当 Sheet 表的名称和超级表的名称重合时，PQ 会自动区分这两个名称，如图 6-24 所示。

6.4.3 导入文件的细节

实操中，要注意工作簿的信息，例如，当前导入的文件不论是否有隐藏区域，定义名称区域都增加一个步骤，对 Kind 和 Hidden 列进行筛选，代码如下：

```
= Table.SelectRows(源,
each ([Hidden] = false) and ([Kind] = "Table"))
//如果需要筛选 Sheet 区域,则将"Table"改成"Sheet"
```

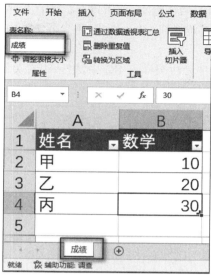

(a) Sheet表和超级表的名称

(b) 在PQ中名称的区分

图 6-24 名称的设定

这样做的原因如下：

第一，数据重复。DefinedName、Table、Sheet 区域的数据是重复或部分重复的，在进行表合并时，将产生同一数据重复两次或多次的问题。

第二，数据变化。DefinedName 可能是筛选过的区域，是一个缓存区域，这部分区域的出现是因为数据源操作过筛选按钮。例如第 1 次导入文件，并没有 DefinedName（数据源区域没有筛选按钮），后面使用该查询时，代码出现错误提示，这是由 DefinedName 导致的（数据源在使用过程中做过筛选值的操作）。

在 PQ 中写 M 函数是观察数据源规律的过程，当数据源的规律发生变化时，一个原始的 PQ 查询的寿命周期就结束了，需要对步骤进行相应修改。编写易懂、易改的 M 函数，有利于提高修改及查询的效率。

6.4.4 导入错误问题

并不是所有的 Excel 文件都能被 Excel.Workbook()导入，本节将讲解常见的问题。

1. 导入.xls

.xls 是比较旧的 Excel 版本所使用的文件格式，当导入 PQ 中时可能产生导入失败或者数据缺失的情况，有可能会有错误提示，或者没有。错误提示举例如图 6-25 所示。

最佳实践是先将.xls 格式转换成.xlsx 格式，再导入 PQ 中。

2. 导入有密码的文件

如果文件有密码，则该文件无法被导入 PQ 中，提示中有关键字"损坏的数据"，如图 6-26 所示。

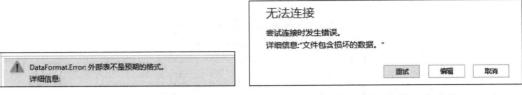

图 6-25　导入文件的后缀是". xls"　　　图 6-26　导入有密码的文件

以 Excel 文件为例，解决方法是先输入密码以打开工作簿，再导入 PQ 或刷新 PQ。

3. 导入打开的文件

当刷新外部文件时，如果外部文件处于打开的状态，则有可能出现刷新失败提示，提示中有关键字"进程"，如图 6-27 所示。

图 6-27　刷新正在打开的文件

4. 导入系统下载的文件

有一些从系统下载的 Excel 文件，虽然是.xlsx 格式，但是导入 PQ 中后无数据显示（或只能显示出标题）。经过实践发现，有的文件在打开该文件后不用进行任何操作，可以先保存该文件，再导入 PQ，这样便能被识别了。有的文件需要先对任意一个单元格进行回车刷新，然后保存该文件，再导入 PQ，这样便能被识别了。

5. 损坏的文件

在导入或者合并文件时，如果出现错误，则检查源文件是否已经损坏了，举例如图 6-28 所示。

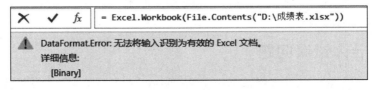

图 6-28　导入损坏的工作簿

6. 被修改的后缀名

假设一个文件名为"成绩.txt",被修改成"成绩表.xlsx",如果用 Excel. Workbook( ) 导入时,则会出现错误,如图 6-29 所示。

图 6-29　后缀名被修改过

6.4.5　导入的文件是其本身

PQ 导入的外部 Excel 文件也可以是查询本身所在的 Excel 文件。

当把查询 1 导出到 Excel 中时,保存该工作簿,重新进入 PQ 后,将发现查询 1 本身也被该查询识别了,并且还有一个未在数据源中创建过的 DefinedName 区域,如图 6-30 所示。

Name	Data	Item	Kind	Hidden
● 有效 100% ● 错误 0% ● 空 0%	● 有效 100% ● 错误 0% ● 空 0%	● 有效 100% ● 错误 0% ● 空 0%	● 有效 100% ● 错误 0% ● 空 0%	● 有效 100% ● 错误 0% ● 空 0%
1　Sheet1	Table	Sheet1	Sheet	FALSE
2　查询1	Table	查询1	Table	FALSE
3　ExternalData_1	Table	Sheet1!ExternalData_1	DefinedName	TRUE

fx = Excel.Workbook(File.Contents("D:\成绩表.xlsx"), null, true)

图 6-30　导入工作簿本身

同时,因为工作簿处于打开的状态,所以必须在保存工作簿后,刷新该查询才能显示最新的查询 1 数据。

学会了 File. Contents( )和 Excel. Workbook( )的用法,如果需要导入外部 Excel 文件,则不需要操作界面,在 fx 编辑栏写函数效率会更高。

6.5　Csv. Document( )

Csv. Document( )不仅限于识别 CSV 文件,只要是平面文件都能够识别,参数如下:

```
Csv. Document(
source as any,
optional columns as any,
optional delimiter as any,
optional extraValues as nullable number,
optional encoding as nullable number)
as table
```

平面文件是去除了应用程序特定格式的电子记录,常见的文件后缀名有 .txt、.csv 等。

假设平面文件的文件名是"成绩表.txt"(或"成绩表.csv"),数据源如图 6-31 所示。

在 Excel 功能区或 PQ 中单击"从文本/CSV",如图 6-13 所示。

在弹出的对话框中,PQ 会自动识别文本编码、分隔符,如果不正确,则修改,如图 6-32 所示。

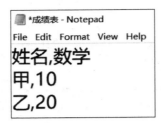

图 6-31　平面文件的数据源

图 6-32　导入平面文件的对话框

导入 PQ 后，代码如下：

```
= Csv.Document(
File.Contents(路径),
[Delimiter = ",",
Columns = 2,
Encoding = 65001,
QuoteStyle = QuoteStyle.None])
```

可见，不论导入何种文件类型，先用 File.Contents() 以二进制形式导入，再根据文件类型用相关的函数来识别，结果如图 6-33 所示。

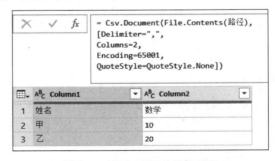

图 6-33　导入平面文件的结果

PQ 自动补全的代码形式是分隔符 Delimiter、列数 Columns、文本编码 Encoding、引号的处理方式 QuoteStyle 以 record 的形式作为第 2 个参数。也可以按照参数说明的形式书写，示例代码如下：

```
= Csv.Document(File.Contents(路径),2,",",1,65001)
```

要特别注意参数 Columns,通过界面操作出来后是固定的 2,如果数据源变成 3 列,则刷新后将造成列缺失,最好删除这个参数。

含有 Document 的函数还有 Json. Document()和 Xml. Document()。

6.6　Text.FromBinary()

识别平面文件也可以使用 Text. FromBinary(),参数如下:

```
Text.FromBinary(
binary as nullable binary,
optional encoding as nullable number)
as nullable text
```

将 6.5 节的数据源导入 PQ 中,代码如下:

```
= Text.FromBinary(File.Contents("D:\成绩表.txt"))
```

当文件内容包含中文字符时,可能无法正常显示,如图 6-34 所示。

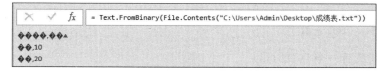

图 6-34　导入平面文件

此时,第 2 个参数是必要的,可用常量化的数字 0 解决中文编码问题,代码如下:

```
= Text.FromBinary(File.Contents("D:\成绩表.txt"),0)
```

结果如图 6-35 所示。

图 6-35　增加第 2 个参数

Csv. Document()用于把文件分行、分列识别出来,Text. FromBinary()用于把整个文件内容作为一个文本识别出来。

6.7　导入文件夹

6.7.1　Folder.Files()

Folder. Files()的作用是识别文件夹下的文件,参数如下:

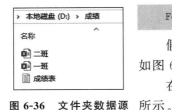

图 6-36　文件夹数据源

```
Folder.Files(path as text) as binary
```

假设有一个文件夹,其名为"成绩",这个文件夹中有一些文件,如图 6-36 所示。

在 Excel 功能区或 PQ 功能区中单击"从文件夹",如图 6-13 所示。

在弹出的对话框中会显示该文件夹下的文件,如图 6-37 所示。

D:\成绩

Content	Name	Extension	Date accessed	Date modified	Date created	Attributes	Folder Path
Binary	一班.xlsx	.xlsx	2023/5/21 9:27:45	2023/5/21 9:27:45	2023/5/21 9:27:45	Record	D:\成绩\
Binary	二班.xlsx	.xlsx	2023/5/21 9:28:17	2023/5/21 9:27:45	2023/5/21 9:28:17	Record	D:\成绩\
Binary	成绩.txt	.txt	2023/5/21 9:28:34	2023/5/21 9:28:34	2023/5/21 9:28:34	Record	D:\成绩\

组合 ▾　加载 ▾　转换数据　取消

图 6-37　文件夹对话框

单击"转换数据"按钮,进入 PQ 界面,等同的代码如下:

```
= Folder.Files("D:\成绩")
= Folder.Files("D:\成绩\")
```

有或者没有最后一个"\"都可以。

和 Excel.Workbook()一样,Folder.Files()也用于显示该文件夹下的文件信息,如图 6-38 所示。

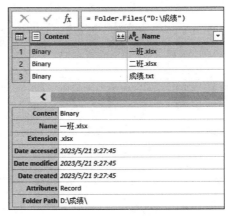

图 6-38　文件夹信息

Content 列识别出的文件内容以二进制类型显示,相当于每个文件用 File.Contents() 识别出来的效果。

Name 列是文件的名称。

Extension 列是文件的后缀名。

Folder Path 列是文件路径。

对于 Attributes 列，单击 Record 可以查看更多的文件信息，例如文件大小等。

Date accessed 列是文件访问时间。

Date modified 列是文件修改时间。

Date created 列是文件建立时间。

对后缀名（假设保留 Excel 文件）及其他标题按照需求筛选后只保留需要的行，下一步可添加一列，以识别二进制文件。因为是 Excel 文件，所以用 Excel.Workbook() 识别，根据6.4.1 节讲解过的 Excel.Workbook() 的用法，代码如下：

```
= Table.AddColumn(筛选的行, "自定义", each Excel.Workbook([Content]))
```

下一步，单击标题右边的 按钮，把自定义列的内容扩展出来，如图 6-39 所示。

扩展出来的内容是 Excel.Workbook() 的工作簿的信息，包括 Name、Kind、Item 等。如果直接扩展出来，则列数极多，因此可以在扩展步骤前删除不需要的列，具体操作根据个人习惯，没有固定的模式。

图 6-39　扩展列

6.7.2　Folder.Contents()

Folder.Files() 是一个界面操作自动补全的函数，其实，Folder.Contents() 也是一个用于导入文件夹的函数。一个文件夹中可以嵌套多层文件夹、文件。这两个函数的区别是Folder.Files() 识别从第 1 层到最底层的所有文件，而 Folder.Contents() 只识别文件夹第1 层的文件。

Folder.Contents() 和 Folder.Files() 的使用方法相同。

6.7.3　导入文件夹错误问题

在一个文件夹中不仅有可见文件，还会产生临时文件，这些文件都能被 PQ 识别出来。这些临时文件可能在第 1 次导入文件夹时并未出现，后续对文件夹中的文件做了处理，文件夹里才产生临时文件，导致后来刷新 PQ 时，有关文件夹的步骤发生了错误，如图 6-40所示。

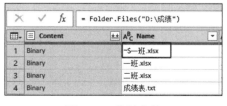

图 6-40　临时文件

最佳实践是在 Folder.Files() 的步骤后增加对 Name 列和 Extension 列进行筛选，通过界面操作，PQ 补全的代码如下：

```
= Table.SelectRows(源, each
not Text.StartsWith([Name], "～$")
and ([Extension] = ".xlsx"))
```

6.8　刷新

在 PQ 界面中,如果外部数据源发生了变化,但是此时 PQ 数据未发生变化,则可在 PQ 功能区单击"主页"→"刷新预览"→"刷新预览"或"全部刷新"对数据进行手动刷新,如图 6-41 所示。

图 6-41　刷新预览

6.9　隐私设置

PQ 和 VBA 的宏一样,有安全性设置。

第 1 次引用外部数据源,刷新时出现错误提示。当 PQ 的错误提示中有关键字"数据源"或"Firewall"时,表示这是由隐私设置导致的,如图 6-42 所示。

> ⚠ Formula.Firewall: 查询"查询1"(步骤"源")将引用其他查询或步骤,因此可能不会直接访问数据源。请重新生成此数据组合。

图 6-42　隐私设置导致的错误

解决方法是在"查询选项"对话框中单击"隐私",勾选"始终忽略隐私级别设置",如图 6-43 所示。

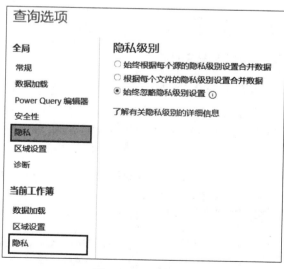

图 6-43　隐私设置

6.10 动态路径

当外部文件或文件夹移动到其他路径且 PQ 找不到 File.Contents()、Folder.Files()、Folder.Contents()的第 1 个参数的路径时,必然提示错误,这时如果要到 PQ 中修改第 1 个参数,则比较烦琐,可根据不同的需求,用不同的方法实现动态路径。

6.10.1 绝对路径

在 Excel 中定义一个超级表,将所有需要用到的文件夹或文件路径放在超级表的一列中。也可以根据需求,添加其他列,填写相关的内容并做一些备注。本例中超级表的名称叫作"路径",将这张超级表从 Excel 导入 PQ 中,如图 6-44 所示。

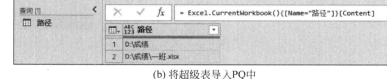

(a) 超级表"路径" (b) 将超级表导入PQ中

图 6-44 绝对路径

新建一个查询,深化出路径,示例代码如下:

```
= 路径[路径]{0}
```

上述代码的结果是一个文本值,可直接用作 Folder.Contents()的第 1 个参数,结果如图 6-45 所示。

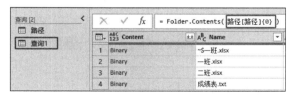

图 6-45 识别动态路径

当后续需要修改路径时,只修改 Excel 中路径表中的值即可。

将 PQ 模板发给其他用户使用,如果其他用户完全不懂 PQ,则可通过在 Excel 中修改路径以使用定制化的 PQ 模板。

6.10.2 相对路径

如果查询所在的文件与外部文件在相同的文件夹中,则除了可以使用绝对路径的方法外,还可以使用相对路径,相对路径可通过 Excel 函数 CELL() 获取。

CELL() 的作用是返回所引用单元格的格式、位置、内容等信息。

在 Excel 任意单元格中进行操作,示例代码如下:

```
= CELL("filename",A1)
```

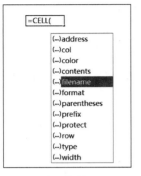

图 6-46　单元格输入 CELL()

在上述代码中,第 2 个参数"A1"可写为当前工作簿的任意单元格,用于锁定当前的工作簿,如果不使用第 2 个参数,则在多个工作簿被打开时返回的是激活工作簿的路径。

操作如图 6-46 所示。

返回的文件地址,示例代码如下:

```
D:\成绩\[一班.xlsx]Sheet1
```

在上述值的基础上,可导入 PQ 中继续处理。在 PQ 功能区单击"转换"或"添加列"→"提取",或"转换"→"拆分列"。

还可以在单元格中用函数法处理。提取文件夹地址,示例代码如下:

```
//ch6.10 - 01
= TEXTBEFORE(
CELL("filename",A1),
"\", - 1)
```

TEXTBEFORE() 是 Excel 365 版本的函数,其他版本可用 FIND()、LEFT() 等函数处理。

提取文件的链接,示例代码如下:

```
//ch6.10 - 02
= SUBSTITUTE(
TEXTBEFORE(
CELL("filename",A1),
"]", - 1),
"[","")      //文件名在方括号中
```

6.10.3　多文件路径案例 1

【例 6-1】　需要获取的外部链接比较多,设计一个灵活的动态路径。

第 1 步,在 Excel 中设计名称为"路径"的超级表,如图 6-47 所示。

路径	描述	备注
D:\成绩	成绩文件夹	所有成绩表放在该目录下
D:\成绩\202303.xlsx	成绩表	当月的成绩表
D:\销售.csv	销售表	每月的下载的销售表

图 6-47　超级表"路径"

第 2 步,将超级表导入 PQ 中,对描述列进行筛选、深化,代码如下:

```
= Table.SelectRows(源, each ([描述] = "成绩表"))[路径]{0}
```

结果如图 6-48 所示。

	ABC 123 路径		ABC 123 描述		ABC 123 备注	
	= Table.SelectRows(源, each ([描述] = "成绩表"))					
	● 有效	100%	● 有效	100%	● 有效	100%
	● 错误	0%	● 错误	0%	● 错误	0%
	● 空	0%	● 空	0%	● 空	0%
1	D:\成绩\202303.xlsx		成绩表		当月的成绩表	

(a) 先筛选

	= Table.SelectRows(源, each ([描述] = "成绩表"))[路径]{0}
D:\成绩\202303.xlsx	

(b) 再深化

图 6-48 灵活的动态路径

如果直接用深化的方法获取路径的值,则代码如下:

```
= 源[路径]{1}
```

由此可见,代码更简洁了,但是索引是固定的,不能任意修改"路径"超级表中行的排序。当需要导入的路径比较多时,用筛选的方法更灵活;当路径不多于两个时,用深化的方法更简洁。

6.10.4 多文件路径案例 2

【例 6-2】 当多个文件都引用一个链接时,可设计一个灵活的动态路径。

在成绩文件夹中,每个班的 Excel 文件(例如 1 班.xlsx)都会引用"总成绩"表。"总成绩"表可能放在任意文件夹下,此表是从系统下载的所有学生的成绩,如图 6-49 所示。

第 1 步,将总成绩表的路径放在一个文件中,例如文本文件,如图 6-50 所示。

图 6-49 文件夹

图 6-50 新建文件以放路径

第 2 步,在班级表(例如 1 班.xls)的 PQ 中用 Text.FromBinary()导入"路径.txt"。如果是其他文件格式,则用相应的函数来导入,如图 6-51 所示。

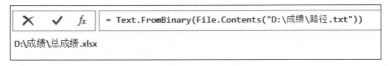

图 6-51　导入外部链接

这样,当"总成绩.xlsx"表的路径发生变化时,只需修改"路径.txt"的内容,所有班级表引用的路径都可进行更新。

PQ 不能批量输出新的查询,本例中如果有非常多的班级表,则只能打开每个班级表来增加 PQ 查询。跨工作簿复制 PQ 查询的方法参见 23.7 节。

6.10.5　超链接合集案例

【例 6-3】　在 Excel 中设计一个超级链接合集,以方便打开各种文件。

图 6-52　超级表"路径"

第 1 步,在 Excel 中设计名为"路径"的超级表,放入需要做链接的文件夹,如图 6-52 所示。

第 2 步,将路径表导入 PQ 中,添加一列,识别文件夹,展开自定义列,以形成完整的文件路径,步骤如图 6-53 所示。

```
= Table.AddColumn(源, "自定义", each Folder.Files([路径]))
```

	ABC 123 路径	ABC 123 自定义
1	D:\成绩表	Table
2	D:\活动表	Table

(a) 添加列,识别文件夹

```
= Table.ExpandTableColumn(已添加自定义, "自定义", {"Name", "Folder Path"})
```

	ABC 123 路径	ABC 123 Name	ABC 123 Folder Path
1	D:\成绩表	~$二班.xlsx	D:\成绩表
2	D:\成绩表	一班.xlsx	D:\成绩表
3	D:\成绩表	二班.xlsx	D:\成绩表
4	D:\成绩表	成绩.txt	D:\成绩表
5	D:\活动表	一班活动.xlsx	D:\活动表
6	D:\活动表	二班活动.xlsx	D:\活动表

(b) 展开自定义列

```
= Table.SelectRows(#"展开的"自定义"", each not Text.StartsWith([Name], "~$"))
```

	ABC 123 路径	ABC 123 Name	ABC 123 Folder Path
1	D:\成绩表	一班.xlsx	D:\成绩表\
2	D:\成绩表	二班.xlsx	D:\成绩表\
3	D:\成绩表	成绩.txt	D:\成绩表\
4	D:\活动表	一班活动.xlsx	D:\活动表\
5	D:\活动表	二班活动.xlsx	D:\活动表\

(c) 筛选临时文件

图 6-53　制作文件路径

| | fx | = Table.AddColumn(筛选的行, "文件", each [Folder Path]&[Name]) |

	ABC 123 路径	ABC 123 Name	ABC 123 Folder Path	ABC 123 文件
1	D:\成绩表	一班.xlsx	D:\成绩表\	D:\成绩表\一班.xlsx
2	D:\成绩表	二班.xlsx	D:\成绩表\	D:\成绩表\二班.xlsx
3	D:\成绩表	成绩.txt	D:\成绩表\	D:\成绩表\成绩.txt
4	D:\活动表	一班活动.xlsx	D:\活动表\	D:\活动表\一班活动.xlsx
5	D:\活动表	二班活动.xlsx	D:\活动表\	D:\活动表\二班活动.xlsx

(d) 形成完整的文件路径

图 6-53 （续）

下一步,将 PQ 导出到 Excel 中,增加一列,用 HYPERLINK()制作路径集合,如图 6-54 所示。

F6			fx	=HYPERLINK(D6,B6)	
	A	B	C	D	E	F
1	路径	Name	Folder Path	文件	文件夹路径	文件路径
2	D:\成绩表	一班.xlsx	D:\成绩表\	D:\成绩表\一班.xlsx	D:\成绩表	一班.xlsx
3	D:\成绩表	二班.xlsx	D:\成绩表\	D:\成绩表\二班.xlsx	D:\成绩表	二班.xlsx
4	D:\成绩表	成绩.txt	D:\成绩表\	D:\成绩表\成绩.txt	D:\成绩表	成绩.txt
5	D:\活动表	一班活动.xlsx	D:\活动表\	D:\活动表\一班活动.xlsx	D:\活动表	一班活动.xlsx
6	D:\活动表	二班活动.xlsx	D:\活动表\	D:\活动表\二班活动.xlsx	D:\活动表	二班活动.xlsx

图 6-54 用 HYPERLINK()制作路径集合

6.11 PQ 技巧

6.11.1 获取文件路径

获取文件夹路径,可在文件夹的地址栏复制,获取文件路径可用小技巧实现。在任意一个文件上,按住 Shift 键,然后右击,在弹出的菜单中单击"复制文件地址",再粘贴到 Excel 或者 PQ 中,如图 6-55 所示。

6.11.2 复制查询

在 PQ 查询区,右击查询名,在弹出的菜单中有两个"复制",如图 6-56 所示。

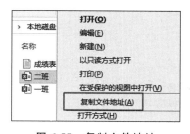

图 6-55 复制文件地址

图 6-56 查询区的复制

第 1 个"复制"对应的英文是 copy,和快捷键 Ctrl+C 的作用相同,如果复制一个查询,则要配合"粘贴"(快捷键 Ctrl+V)。

第 2 个"复制"对应的英文是 duplicate,相当于执行了快捷键 Ctrl＋C 和 Ctrl＋V 的组合。

图 6-57　新建组

6.11.3　新建组

实操中,有时建立了非常多的查询,管理方法是在查询空白处右击,在弹出的菜单中选择"新建组",可将多个查询拖曳到一个组中进行管理,如图 6-57 所示。

6.11.4　表设计

将 PQ 查询导出到 Excel,生成一张超级表,这张 PQ 生成的超级表和普通的超级表在设置上有区别。

对于普通的超级表,选中任意单元格,Excel 功能区会出现一个标签,即表设计。对于 PQ 导出的超级表查询,选中任意单元格,功能区会出现两个标签,分别是表设计和查询,如图 6-58 所示。

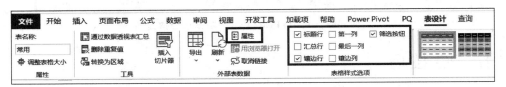

图 6-58　查询表的表设计

单击"表设计"→"属性",打开"外部数据属性"对话框,如图 6-59 所示。

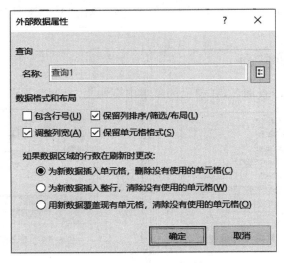

图 6-59　外部数据属性

（1）如果刷新后要保留调整后的排序、筛选、布局，则应勾选"保留列排序/筛选/布局"。

（2）如果刷新后要保留调整后的列宽，则不应勾选"调整列宽"，这个设置的使用频率较高。

（3）如果刷新后要保留调整后的单元格格式，则应勾选"保留单元格格式"。

6.11.5　标题行

数据源如图 6-60 所示。

在"表设计"选项卡下，如果不勾选"标题行"，则结果如图 6-61 所示。

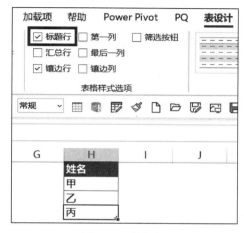

图 6-60　数据源

图 6-61　Excel 中的超级表

将这张超级表导入 PQ 中，结果如图 6-62 所示。

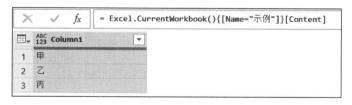

图 6-62　数据源导入 PQ

在 Excel 中，数据源的标题行只是被隐藏了，还能还原，但是如果将隐藏标题行的数据源导入 PQ，则标题行是真的消失了。

以外部数据源的形式导入这张超级表，查看 Kind 是 Table 的数据结果，如图 6-63 所示。

从图 6-63 可以看出，不论 Excel.Workbook() 的第 2 个参数是否提升标题，对于已经隐藏了标题行的超级表，其第 1 行数据作为标题提升了。

如果在导入超级表时遇到此类错误的情况，则需要检查数据源的标题行设置。

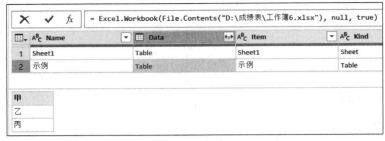

(a) Excel.Workbook()的第2个参数是null

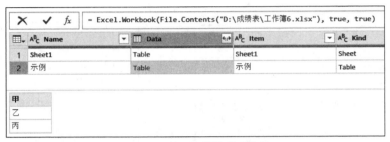

(b) Excel.Workbook()的第2个参数是true

图 6-63　PQ 中识别超级表

6.11.6　导入空行空列

一个 Sheet 中无数据,数据源如图 6-64 所示。

图 6-64　空数据的 Sheet

将这张 Excel 表导入 PQ 中,结果如图 6-65 所示。

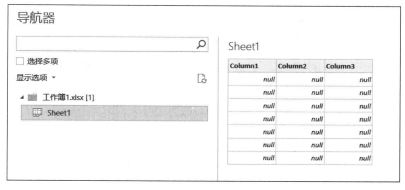

图 6-65　导入 PQ 的数据

可见,即使 Sheet 中没有数据,进行一些格式操作,也将被识别。有时,导入工作簿后,删除空行空列是必要的,相关方法参见 22.7 节。

6.11.7　定义名称区域的应用

Excel 中的数据源有合并单元格、双标题等情况,当直接以超级表的形式导入 PQ 中时格式将被破坏。想要不破坏数据源的格式,此种情况可以以导入外部工作簿的方式导入这张 Sheet 表,数据源如图 6-66 所示。

如果需求是从本工作簿数据导入数据源,则可使用定义名称区域的方式。定义名称区域不会像超级表一样破坏合并单元格、增加标题行等。创建定义名称区域的方法参见 5.11.2 节和 6.1 节。

一班		二班	
数学	语文	数学	语文
1	2	3	4
1	2	3	4
1	2	3	4

图 6-66　有合并单元格的数据源

需要注意的是,定义名称区域默认为静态区域,在 Excel 功能区,单击"公式"→"名称管理器",弹出的"名称管理器"窗口如图 6-67 所示。

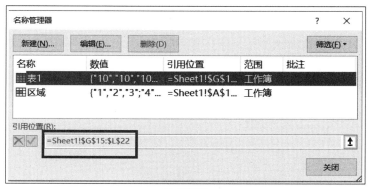

(a) 超级表

图 6-67　"名称管理器"窗口

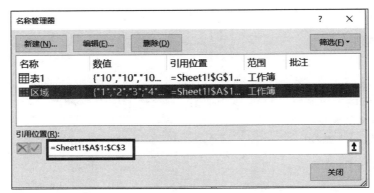

(b) 定义名称区域

图 6-67 （续）

可以看出,超级表和定义名称区域都在名称管理器中,两者从图标上可以区分。超级表的范围是动态的,引用位置框是灰色的,用户不能修改。定义名称区域是静态的,用户可以根据需求更改引用范围,或者用 Excel 公式改成相对动态的范围。

处理定义名称区域的范围还有一种方法,即选择较大范围作为引用位置,导入 PQ 中以产生空行空列,然后在 PQ 中删除空行空列,相关方法参见 22.7 节,选定范围举例如图 6-68 所示。

图 6-68　选定范围

第 7 章

筛选案例学函数

本章通过筛选案例,讲解多个相似函数的用法。

7.1 Table.SelectRows()

Table.SelectRows()的作用是筛选符合条件的行,使用频率高,参数如下:

```
Table.SelectRows(
table as table,
Condition as function)
as table
```

第 1 个参数是要筛选的表。

第 2 个参数的类型是 function,参数要求中的 Condition 指条件判断。表达式的值可以是布尔值和 null,如图 7-1 所示。

有一张成绩表,其中姓名列是文本类型,成绩列是数字类型,日期列是日期类型,数据源如图 7-2 所示。

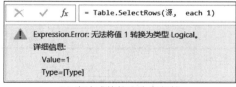

(a) 表达式的值应为布尔值

(b) 表达式的值是null

图 7-1　第 2 个参数的表达式的值

姓名	成绩	日期
甲	10	2023/3/1
乙	20	2023/3/2
丙	30	2023/3/3
丁	40	2023/3/4
戊	50	2023/3/5

图 7-2　数据源

将数据源导入 PQ 中。单击列标题右侧的箭头,根据当前列数据类型的不同,弹出的筛选器不尽相同。例如,文本列会弹出"文本筛选器";数字列会弹出"数字筛选器";日期/时间列会弹出"日期/时间筛选器"。

本节以数字筛选器为例,筛选成绩大于 20 且小于 50 的值,步骤如图 7-3 所示。

(a) 数字筛选器

(b) "筛选行" 对话框

(c) 筛选结果

图 7-3　筛选操作步骤

操作后,PQ 会自动补全代码,代码如下:

```
= Table.SelectRows(源, each [成绩] > 20 and [成绩] < 50)
```

第 2 个参数的表达式值是布尔值,符合参数是条件判断的要求。

第 2 个参数的类型是 function，将第 1 个参数的表转换成 record，每行以 record 的形式传递到第 2 个参数，和 Table.AddColumn()的函数传参原理完全相同，等同的代码如下：

```
= Table.SelectRows(源, (x) => x[成绩] > 20 and x[成绩] < 50)
= Table.SelectRows(源, each [成绩] > 20 and [成绩] < 50)
= Table.SelectRows(源, each _[成绩] > 20 and _[成绩] < 50)
```

"_"代表当前行的 record，深化不同的标题以实现多列同时筛选，示例代码如下：

```
= Table.SelectRows(源, each [成绩] > 20 and [姓名] <> "丙")
```

每行循环遍历后结果为 true、false 或 null，然后把 true 的行筛选出来，这就是 Table.SelectRows()的结果。

可用 Table.AddColumn()来辅助理解和书写 Table.SelectRows()的代码。

在数据源的基础上增加一列，判断成绩是否在某个区间，然后筛选出结果为 true 的行，代码如下：

```
已添加自定义 = Table.AddColumn(源, "判断", each [成绩]> 20 and [成绩]< 50),
筛选 = Table.SelectRows(已添加自定义, each ([判断] = true))
```

结果如图 7-4 所示。

= Table.AddColumn(源, "判断", each [成绩]>20 and [成绩]<50)

	姓名	成绩	日期	判断
1	甲	10	2023/3/1 0:00:00	FALSE
2	乙	20	2023/3/2 0:00:00	FALSE
3	丙	30	2023/3/3 0:00:00	TRUE
4	丁	40	2023/3/4 0:00:00	TRUE
5	戊	50	2023/3/5 0:00:00	FALSE

(a) 添加列

= Table.SelectRows(已添加自定义, each ([判断] = true))

	姓名	成绩	日期	判断
1	丙	30	2023/3/3 0:00:00	TRUE
2	丁	40	2023/3/4 0:00:00	TRUE

(b) 筛选行

图 7-4　添加辅助列以理解筛选行

上述代码的结果和直接用 Table.SelectRows()的结果相同，因此，可以把 Table.SelectRows()理解为增加了一个辅助列，写条件判断，然后筛选出辅助列的值为 true 的行。

这样理解的优点是，当筛选条件非常复杂时，先新增列，写好代码后将自定义函数保留，更换函数名。示例代码如下：

```
= Table.AddColumn(源, "判断", each [成绩]> 20 and [成绩]< 50)
= Table.SelectRows(源,          each [成绩]> 20 and [成绩]< 50)
```

比较上述两行代码,查看是如何将第 1 行代码修改成第 2 行代码的。

数据源的列是 1001 行,值是 1~1001,用界面操作筛选函数时筛选器能够显示出的筛选量的峰值是 1000 个,如图 7-5 所示。

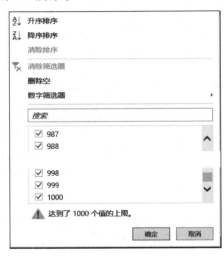

图 7-5　筛选显示的峰值

如果在搜索框搜索 1001,则无结果。筛选的值在显示上限之外,可以在搜索框中任意输入或选择一个值,然后在 fx 编辑栏中修改代码。也可以在"筛选行"对话框中操作,如图 7-3(b)所示。

Excel 中的筛选器能够显示的值的个数上限是 10 000 个,如图 7-6 所示。

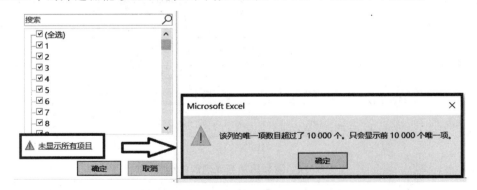

图 7-6　Excel 中的筛选器显示上限

Table. SelectRows()在处理数据量大且筛选条件多时,可能会产生运算卡顿的问题。

7.2　Number. IsOdd()

Number. IsOdd()和 Number. IsEven()的作用是判断数字是奇数还是偶数,当符合条件时结果为 true,当不符合条件时结果为 false,参数如下:

```
Number.IsOdd/ Number.IsEven(
number as number)
as logical
```

PQ 中含有 Is 的 M 函数，当返回结果是布尔值时都可以用在参数要求是条件判断（Condition）的函数中，例如 Table.SelectRows() 的第 2 个参数。

数据源如图 7-7 所示。

将数据源导入 PQ 中，选中序号列，在 PQ 功能区单击"添加列"→"信息"→"奇数"，PQ 自动补全的代码如下：

序号	姓名
1	甲
2	乙
3	丙
4	丁
5	戊
6	己

图 7-7　数据源

```
= Table.AddColumn(源, "奇数", each Number.IsOdd([序号]))
```

结果如图 7-8 所示。

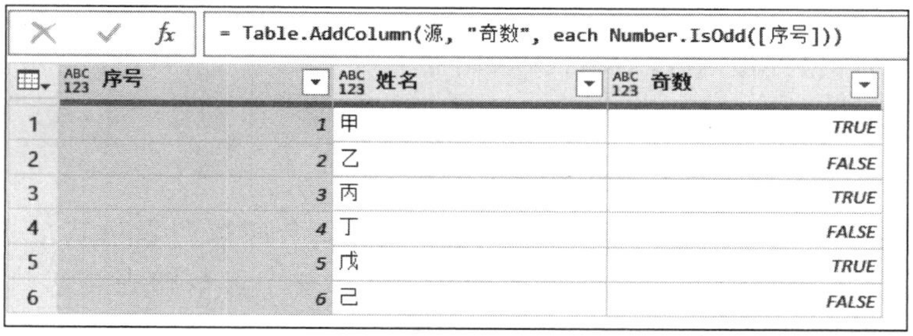

图 7-8　添加奇数判断列

如果筛选序号是奇数的行，则可修改上述代码，修改后的代码如下：

```
= Table.SelectRows(源, each Number.IsOdd([序号]))        //修改函数名
```

结果如图 7-9 所示。

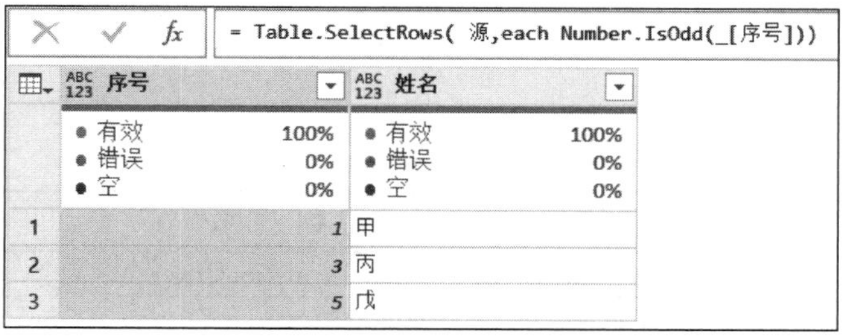

图 7-9　筛选奇数行

Number.IsOdd() 只有一个参数，其类型是数字，不能为 null 或其他数据类型，如图 7-10 所示。

如果序号列有空值，则执行筛选的结果如图 7-11 所示。

图 7-10 数据类型必须为数字

图 7-11 空值导致的错误

当使用 Number. IsOdd()或 Number. IsEven()时,应考虑到数据列中是否有空值,如果有空值,则提前做容错处理,修改后的代码如下:

```
= Table.SelectRows( 源,each try
    Number.IsOdd([序号]) otherwise null)
```

从这个案例可以看出,Table. SelectRows()的第 2 个参数的表达式结果可以是 true、false、null,但不能是 Error。Table. AddColumn()的第 3 个参数的表达式结果是 Error,但不影响整个步骤的执行。

在 Table. SelectRows()使用还不熟练的情况下,可通过增加辅助列的方法深入理解该函数。这种思路的优点是 Table. AddColumn()能够直观地看出条件判断的结果是 true 还是 false,当有多个条件判断时,能够一目了然地根据布尔值来修改代码。

7.3 List. Contains()

在 PQ 中,有多个函数名中有 Contains 的函数,其作用是判断是否有包含的关系,见表 7-1。

表 7-1 含有 Contains 的函数

M 函 数	参 数
List. Contains	(list as list,value as any,optional equationCriteria as any) as logical
List. ContainsAll	(list as list,values as list,optional equationCriteria as any) as logical
List. ContainsAny	(list as list,values as list,optional equationCriteria as any) as logical
Table. Contains	(table as table,row as record,optional equationCriteria as any) as logical
Table. ContainsAll	(table as table,rows as list,optional equationCriteria as any) as logical
Table. ContainsAny	(table as table,rows as list,optional equationCriteria as any) as logical
Text. Contains	(text as nullable text,substring as text,optional comparer as nullable function) as nullable logical

这些函数的结果都是布尔值,可以用于参数要求是条件判断(Condition)的函数的参数,例如 Table. SelectRows()的第 2 个参数。

在 List 类函数中,与 Contains 有关的函数有 3 个,分别是 List. Contains()、List. ContainsAll()、List. ContainsAny(),这 3 个函数的用法相通。

List. Contains()的作用是检查第 2 个参数的元素是否与第 1 个参数 list 中的元素有匹配的情况,然后返回逻辑值。参数如下:

```
List.Contains (
list as list,
value as any,
optional equationCriteria as any)
as logical
```

第 1 个参数的类型是 list。

第 2 个参数的类型是 any。

第 3 个参数是可选参数。当省略时,判断第 2 个参数是否与第 1 个参数 list 中的某个元素相等,等同的代码如下:

```
= List.Contains({1,2,3},3)                  //true
= List.Contains({1,2,3},3,(x,y) => x = y)   //true
```

上述代码的遍历逻辑见表 7-2。

表 7-2   List. Contains()遍历逻辑

第 1 个参数 list 中的元素	第 2 个参数	判断过程	判断结果
1	3	$1 = 3$	false
2	3	$2 = 3$	false
3	3	$3 = 3$	true

示例代码如下:

```
= List.Contains({1,2,3},{2,3})     //false
```

上述代码的遍历逻辑见表 7-3。

表 7-3   List. Contains()遍历逻辑

第 1 个参数 list 中的元素	第 2 个参数	判断过程	判断结果
1	{2,3}	$1 = \{2,3\}$	false
2	{2,3}	$2 = \{2,3\}$	false
3	{2,3}	$3 = \{2,3\}$	false

第 2 个参数与第 1 个参数 list 中的每个元素进行比较,遍历的结果做 or 运算,只要有一个元素相同,其最终结果就为 true。第 2 个参数无论是何种类型的值都作为一个整体参与比较。

第 3 个参数是相等条件,表达式的值可以用布尔值。

前文讲过的 M 函数,自定义函数的参数只有一个参数,List. Contains()是当前接触到的第 1 个具有两个参数的循环遍历的函数。假设第 1 个参数是 x,第 2 个参数是 y,则第 3 个参数的传参形式可以写成"(x,y) =>逻辑表达式"。这是两个参数的函数传参,示例代码如下:

```
= List.Contains({1,2,3},6,(x,y) => x < y)     //true
```

遍历逻辑见表 7-4。

表 7-4　List. Contains()的遍历逻辑

第 1 个参数 x	第 2 个参数 y	第 3 个参数 (x,y) => x < y	判断结果
1	6	(1,6) => 1 < 6	true
2	6	(2,6) => 2 < 6	true
3	6	(3,6) => 3 < 6	true

第 3 个参数可用于实现模糊匹配,示例代码如下:

```
//ch7.3 - 01
= List.Contains({"王小明","王小红"},"王")        //false
= List.Contains({"王小明","王小红"},"王",
    (x,y) => Text.Contains(x,y))                //true
```

List. Contains()这个函数比较特别,第 3 个参数的自定义函数可以用一个参数,也可以用两个参数。当用两个参数时,x 代表第 1 个参数,y 代表第 2 个参数;当用一个参数时,x 代表第 1 个参数和第 2 个参数。示例代码如下:

```
= List.Contains({1,2,3},4,(x) => x + 1)                      //false
= List.Contains({1,2,3},4,(x) => if x = 3 then x + 1 else x) //true
= List.Contains({1,2,3},3, each true)                        //true
= List.Contains({1,2,3},3, each false)                       //true
= List.Contains({1,2,3},3, each 1)                           //true
```

上述代码的运算逻辑可参考表 9-4,List. PositionOf()和 List. Contains()使用一个参数传参的运算逻辑相似。

7.4　List. ContainsAll()

List. ContainsAll()和 List. ContainsAny()的参数如下:

```
List.ContainsAll/List.ContainsAny (
list as list,
values as list,
optional equationCriteria as any)
as logical
```

这两个函数的参数完全一样,运算逻辑的区别是 List. ContainsAll()会对所有的遍历结果做 and 运算,而 List.ContainsAny()会对所有遍历的结果做 or 运算。

List.Contains()也会对遍历结果做 or 运算,和 List.ContainsAny()的区别是什么?区别是第 2 个参数,List.Contains()的第 2 个参数是 value as any,不管数据是什么类型都作为一个整体进行处理(value 是单数),只能判断一个元素是否存在于第 1 个参数的 list 中。

List.ContainsAny()的第 2 个参数是 values as list,list 中的每个元素(value 是复数)需要判断是否至少有一个元素与第 1 个参数 list 中的元素相匹配。三者的比较见表 7-5。

表 7-5 函数运算原理比较

M 函数	第 1 个参数	第 2 个参数	判断结果	遍历逻辑
List.Contains()	{1,2,3,4,5}	3	true	第 2 个参数 3 与第 1 个参数 list 中的其中一个元素匹配,返回值为 true
List.ContainsAll()	{1,2,3,4,5}	3	Error	第 2 个参数不符合 list 的参数要求,返回 Error
List.Contains()	{1,2,3,4,5}	{3}	false	第 2 个参数{3}作为一个整体,类型是 list,第 1 个参数 list 中每个元素的类型都是 number,返回值为 false
List.ContainsAny()	{1,2,3,4,5}	{3}	true	第 2 个参数 3 与第 1 个参数 list 中的一个元素相匹配,返回值为 true
List.Contains()	{1,2,3,4,5}	{3,4}	false	第 2 个参数{3,4}作为一个整体,类型是 list,第 1 个参数 list 中的每个元素的类型都是 number,返回值为 false
List.ContainsAll()	{1,2,3,4,5}	{3,6}	false	两个参数的每个元素进行笛卡儿积比较,判断的结果做 and 运算,返回值为 false
List.ContainsAny()	{1,2,3,4,5}	{3,6}	true	两个参数的每个元素进行笛卡儿积比较,判断的结果做 or 运算,返回值为 true

示例代码如下:

```
= List.ContainsAll({1,2,3},{3,6})        //false
= List.ContainsAny({1,2,3},{3,6})        //true
```

运算逻辑见表 7-6。

表 7-6 运算逻辑

第 1 个参数 list 中的元素	第 2 个参数	判断过程	判断结果
1	3	1=3	false
	6	1=6	false
2	3	2=3	false
	6	2=6	false
3	3	3=3	true
	6	3=6	false

List.ContainsAll()会对上述判断结果做 and 运算，List.ContainsAny()会对上述判断结果做 or 运算。两个函数的第 3 个参数的使用方法同 List.Contains()，不再赘述。

7.5　笛卡儿积

笛卡儿积运算是指 x 的所有成员与 y 的所有成员组成的所有可能的序列。例如 x＝{"高一","高二"}，y={"一班","二班"}，笛卡儿积的运算代码如下：

```
x & y = {"高一一班","高一二班","高二一班","高二二班"}
```

运算结果的元素个数等于两个集合个数的乘积。

笛卡儿积的运算在 PQ 函数中应用比较多，例如 7.4 节的 List.ContainsAll()、List.ContainsAny()。

7.6　动态筛选姓名案例

【例 7-1】　Excel 中有两张超级表，第 1 张工资表用于记录工资金额，第 2 张高管表用于记录高管的名单，需求是对工资表的姓名列筛选出高管人员，如图 7-12 所示。

图 7-12　数据源工资表和高管表

将工资表、高管表导入 PQ 中，对工资表的姓名列进行筛选，通过界面操作，PQ 补全的代码如下：

```
= Table.SelectRows(源, each ([姓名] = "乙" or [姓名] = "甲"))
```

结果如图 7-13 所示。

```
X  ✓  fx  = Table.SelectRows(源, each ([姓名] = "乙" or [姓名] = "甲"))
```

	ABC 123 姓名	ABC 123 工资
1	甲	10
2	乙	20

图 7-13　工资表筛选的结果

通过界面操作出来的是硬代码，如果高管有 10 人，则要写 9 个 or。改写成动态代码的思路是通过辅助列的方法写筛选函数。首先添加一列，如图 7-14 所示。

```
X  ✓  fx  = Table.AddColumn(源, "自定义", each [姓名])
```

	ABC 123 姓名	ABC 123 工资	ABC 123 自定义
1	甲	10	甲
2	乙	20	乙
3	丙	30	丙
4	丁	40	丁
5	戊	50	戊

图 7-14　添加辅助列

用 Table. AddColumn()将当前行的姓名取出,然后判断该姓名是否在高管列表里,想到用 List. Contains()类的函数判断是否存在包含的关系。因为当前行的姓名只有一个人,所以 3 个 Contains 函数在本例中都能够实现预期的效果。

使用 List. Contains()的代码如下:

```
= Table.AddColumn(源, "自定义",
    each List.Contains({"甲","乙"},[姓名]))
```

使用 List. ContainsAll()的代码如下:

```
= Table.AddColumn(源, "自定义",
    each List.ContainsAll({"甲","乙"},{[姓名]}))
```

使用 List. ContainsAny()的代码如下:

```
= Table.AddColumn(源, "自定义",
    each List.ContainsAny({"甲","乙"},{[姓名]}))
```

结果如图 7-15 所示。

	ABC 123 姓名	ABC 123 工资	ABC 123 自定义
1	甲	10	TRUE
2	乙	20	TRUE
3	丙	30	FALSE
4	丁	40	FALSE
5	戊	50	FALSE

fx = Table.AddColumn(源, "自定义", each List.ContainsAny({"甲","乙"},{[姓名]}))

图 7-15　添加判断条件

下一步,将上述任意一个代码修改成筛选函数,代码如下:

```
= Table.SelectRows(源, each List.Contains({"甲","乙"},[姓名]))
```

目前,列表{"甲","乙"}仍然是硬代码,因此可将高管表深化成 list,结果如图 7-16 所示。

图 7-16　深化高管表

查询名"高管",可以作为变量使用,类型是 list,修改后的代码如下:

```
= Table.SelectRows(源, each List.Contains(高管,[姓名]))
```

如果高管人员有变动,则只需修改 Excel 中的高管表,不需要到 PQ 中修改代码。如果

需求是去掉高管人员,则可在包含的函数前加上 not,代码如下:

```
= Table.SelectRows(源, each not List.Contains(高管,[姓名]))
```

7.7 Text.Contains()

在文本列单击筛选按钮,弹出的是"文本筛选器",如图 7-17 所示。

图 7-17 文本筛选器

依次单击开头为、开头不是、结尾为、结尾不是、包含、不包含,PQ 自动补全的代码如下:

```
= Table.SelectRows(源, each Text.StartsWith([姓名], "甲"))
= Table.SelectRows(源, each not Text.StartsWith([姓名], "甲"))
= Table.SelectRows(源, each Text.EndsWith([姓名], "甲"))
= Table.SelectRows(源, each not Text.EndsWith([姓名], "甲"))
= Table.SelectRows(源, each Text.Contains([姓名], "甲"))
= Table.SelectRows(源, each not Text.Contains([姓名], "甲"))
```

上述代码涉及的文本类函数有以下 3 个。

(1) Text.Contains()的作用是判断文本中是否包含某个字符串。

(2) Text.StartsWith()的作用是判断文本开头是否为某个字符串。

(3) Text.EndsWith 的作用是判断文本结尾是否为某个字符串。

这 3 个函数的使用方法相同。在默认情况下,比较文本字符串是否相同是区分大小写的,参数如下:

```
Text.Contains/Text.StartsWith/Text.EndsWith(
text as nullable text,
```

```
substring as text,
optional comparer as nullable function)
as nullable logical
```

第1个参数是原文本。

第2个参数是字符串,用于判断在原文本中是否包含该字符串。

第3个参数是可选参数,类型是 function,用的是 Comparer 类(比较器)的函数,这类函数的名字比较长,也不能用常量化数字(0、1、2)代替。Comparer 的用法见表7-7。

表 7-7 Comparer 类的函数

比 较 器	作 用
Comparer.Ordinal	区分大小写
Comparer.OrdinalIgnoreCase	不区分大小写
Comparer.FromCulture	区分区域设置

示例代码如下:

```
//ch7.7 - 01
= Text.Contains("我们的祖国是 Garden", "garden")        //false
= Text.EndsWith("我们的祖国是 Garden", "garden",
        Comparer.OrdinalIgnoreCase)                    //true
= Text.StartsWith("我们的祖国是 Garden", "祖国")        //false
```

注意,这3个函数的返回值是 nullable logical,即 null 或布尔值,代码如下:

```
= Text.Contains(null,"a")    //null
```

这3个函数用于检查是否包含字符串,字符串不限于单字符,可以从这个角度来记忆这3个函数中都有 s。

7.8 PQ 快捷键

PQ 界面内的部分快捷键举例如下。

(1)单击任意值/列/行,按快捷键 Ctrl+A,可选中编辑区域的所有值。

(2)单击任意值,按 Home 键,焦点将移动到该行的第1个值。单击任意列,按 Home 键,焦点将移动到表的第1列。按 End 键同理,焦点将移动到最后。

(3)单击任意值,按快捷键 Alt+Home,焦点将移动到该列的第1个值。按快捷键 Alt+End 同理。

(4)单击任意值,按快捷键 Ctrl+Home,焦点将移动到表的第1个值。按快捷键 Ctrl+End 同理。

(5)单击任意值/行/列,按上、下、左、右箭头,可将焦点按照值/行/列的上、下、左、右方向移动。

(6)单击任意值,按快捷键 Ctrl+空格,可选中该列。

（7）单击任意列，按快捷键 Ctrl＋下箭头，可弹出列名左边按钮的菜单。

（8）单击任意列，按快捷键 Alt＋下箭头，可弹出列名右边按钮的菜单。

（9）单击任意值，按 PageUp 或 PageDown 键，可向上、向下翻页。

移动到某列的界面操作方法是在 PQ 功能区单击"主页"→"选择列"→"转到列"，或单击"转换"→"移动"，如图 7-18 所示。

(a) 转到列

(b) 移动到列

图 7-18　快速移动到某列

第 8 章

同类参数学函数 1

PQ 中很多函数的参数具有共同点,通过类比法来学习 M 函数能够举一反三、一通百通。

参数类型是 optional missingField as nullable number 的函数在 PQ 中有多个,本章讲解其中最常用的 4 个函数。当要选择、删除、排序、重命名的字段不存在时,该参数会起到容错的作用。

8.1 Table.SelectColumns()

Table.SelectColumns()的作用是保留选定的列,参数如下:

```
Table.SelectColumns(
table as table,
columns as any,
optional missingField as nullable number)
as table
```

第 1 个参数是要筛选列的表。

第 2 个参数的类型是 any,内容是列名。

第 3 个参数是可选参数,类型是 function,是 MissingField 类的函数,默认值为 MissingField.Error,如果选择的列不存在于表中,则提示错误。

Table.SelectRows()是筛选行函数,而 Table.SelectColumns()是筛选列函数。

将数据源导入 PQ 中,如图 8-1 所示。

在 PQ 功能区单击"主页"→"选择列"→"选择列",假设选择数学、语文列,PQ 补全的代码如下:

姓名	数学	语文	英语
甲	10	20	30
乙	40	50	60
丙	70	80	90

图 8-1　数据源

```
= Table.SelectColumns(源,{"数学", "语文"})
```

通过界面操作出来的第 2 个参数是 list,但是在参数说明中第 2 个参数的类型是 any,即不仅限于 list,代码如下:

```
= Table.SelectColumns(源,"数学")
```

当只选定一列时,第 2 个参数的类型可用 list 或文本。

数据源可能变化,例如在数据源中删除了数学列,由于第 2 个参数中有数学列,所以该步骤将报错,如图 8-2 所示。

图 8-2　缺少列的错误提示

第 3 个参数起到容错的作用。MissingField 类函数的用法见表 8-1。这类参数比较长,可用常量化数字 0、1、2 代替。

表 8-1　MissingField 类函数

函 数 名	作 用	常 量 化
MissingField. Error	如果缺少列,则保留错误的结果	0
MissingField. Ignore	如果缺少列,则忽略错误	1
MissingField. UseNull	如果缺少列,则增加值为 null 的列	2

结果如图 8-3 所示。

fx = Table.SelectColumns(源,{"语文","数学"},0)

⚠ Expression.Error: 找不到表的"数学"列。
　　详细信息:
　　　数学

(a) 缺少列,保留错误

fx = Table.SelectColumns(源,{"语文","数学"},1)

语文
20
50
80

(b) 缺少列,忽略错误

fx = Table.SelectColumns(源,{"语文","数学"},2)

语文	数学
20	null
50	null
80	null

(c) 缺少列,增加值为null的列

图 8-3　筛选列函数的第 3 个参数

其实,选中某列后右击,在弹出的菜单中选择"删除其他列",PQ 自动补全的代码也是 Table. SelectColumns(),操作方法如图 8-4 所示。

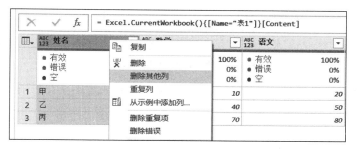

图 8-4　删除其他列的操作

PQ 补全的代码如下：

```
= Table.SelectColumns(源,{"姓名"})
```

第 2 个参数是空列表，不报错，返回空列的表（没有字段名的表），代码如下：

```
= Table.SelectColumns(源,{})      //空列的表
```

PQ 的参数设计比较有趣，Table.SelectColumns() 的第 2 个参数不仅具有选择列的作用，还有列排序的作用。第 2 个参数 list 中列名的顺序决定了列的排序，从而省去了筛选列后还要再排序列的步骤，如图 8-5 所示。

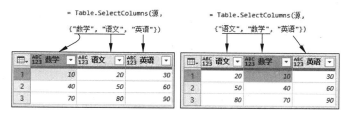

图 8-5　第 2 个参数中列名的顺序决定了列顺序

注意：当参数是列名的集合时，如果只有一个列名，则可以省略最外层的花括号，当有多个列名时，必须用 list 来包裹，并且列名的顺序决定了列顺序。这种用法在多个 M 函数中适用，例如 Table.SelectColumns()、Table.Group() 等。

8.2　动态选择列案例

【例 8-1】　第 1 张表为成绩表，第 2 张表为对照表，根据对照表，动态地选择成绩表中的科目列，如图 8-6 所示。

将数据源导入 PQ 中，先任意选择列，代码如下：

```
= Table.SelectColumns(源,{"数学", "语文"},1)
```

第 3 个参数使用表示忽略错误的 1，防止对照表中出现成绩表中没有的列名。

图 8-6 数据源成绩表和对照表

第 2 个参数的类型是 list，所以可将对照表深化成 list，如图 8-7 所示。

图 8-7 深化对照表

在成绩表的查询中，修改后的代码如下：

```
= Table.SelectColumns(源,对照表,1)
```

当 Excel 中的对照表内容增减时，动态地选择出相应的列，不需要到 PQ 中修改代码。本案例传递的思路是将 Excel 中的超级表作为非常灵活的变量，应用到 M 函数的参数中。

图 8-8 对照表可能出现空值

因为对照表会变化，所以应考虑到空值的出现，如图 8-8 所示。在对照表的查询中做去空的处理，等同的代码如下：

```
= Table.SelectRows(源, each ([选择列] <> null))[选择列]
= List.RemoveNulls(源[选择列])
```

注意：将 Excel 中的超级表做成 PQ 变量的方法非常灵活、方便，本书的很多动态变量案例会用到这种方法。

8.3 Table.RemoveColumns()

Table.RemoveColumns()的作用是删除列，参数如下：

```
Table.RemoveColumns(
table as table,
columns as any,
optional missingField as nullable number)
as table
```

Table.RemoveColumns()的参数和用法与 Table.SelectColumns()相同。如果删除的列不存在，则第 3 个参数起到容错作用。将图 8-1 中的数据源删除列，结果如图 8-9 所示。

第 3 个参数使用 1 或 2 的结果相同，用 2 也不会增加一列并填充为 null 值，否则与删除列的逻辑相悖。

(a) 缺少列，保留错误

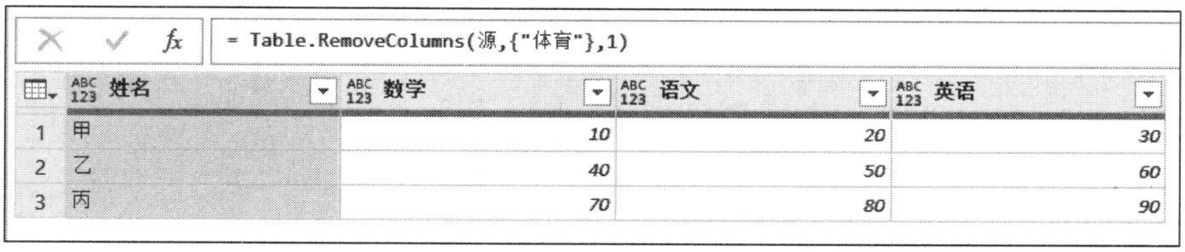

(b) 缺少列，忽略错误(1)

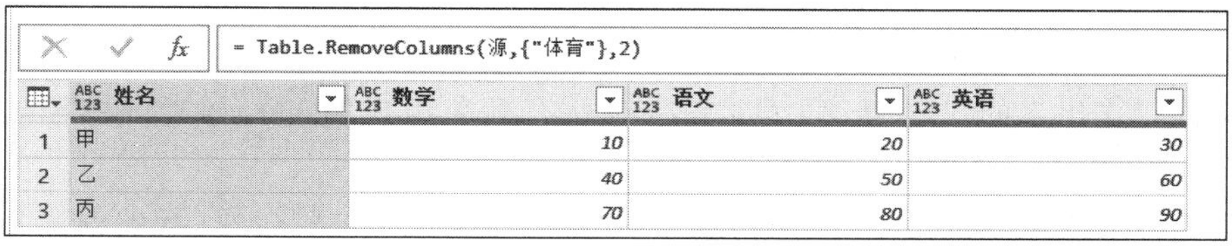

(c) 缺少列，忽略错误(2)

图 8-9　缺少列的错误处理

同样地，当第 2 个参数只删除一列时，第 2 个参数最外层的花括号可以删除，等同的代码如下：

```
= Table.RemoveColumns(源,{"数学"})
= Table.RemoveColumns(源,"数学")
```

通过 PQ 界面操作删除列有多种方法。

在 PQ 功能区，单击"主页"→"删除列"→"删除列"。

在 PQ 编辑区，选中删除的列，如果是多列，则按 Ctrl 键或 Shift 键选择多列，然后右击，在弹出的对话框中单击"删除"。更快捷的方法是选择一列或多列后按 Delete 键。

同样地，动态地删除列，也可以用 8.2 节案例的方法，把要删除的列做成 Excel 的超级表，导入 PQ 中，作为 Table.RemoveColumns() 的第 2 个参数。

8.4　Table.RecorderColumns()

Table.RecorderColumns() 的作用是对列进行排序，参数如下：

```
Table.RecorderColumns(
table as table,
columnOrder as list,
optional missingField as nullable number)
as table
```

第 1 个参数是要排序的表。

第 2 个参数是列名组成的 list。

第 3 个参数是容错处理。

如图 8-1 所示的数据源，拖曳列，PQ 自动补全的代码如下：

```
= Table.RecorderColumns(源,{"姓名", "英语", "数学", "语文"})
```

结果如图 8-10 所示。

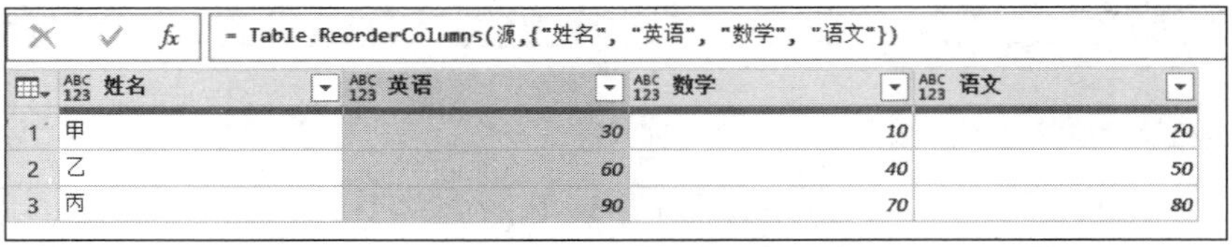

	姓名	英语	数学	语文
1	甲	30	10	20
2	乙	60	40	50
3	丙	90	70	80

图 8-10 列的排序

用界面操作出来的代码中，第 2 个参数是所有列名组成的 list，元素的顺序就是列的排序。

当 list 中不列举当前表的所有列名时并不会出错，也不会删除列，缺少英语列的代码如下：

```
= Table.ReorderColumns(源,{"姓名","数学","语文" })
```

结果如图 8-11 所示。

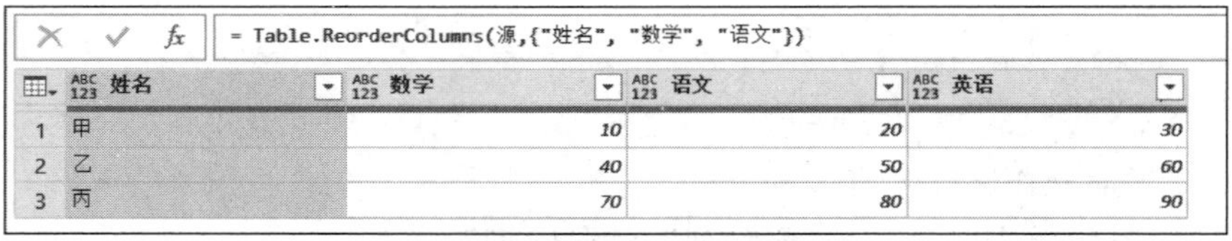

	姓名	数学	语文	英语
1	甲	10	20	30
2	乙	40	50	60
3	丙	70	80	90

图 8-11 第 2 个参数可以不列举所有的列名

当 list 中有当前表中不存在的列名时会报错，用第 3 个参数容错，使用方法与 Table.SelectColumns()相同，示例代码如下：

```
= Table.ReorderColumns(源,{"姓名", "政治", "数学"},1)
```

同样地，可以用 8.2 节案例的方法，将排序的列做成 Excel 的超级表，导入 PQ 中，作为 Table.RecorderColumns()的第 2 个参数。

8.5 Table.RenameColumns()

Table.RenameColumns()的作用是对字段进行重命名，参数如下：

```
Table.RenameColumns(
table as table,
```

```
renames as list,
optional missingField as nullable number)
as table
```

第 1 个参数是要修改字段名的表。

第 2 个参数的类型是 lists as list。

第 3 个参数是容错处理。

如图 8-1 所示的数据源，双击字段名，或按 F2 键进行重命名，PQ 自动补全的代码如下：

```
= Table.RenameColumns(源,
{
{"数学", "数学 1"},
{"语文", "语文 2"}
})
```

与 Table.SelectColumns() 等函数一样，如果只对一列进行操作，则可以省去最外层的花括号，等同代码如下：

```
= Table.RenameColumns(源,{"数学", "数学 1"})
```

第 2 个参数是 lists as list 的形式，每个小 list 中的第 1 项是原列名，第 2 项是新列名。这种参数形式非常灵活。

8.6 动态命名案例

【例 8-2】 第 1 张成绩表是系统导出的报表，第 2 张表是字段名对照表。根据对照表，对成绩表进行动态命名，如图 8-12 所示。

姓名	数学1	语文1
甲	10	10
乙	20	20

分表	总表
数学1	数学
语文1	语文
英语1	英语

图 8-12 数据源成绩表和对照表

将数据导入 PQ 中，通过界面操作对成绩表的字段进行重命名，代码如下：

```
= Table.RenameColumns(源,{{"数学 1", "数学"}, {"语文 1", "语文"}})
```

根据对照表做动态命名，就是把对照表做成第 2 个参数要求的 lists as list 的形式。多个 M 函数能够把 table 转换成 lists as list。

第 1 种思路是在对照表上添加列，代码如下：

```
= Table.AddColumn(源, "自定义", each {[分表],[总表]})
```

在自定义列上每行都是 list，结果如图 8-13 所示。

再深化自定义列，转换成 lists as list 的形式，如图 8-14 所示。

在成绩表中，修改命名函数的第 2 个参数的硬代码，代码如下：

图 8-13　构造 list

图 8-14　深化列

```
= Table.RenameColumns(源,对照表)
```

对照表包含所有的应修改的字段名,当前报表可能只有部分字段,应增加第 3 个参数,做容错处理,修改代码如下:

```
= Table.RenameColumns(源,对照表,1)
```

结果如图 8-15 所示。

图 8-15　使用容错参数

当系统报表的字段名改变时,修改 Excel 的对照表即可。

第 2 种思路是用 List.Transform() 遍历对照表,代码如下:

```
//ch8.6 - 01
let
    源 = Excel.CurrentWorkbook(){[Name = "对照表"]}[Content],
    结果 = List.Transform({0..Table.RowCount(源) - 1},
        each {源[分表]{_},源[总表]{_}})
in
    结果
```

Table.RowCount()用于计算对照表的总行数,转换成每行的索引,以遍历的形式传递到第 2 个参数,结果如图 8-16 所示。

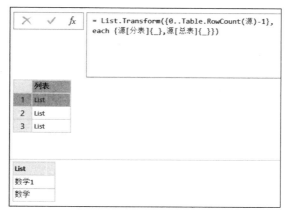

图 8-16　遍历索引的思路

因为 List.Transform()返回的结果是 list,所以构建 lists as list 只需第 2 个参数的表达式构建一个 list,示例代码如下:

```
= List.Transform({1..5}, each {_,_})
```

后续章节讲解用 List.Zip()和 Table.ToRows()的思路进行动态命名,最简洁的方法是 Table.ToRows(),参见第 13 章。

8.7　Table.ColumnNames()

Table.ColumnNames()的作用是返回表的所有列名,参数如下:

```
Table.ColumnNames(table as table) as list
```

Table.ColumnNames()使用频率高,函数简单,只有一个参数,即要操作的表。

如图 8-1 所示的数据源,返回列名,结果是 list,代码如下:

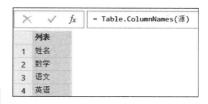

图 8-17　返回列名

```
= Table.ColumnNames(源)
```

结果如图 8-17 所示。

8.8　动态月份列案例

【例 8-3】　第 1 张销售表是每个月从系统导出的报表,是当年的截止到当前日期的每个月的数据。第 2 张月份表用于实现动态地筛选列(图 8-18)。例如月份表的值是 2,选择销售表前 3 列,以此类推。

姓名	1月	2月	3月
甲	1	2	3
乙	4	5	6
丙	7	8	9

月份
2

图 8-18 数据源销售表和月份表

将数据导入 PQ 中,在销售表中,选择列,代码如下:

```
= Table.SelectColumns(源,{"姓名", "1 月", "2 月"})
```

第 2 个参数是硬代码,这 3 个列名是该表的前 3 列,思路是返回表的所有列名,再取其中前 3 个元素,代码如下:

```
= List.FirstN(Table.ColumnNames(源),3)
```

将该代码嵌套到选择列的函数中,代码如下:

```
= Table.SelectColumns(源,
    List.FirstN(
        Table.ColumnNames(源),
        3))
```

此时,代码中的 3 还是常量,应取出月份表的月份值,月份表如图 8-19 所示。

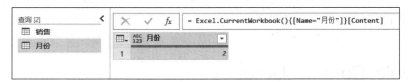

图 8-19 月份表

实现最终销售表的代码如下:

```
//ch8.8 - 01
= Table.SelectColumns(源,
    List.FirstN(
        Table.ColumnNames(源),
        月份[月份]{0} + 1))
```

结果如图 8-20 所示。

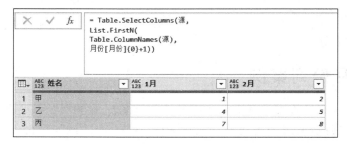

图 8-20 动态筛选列

当 Excel 中的月份表的值修改时,能够动态地筛选出相应的前 n 列,不需要到 PQ 中修改代码。

8.9　record 的灵活用法

对于 8.8 节的案例,Table.SelectColumns() 的参数内嵌套了两个函数、一个变量。代码写得不简洁,多个括号显得杂乱,容易造成语法错误,并且以后理解、修改代码时,困难加倍。record 的灵活用法能够解决多个函数嵌套的问题。

record 的形式是"[字段 1=值,字段 2=值]",等同的代码如下:

```
= [a = 1, b = 2, c = a + b]
= [c = a + b, b = 2, a = 1]
```

上述两个 record 是等同的写法,record 具有 let in 的特性。在上述 record 中,字段 a、b、c 和 let in 中的步骤名一样,先后出现的顺序不影响引用,一个字段可以被另一个字段引用。基于此规律,修改后的代码如下:

```
//ch8.9 - 01
= [
a = Table.ColumnNames(源),
b = 月份[月份]{0} + 1,
c = List.FirstN(a,b),
d = Table.SelectColumns(源,c)
][d]
```

在上述代码中,将每个函数单列出来,a、b、c、d 是 record 的字段名,也相当于每个步骤名。c 是 list,符合 Table.SelectColumns() 的参数要求。d 是最终需要的结果,因此深化 d。

这种 record 的形式不仅代码简洁,还能通过修改深化,查看每个步骤的结果。例如把代码最后的[d]改成[a]、[b],如果结果不正确,则检查是哪个步骤的运算出现了问题。

将反复调用的值写成字段,可以避免代码重复,示例代码如下:

```
c = [
a = [数学] + [语文] + [英语],
b =
if a > 270 then "优秀"
else if a > 200 then "良好"
else if a > 150 then "及格"
else "不及格"
][b]
```

对比的代码如下:

```
c =
if [数学] + [语文] + [英语] > 270 then "优秀"
else if [数学] + [语文] + [英语] > 200 then "良好"
else if [数学] + [语文] + [英语] > 150 then "及格"
else "不及格"
```

实操中,多个函数嵌套、值被反复调用的情况都可以联想到使用 record 的灵活用法,使用非常频繁。

8.10　添加多列案例

Table.AddColumn()的函数名中的 Column 是单数,只能增加一列,当增加多列时,可用 record 的灵活用法快速创建。

【例8-4】　对表添加两个空列。

添加一列,值是 record,单击列上的 ⬄ 按钮,把 record 扩展出来,代码如下:

```
//ch8.10-01
let
    源 = Excel.CurrentWorkbook(){[Name="表1"]}[Content],
    空列 = Table.AddColumn(源, "空列", each [a=null, b=null]),
    展开 = Table.ExpandRecordColumn(空列, "空列", {"a", "b"})
in
    展开
```

结果如图 8-21 所示。

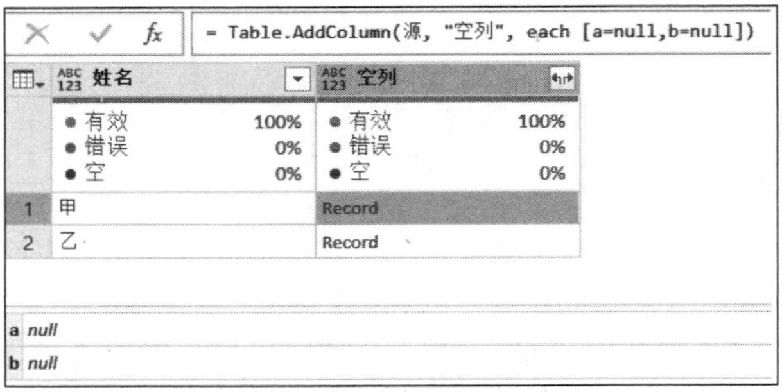

(a) 添加值为record的列

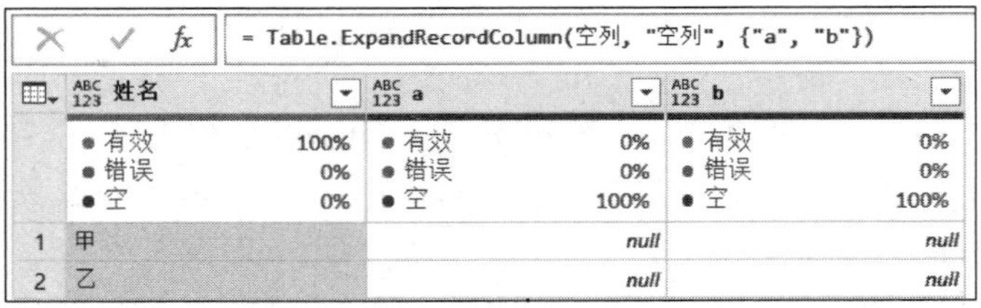

(b) 展开空列

图 8-21　添加多列

【例8-5】　如图 8-1 所示的数据源,添加多个对科目的聚合列。

先把每行的 record 转换成 list,因为会被多次调用,所以单独写一个字段"成绩",使代码更加简洁,代码如下:

```
//ch8.10-02
let
```

```
        源 = Excel.CurrentWorkbook(){[Name = "表1"]}[Content],
        聚合 = Table.AddColumn(源, "自定义", each
    [
        成绩 = List.Skip(Record.ToList(_)),
        总分 = List.Sum(成绩),
        平均分 = List.Average(成绩)
    ]),
        展开 = Table.ExpandRecordColumn(聚合, "自定义", {"总分", "平均分"})
    in
        展开
```

在上述代码中聚合步骤的"_"会寻找最近的 each 进行匹配，"_"代表的是当前行的
record 形式，聚合步骤如图 8-22 所示。

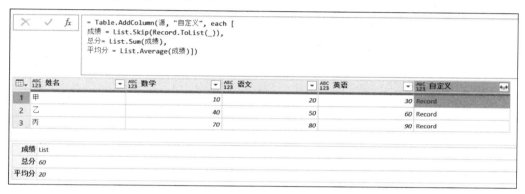

图 8-22　添加多个聚合列

8.11　Table.ExpandRecordColumn()

在 8.10 节的案例中用到了展开函数，常用的展开函数有 3 个，展开 record、展开 table、
展开 list。

Table.ExpandRecordColumn()的参数如下：

```
Table.ExpandRecordColumn(
table as table,
column as text,
fieldNames as list,
optional newColumnNames as nullable list)
as table
```

第 1 个参数是要展开的表。

第 2 个参数是展开的列，类型是文本，一次只能展开一列。

第 3 个参数是要展开的字段(record 中的字段名)，类型是 list。

第 4 个参数是可选参数，是展开后新的列名，类型是 list。

添加一个 record 列，列名为"记录"，record 的代码如下：

```
[a = 1, b = 2, c = 3]
```

结果如图 8-23 所示。

如果展开记录列,则第 2 个参数为"记录"。

单击 ↦ 按钮,弹出的对话框如图 8-24 所示。

图 8-23 添加记录列   图 8-24 展开记录列

record 中有多个字段名,勾选需要展开的字段,勾选的字段将作为第 3 个参数 list 中的元素。

"使用原始列名作为前缀"用于设定如何起新的列名,体现在第 4 个参数。

勾选"使用原始列名作为前缀",代码如下:

```
= Table.ExpandRecordColumn(已添加自定义,
"记录",
{"a", "b", "c"},
{"记录.a", "记录.b", "记录.c"})
```

不勾选"使用原始列名作为前缀",代码如下:

```
= Table.ExpandRecordColumn(已添加自定义,
"记录",
{"a", "b", "c"},
{"a", "b", "c"})
```

可以看出,当不勾选"使用原始列名作为前缀"时,新列名与 record 的字段名相同。实操中,很少勾选"使用原始列名作为前缀",PQ 自动补全的第 4 个参数较杂乱。

第 4 个参数是可选参数,如果展开后使用原 record 的字段名,不做修改,则可不使用第 4 个参数,以使代码更加简洁,代码如下:

```
= Table.ExpandRecordColumn(已添加自定义,
"记录",
{"a", "b", "c"})
```

但是,当展开的字段名与原表的列名冲突时,必须使用第 4 个参数,修改 record 的代码如下：

```
[姓名 = 1, b = 2, c = 3]
```

展开后如图 8-25 所示。

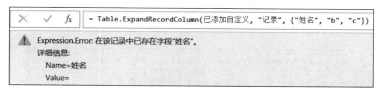

图 8-25　展开 record

由于 record 中有姓名字段，原表中有姓名列，因此，展开后 PQ 会自动修改新列名。在这种列名冲突的情况下，如果不使用第 4 个参数，则错误提示如图 8-26 所示。

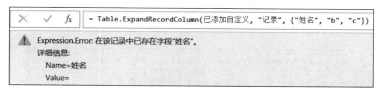

图 8-26　列名冲突的错误提示

此时，必须使用第 4 个参数，新的列名可以任意命名，只要与原表的列名不冲突即可，示例代码如下：

```
= Table.ExpandRecordColumn(
聚合,
"自定义",
{"姓名", "b", "c"},
{"d", "e", "f"})
```

对于第 3 个参数和第 4 个参数，list 中的列名是按照索引一一对应的，如图 8-27 所示。

如果使用第 4 个参数，则第 4 个参数和第 3 个参数的 list 元素的个数必须相等，如图 8-28 所示。

第 3 个参数、第 4 个参数是列名，和 Table.SelectColumns()一样，字段在 list 中的顺序是列顺序，如图 8-27 和图 8-29 所示。

目前，第 3 个参数和第 4 个参数的列名都是硬代码，如果上一步骤中 record 的字段增加或减少，则返回的结果可能不符合预期。

修改 record，代码如下：

```
[a = 1, b = 2, d = 4]      //原代码是[a = 1,b = 2,c = 3]
```

在上述代码中，删除了字段 c，增加了字段 d，结果如图 8-30 所示。

✕ ✓ fx	= Table.ExpandRecordColumn(已添加自定义, "记录", {"姓名", "b", "c"},{"d","e","f"})			
ABC 123 姓名 ▼	ABC 123 d ▼	ABC 123 e ▼	ABC 123 f ▼	
● 有效 100% ● 错误 0% ● 空 0%	● 有效 100% ● 错误 0% ● 空 0%	● 有效 100% ● 错误 0% ● 空 0%	● 有效 100% ● 错误 0% ● 空 0%	
1 甲	1	2	3	
2 乙	1	2	3	
3 丙	1	2	3	

(a) 注意第4个参数的列名(1)

✕ ✓ fx	= Table.ExpandRecordColumn(已添加自定义, "记录", {"姓名", "b", "c"},{ "f", "d", "e"})			
ABC 123 姓名 ▼	ABC 123 f ▼	ABC 123 d ▼	ABC 123 e ▼	
● 有效 100% ● 错误 0% ● 空 0%	● 有效 100% ● 错误 0% ● 空 0%	● 有效 100% ● 错误 0% ● 空 0%	● 有效 100% ● 错误 0% ● 空 0%	
1 甲	1	2	3	
2 乙	1	2	3	
3 丙	1	2	3	

(b) 注意第4个参数的列名(2)

图 8-27　第 4 个参数与第 3 个参数的对应关系

✕ ✓ fx	= Table.ExpandRecordColumn(已添加自定义, "记录", {"姓名", "b", "c"},{ "f", "d"})
⚠ Expression.Error: newColumnNames 应与 fieldNames 包含相同数目的项。 详细信息: 　　[List]	

图 8-28　第 3 个参数和第 4 个参数的匹配关系

✕ ✓ fx	= Table.ExpandRecordColumn(已添加自定义, "记录", {"c", "a", "b"})			
ABC 123 姓名 ▼	ABC 123 c ▼	ABC 123 a ▼	ABC 123 b ▼	
● 有效 100% ● 错误 0% ● 空 0%	● 有效 100% ● 错误 0% ● 空 0%	● 有效 100% ● 错误 0% ● 空 0%	● 有效 100% ● 错误 0% ● 空 0%	
1 甲	3	1	2	
2 乙	3	1	2	
3 丙	3	1	2	

图 8-29　第 3 个参数元素对顺序的影响

✕ ✓ fx	= Table.ExpandRecordColumn(已添加自定义, "记录", {"a", "b", "c"})			
ABC 123 姓名 ▼	ABC 123 a ▼	ABC 123 b ▼	ABC 123 c ▼	
● 有效 100% ● 错误 0% ● 空 0%	● 有效 100% ● 错误 0% ● 空 0%	● 有效 100% ● 错误 0% ● 空 0%	● 有效 0% ● 错误 0% ● 空 100%	
1 甲	1	2	null	
2 乙	1	2	null	
3 丙	1	2	null	

图 8-30　record 字段变化的影响

可见,虽然字段 c 缺失,但是 PQ 不会报错,并且会将缺失的字段自动补全为 null。因为第 3 个参数中并未出现 d,因此,新增加的 d 列也不会出现。

在界面操作 PQ 自动补全的代码中,第 3 个参数和第 4 个参数是硬代码,实操中,如果字段名经常增减,则应根据需求用动态代码来实现相关功能。

8.12 Table.ExpandTableColumn()

Table.ExpandTableColumn()的参数如下:

```
Table.ExpandTableColumn(
table as table,
column as text,
columnNames as list,
optional newColumnNames as nullable list)
as table
```

添加一列,值类型为 table,引用如图 8-12 所示的对照表,结果如图 8-31 所示。

单击记录列的 ⏴⏵ 按钮,弹出的对话框如图 8-32 所示。

图 8-31 添加 table 列　　　　　　　图 8-32 table 的展开

点选"展开",PQ 自动补全的函数是 Table.ExpandTableColumn(),结果如图 8-33 所示。

	姓名	分表	总表
1	甲	数学1	数学
2	甲	语文1	语文
3	甲	英语1	英语
4	乙	数学1	数学
5	乙	语文1	语文
6	乙	英语1	英语
7	丙	数学1	数学
8	丙	语文1	语文
9	丙	英语1	英语

= Table.ExpandTableColumn(已添加自定义, "记录", {"分表", "总表"}, {"分表", "总表"})

图 8-33 展开表的结果

Table. ExpandTableColumn()与 Table. ExpandRecordColumn()的参数和用法相同。

假设展开前原表有 n 行,添加的 table 有 m 行,展开 table 后,新表将有 $n \times m$ 行。

点选"聚合",PQ 自动补全的函数是 Table. AggregateTableColumn(),结果如图 8-34 所示。

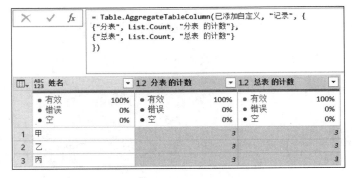

图 8-34　table 的聚合

8.13　Table. ExpandListColumn()

Table. ExpandListColumn()的参数如下:

```
Table.ExpandListColumn(
table as table,
column as text)
as table
```

第 1 个参数是要扩展的表。

第 2 个参数是要扩展的列,只能扩展一列。因为 list 没有标题,所以没有第 3 个参数和第 4 个参数。

在表上添加一列,值类型为 list,list 的代码如下:

```
{1..3}
```

结果如图 8-35 所示。

图 8-35　添加 list 列

单击自定义列上的 ⇤⇥ 按钮,单击"扩展到新行",PQ 自动补全的代码如下:

```
= Table.ExpandListColumn(已添加自定义, "自定义")
```

结果如图 8-36 所示。

图 8-36　list 扩展到新行

假设展开前原表有 n 行,添加的 list 有 m 个元素,展开 list 后,新表将有 $n \times m$ 行。

如图 8-35 所示的数据,如果单击"提取值",则会弹出"从列表提取值"的对话框,下拉选择一个分隔符,如图 8-37 所示。

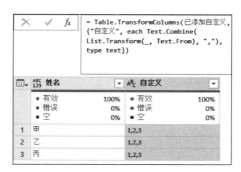

图 8-37　"从列表提取值"对话框

结果如图 8-38 所示。

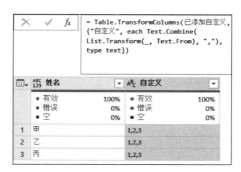

图 8-38　提取值的结果

可见,"提取值"的结果是通过 Table.TransformColumns() 聚合了每行的 list,而不是扩展 list。

为了提高 M 函数的输入效率,可以先在界面操作,再修改 PQ 自动补全的代码。

8.14　扩展号码案例

【例 8-6】　对取号列进行行扩展,如图 8-39 所示。

本例是用构造连续列表的思路实现的,如图 8-40 所示。

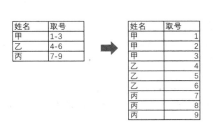

图 8-39　数据源和结果　　　　　　图 8-40　构造连续的列表

下一步,对号码列进行 list 的扩展,最终代码如下:

```
//ch8.14-01
let
    源 = Excel.CurrentWorkbook(){[Name = "表1"]}[Content],
    号码 = Table.AddColumn(源, "号码", each
[
a = Text.Split([取号],"-"),
b = List.Transform(a,Number.From),
c = {b{0}..b{1}}
][c]),
    删除的列 = Table.RemoveColumns(号码,{"取号"}),
    展开 = Table.ExpandListColumn(删除的列, "号码")
in
    展开
```

8.15　[[标题]]的用法

选择列的方法有两种,一种是使用函数 Table.SelectColumns(),另一种是使用"table[[标题]]"的表示方法。示例代码如下:

```
= 源[[数学]]
= 源[[数学],[语文]]
```

table[标题]的作用是深化出 list，table[[标题],[标题]] 的作用是选择列，结果如图 8-41 所示。

当选择的字段只有一列或两列时，用这种深化的方法代码比较简洁，但是方括号内不能使用变量，Table.SelectColumns() 的第 2 个参数可以使用变量。

record[标题]的作用是深化出值，record[[标题],[标题]] 的作用是选择字段，示例代码如下：

图 8-41 以深化的方法选择列

```
= [a = 1,b = 2,c = 3][a]                              //1
= [a = 1,b = 2,c = 3][[a]]                            //[a = 1]
= [a = 1,b = 2,c = 3][[a],[b]]                        //[a = 1,b = 2]
= Record.SelectFields([a = 1,b = 2,c = 3],{"a","b"})  //结果同上
```

索引没有这种简便的深化方式。

8.16 参数的常量化

前文讲解过多个 M 函数的参数是比较特别的函数，例如 Comparer 类、MissingField 类，有的函数能用常量化数字代替，有的不能，是否有规律进行记忆？输入的代码如下：

```
= Comparer.Ordinal
= Comparer.OrdinalIgnoreCase
= MissingField.Error
= MissingField.Ignore
= MissingField.UseNull
```

结果如图 8-42 所示。

(a) 不可常量化的函数

(b) 可常量化的参数

图 8-42 区分是否可以常量化

从图 8-42 中可以看出，能常量化的函数具有其结果为数字的特点。

8.17 let in 的灵活用法

在 8.9 节讲解了 record 的灵活用法，let in 也可以使用同样的嵌套方式，示例代码如下：

```
= Table.AddColumn(源, "自定义", each [a = 1, b = 2, c = 3][c])
//record 的灵活用法
= Table.AddColumn(源, "自定义", each let a = 1, b = 2, c = 3 in c)
//let in 的灵活用法
```

结果如图 8-43 所示。

×	✓	fx	= Table.AddColumn(源, "自定义", each let a=1,b=2,c=3 in c)
ABC 123 姓名		ABC 123 自定义	
1	甲		3
2	乙		3
3	丙		3

图 8-43　let in 的嵌套

两种方法会返回同样的结果，读者可根据个人习惯使用。

8.18 PQ 技巧

8.18.1 应用的步骤

在"应用的步骤"区域，有的步骤名的右边有齿轮图标，单击齿轮，或双击该步骤，就能够打开该步骤的对话框，这样便能修改对话框的设置，如图 8-44 所示。

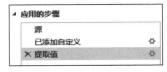

图 8-44　应用步骤中的齿轮

例如，单击"提取值"后的齿轮，打开的对话框如图 8-37 所示。

由界面操作出来的步骤才有齿轮，例如用 Table.AddColumn() 的步骤操作时有齿轮，如果用 Table.RowCount() 嵌套了 Table.AddColumn()，则不会出现齿轮。

单击步骤名左边的 ✕，将删除该步骤，但是无法用快捷键 Ctrl＋Z 恢复，一定要谨慎删除。

在步骤名上右击，在弹出的菜单中选择"属性"，如图 8-45 所示。

在弹出的"步骤属性"窗口中，可以在"名称"框中修改步骤名，并且可以在"说明"框里写注释，如图 8-46 所示。

说明框里的注释相当于在高级编辑器中写"//"的效果。

8.18.2 PQ 刷新失效问题

当遇到 PQ 在 Excel 的查询不能刷新的情况时，解决的方法是重新加载查询。

图 8-45 属性

图 8-46 "步骤属性"对话框

第 1 步,在"查询 & 连接"窗口右击查询,在弹出的对话框中选择"加载到"。

第 2 步,在"导入数据"的对话框中选择"仅创建连接",单击"确定"按钮。

第 3 步,重复打开"导入数据"对话框,这次选择"表",单击"确定"按钮。

具体操作如图 8-47 所示。

(a) 右击刷新显示灰色

(b) 选择"加载到"

(c) "导入数据" 对话框

图 8-47 重新加载查询

第 9 章

同类参数学函数 2

第 7 章讲解过 List. ContainsAll() 类的函数,本章讲解其他函数名含有 All、Any 的函数。

9.1 List. AllTrue()/List. AnyTrue()

List. AllTrue() 的作用是判断 list 中所有元素的值是否都为 true,参数如下:

```
List.AllTrue(list as list) as logical
```

List. AllTrue() 函数简单,只有一个参数,类型是 list,list 中每个元素的值是布尔值或 null,然后对所有的值做 and 运算,返回的结果是布尔值,如图 9-1 所示。

示例代码如下:

```
= List.AllTrue({2 < 3, true, false})          //false
= List.AllTrue({null, true})                  //true
= List.AllTrue({null})                        //true
```

在上述代码中注意 List. AllTrue() 对 null 的处理,如图 9-2 所示。

图 9-1 每个元素的值都是布尔值

图 9-2 注意 null 的处理

List. AnyTrue() 与 List. AllTrue() 的参数和用法相同,List. AnyTrue() 的作用是对第 1 个参数 list 中的所有布尔值做 or 运算。

9.2 List. MatchesAll()/List. MatchesAny()

List. MatchesAll() 和 List. MatchesAny() 的作用是判断 list 中所有的值是否满足第 2 个参数的条件,对遍历的结果做 and 或 or 运算,参数如下:

```
List.MatchesAll/List.MatchesAny(
list as list,
condition as function)
as logical
```

第1个参数的类型是 list。

第2个参数的类型是 function，其表达式的值是布尔值或 null。

函数返回的结果为布尔值。示例代码如下：

```
= List.MatchesAll({1..3},each _ > 2)          //false
= List.MatchesAny({1..3},each _ > 2)          //true
= List.MatchesAny({1..3,null},each _ > 2)     //true
```

将第1个参数的每个元素传递到第2个参数，对所有的判断结果做 and 或 or 运算，运算逻辑见表 9-1。

表 9-1　运算逻辑

第 1 个参数 list 中的元素	第 2 个参数 each _ > 2	判断结果
1	1 > 2	false
2	2 > 2	false
3	3 > 2	true

List.MatchesAll() 对判断结果做 and 运算，List.MatchesAny() 对判断结果做 or 运算。

同类的函数有 Table.MatchesAllRows() 和 Table.MatchesAnyRows()。

9.3　Text.Split()/Text.SplitAny()

Text.Split() 和 Text.SplitAny() 函数的作用是根据分隔符拆分文本，返回的结果是 list。这两个函数的使用频率高。

Text.Split() 的参数如下：

```
Text.Split(
text as text,
separator as text)
as list
```

Text.SplitAny() 的参数如下：

```
Text.SplitAny(
text as text,
separators as text)
as list
```

两个函数参数的区别在于第2个参数的分隔符。

第1个参数的类型是文本。

第 2 个参数是分隔符,类型也是文本。区别在于单数和复数的 separator。Text.Split() 的分隔符将作为一个整体,Text.SplitAny() 的分隔符将被拆分为单字符,示例代码如下:

```
= Text.Split  ("花园/的花/朵真/鲜艳","/")
= Text.SplitAny("花园/的花/朵真/鲜艳","/")
```

在上述代码中,因为第 2 个参数的分隔符是单字符,所以这两个函数的结果相同。

当用多个单字符组成分隔符时,结果可能不相同,示例代码如下:

```
= Text.Split  ("花园 a 的花 b 朵真 a 鲜艳", "ab")
= Text.SplitAny("花园 a 的花 b 朵真 a 鲜艳", "ab")
```

对于 Text.Split(),因为分隔符 ab 作为一个整体,原文本中并不存在 ab,原文本只有 a 和 b,所以没法拆分,结果如图 9-3 所示。

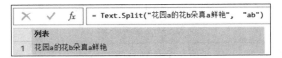

图 9-3 分隔符作为整体拆分

对于 Text.SplitAny(),Any 相当于将分隔符拆分成单字符,作为多个分隔符进行拆分,想象一下把这些单字符放在一个 list 中,如同{"a", "b"},用这些分隔符对原文本进行遍历拆分,结果如图 9-4 所示。

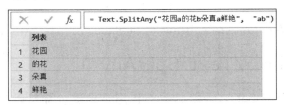

图 9-4 分隔符作为单字符拆分

再举一个例子,对比结果,以加深对这两个函数的理解,代码如下:

```
= Text.Split  ("花园 ab 的花 ab 朵真 a 鲜 b 艳", "ab")
= Text.SplitAny("花园 ab 的花 ab 朵真 a 鲜 b 艳", "ab")
```

对于 Text.Split(),分隔符作为一个整体,拆分的结果如图 9-5 所示。

图 9-5 分隔符作为整体拆分

对于 Text.SplitAny(),作为分隔符的字符串被拆分成单字符,结果如图 9-6 所示。

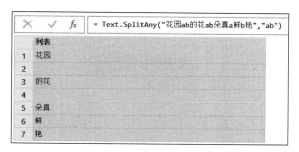

图 9-6 分隔符作为单字符拆分

在原文本中,ab 是相邻的,第 1 次被 a 拆分,第 2 次被 b 拆分,此时会拆分出空文本,验证如图 9-7 所示。

ABC 123 Value	ABC 123 判断
花园	FALSE
	TRUE
的花	FALSE
	TRUE
朵真	FALSE
鲜	FALSE
艳	FALSE

= Table.AddColumn(转换为表, "判断", each [Value]="")

图 9-7 相邻的分隔符拆分出空文本

根据这两个函数的原理,使用哪个函数要看原文本中分隔符的特点。

由于分隔符将文本拆分成多部分,因此这两个函数的结果均为 list。

这两个函数不能拆分空值,注意容错,如图 9-8 所示。

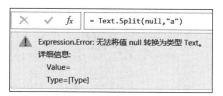

图 9-8 第 1 个参数不支持空值

9.4 筛选文件名案例

【例 9-1】 导入一个文件夹,文件夹中有多种后缀名的文件,筛选出符合条件的文件名。被筛选出的文件名应由 4 部分组成,每部分由"-"连接,并且后缀名是". xlsx",如图 9-9 所示。

方法一,用单字符拆分。

观察文本的特点后,选用"-"进行拆分,因为原文本没有连续的分隔符,所以用 Text. Split()和 Text. SplitAny()拆分均可,结

Name
abc-abc-abc-abc.xlsx
bcd-bcd-bcd.xlsx
edf-edf-edf-edf.xlsx
a.csv
b.txt
c.zip

图 9-9 数据源文件名

果如图 9-10 所示。

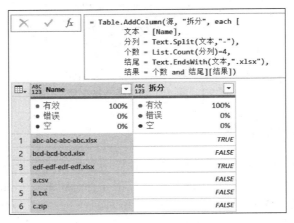

图 9-10　分隔符拆分的结果

下一步,判断拆分出的 list 中是否有 4 个元素,以及最后一个元素是否以".xlsx"结尾,两个条件判断做 and 运算,代码如下:

```
//ch9.4 - 01
 = Table.AddColumn(源,"拆分", each
[
文本 = [Name],
分列 = Text.Split(文本,"-"),
个数 = List.Count(分列) = 4,
结尾 = Text.EndsWith(文本,".xlsx"),
结果 = 个数 and 结尾
][结果])
```

上述代码用了 record 的灵活用法,让代码更加简洁易懂、易于修改,结果如图 9-11 所示。

图 9-11　条件判断的结果

最后,修改成筛选函数,代码如下:

```
 = Table.SelectRows(源, each
[
文本 = [Name],
分列 = Text.Split(文本,"-"),        //单字符拆分
个数 = List.Count(分列) = 4,
结尾 = Text.EndsWith(文本,".xlsx"),
结果 = 个数 and 结尾
][结果])
```

方法二,用双字符拆分。对于本案例,需要用 Text.SplitAny(),代码如下:

```
//ch9.4 - 02
 = Table.SelectRows(源, each
[
文本 = [Name],
分列 = Text.SplitAny(文本,"-."),      //双字符拆分
个数 = List.Count(分列) = 5,
结尾 = Text.EndsWith(文本,".xlsx"),
结果 = 个数 and 结尾
][结果])
```

在本案例中没有分隔符"-.",因为只有分隔符{"-","."},所以使用 Text.SplitAny()。

9.5　List.Split()

List.Split()的作用是将 list 按照指定的元素个数拆分成多个 list,参数如下:

```
List.Split(
list as list,
pageSize as number)
as list
```

第 1 个参数是要拆分的 list。
第 2 个参数用于指定每个 list 的元素个数。
该函数比较简单,示例代码如下:

```
 = List.Split({1,2,3,4,5},2) //{{1,2},{3,4},{5}}
```

根据第 2 个参数的值,将每两个元素拆分成一个
小 list,返回的结果为 lists as list 的结构,如图 9-12
所示。

图 9-12　list 拆分的结果

9.6　Table.Split()/Table.SplitAt()

Table.Split()的作用是将 table 按照指定的行数拆分成多个 table,参数如下:

```
Table.Split(
table as table,
pageSize as number)
as list
```

第 1 个参数是要拆分的 table。

第 2 个参数是按照几行来拆分。

该函数比较简单。对如图 9-9 所示的数据源进行拆分,代码如下:

```
= Table.Split(源,2)
```

根据第 2 个参数的值,将每两行拆分成一个 table,结果是 tables as list 的结构,如图 9-13 所示。

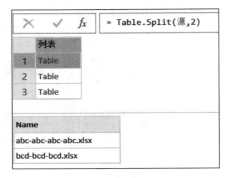

图 9-13 拆分 table

Table.SplitAt()的作用是将 table 拆分成两张表,参数如下:

```
Table.SplitAt(
table as table,
count as number)
as list
```

示例代码如下:

```
= Table.SplitAt(table,2)
```

上述代码的结果是将 table 的前两行拆成一张表,将后面的行拆成一张表,然后返回两张表,结构是 tables as list。

9.7 Text.PositionOf()

Text.PositionOf()的作用是返回指定字符串在原文本中的位置,参数如下:

```
Text.PositionOf(
text as text,
substring as text,
optional occurrence as nullable number,
optional comparer as nullable function)
as any
```

第 1 个参数是原文本。

第 2 个参数是要查找的字符串。

第 4 个参数是可选参数,类型是 function,是 Comparer 类函数,用于区分大小写和区域,用法见表 7-7。示例代码如下:

```
= Text.PositionOf(
"abcd ",
"A",
null,
Comparer.OrdinalIgnoreCase)      //0
```

第 3 个参数是可选参数,类型是 function,是 Occurrence 类函数,用于指定出现的次序,可用常量化参数,见表 9-2。

表 9-2　Occurrence 类函数的用法

函　数　名	作　　用	常量化参数
Occurrence. First	第 1 次出现字符串的位置	0
Occurrence. Last	最后一次出现字符串的位置	1
Occurrence. All	所有出现字符串的位置	2

Occurrence 类函数的常量化如图 9-14 所示。

图 9-14　函数的常量化

当省略第 3 个参数时,默认值为 0,返回字符串第 1 次出现的位置。

Text. PositionOf()可用于返回索引,字符串位置从 0 开始计算,示例代码如下:

```
= Text.PositionOf("我们的祖国是花园,花园的花朵","的")      //2
= Text.PositionOf("我们的祖国是花园,花园的花朵","的",0)    //2
= Text.PositionOf("我们的祖国是花园,花园的花朵","的",1)    //11
= Text.PositionOf("我们的祖国是花园,花园的花朵","的",2)    //{2,11}
```

当第 3 个参数为 2 时,返回多次出现的位置,因此返回结果为 list。这是 Text. PositionOf()返回的类型为 any 的原因,可能返回数字或 list。

当指定的字符串不存在时,如果第 3 个参数是 0、1,则返回 −1;如果第 3 个参数是 2,则返回空列表,示例代码如下:

```
= Text.PositionOf("我们的祖国是花园","你们")      //-1
= Text.PositionOf("我们的祖国是花园","你们",0)    //-1
= Text.PositionOf("我们的祖国是花园","你们",1)    //-1
= Text.PositionOf("我们的祖国是花园","你们",2)    //{ }
```

9.8　Text. PositionOfAny()

Text. PositionOfAny()的作用是返回指定字符在原文本中的位置,参数如下:

```
Text.PositionOfAny(
text as text,
characters as list,
optional occurrence as nullable number)
as any
```

Text.PositionOfAny()与Text.PositionOf()的最大区别是第2个参数,Text.PositionOfAny()的第2个参数是characters,即单字符,并且单字符放在list中,如果不是单字符,则错误提示如图9-15所示。

图 9-15　第 2 个参数必须是单字符

Text.PositionOf()将指定的字符串作为一个整体处理,Text.PositionOfAny()用于处理单字符,这种用法和Text.Split()/Text.SplitAny()的用法极为相似,可见这些函数中的Any指的都是单字符处理,示例代码如下:

```
= Text.PositionOf("我们的祖国是花园","花园")                //6
= Text.PositionOf("我们的祖国是花园","祖园")                //-1
= Text.PositionOfAny("我们的祖国是花园",{"祖","园"})        //3
= Text.PositionOfAny("我们的祖国是花园",{"祖","园"},0)      //3
= Text.PositionOfAny("我们的祖国是花园",{"祖","园"},1)      //7
= Text.PositionOfAny("我们的祖国是花园",{"祖","园"},2)      //{3,7}
```

Text.PositionOfAny()没有比较器参数,不能区分大小写,这也是和Text.PositionOf()的区别之一。

根据原文本的特点,决定使用Text.PositionOf()还是Text.PositionOfAny()。

在PQ的参数说明中,character指参数是单字符;characters as list指一个或多个单字符放在list中;substring指参数是字符串,字符串由一个或多个单字符组成。

9.9　List.Positions()

List.PositionOf()的作用是返回列表元素的索引,参数如下:

```
List.Positions(list as list) as list
```

List.PositionOf只有一个参数,类型是list,比较简单,示例代码如下:

```
= List.Positions({1..5})          //{0..4}
= List.Positions({})              //{}
```

与上述代码结果等同的代码如下:

```
= {0..List.Count({1..5})-1}
```

9.10　List.PositionOf()

List.PositionOf()的作用是返回指定元素在 list 中的位置,参数如下:

```
List.PositionOf(
list as list,
value as any,
optional occurrence as nullable number,
optional equationCriteria as any)
as any
```

第 1 个参数是 list。

第 2 个参数的类型不限,作为一个整体处理,示例代码如下:

```
= List.PositionOf({1,2,3,4},{2})      //-1
```

第 2 个参数{2}作为一个整体,类型是 list,第 1 个参数 list 中每个元素的类型是 number,由于第 2 个参数与第 1 个参数的每个元素都不匹配,所以返回−1。示例代码如下:

```
= List.PositionOf({1,2,3,4},2)      //1
```

第 3 个参数是可选参数,类型是 function,Occurrence 是匹配的次序,用法和 Text.PositionOf()相同,不再赘述。

Text.PositionOf()的第 1 个参数是文本,将文本的每个字符的位置作为一个索引;List.PositionOf()的第 1 个参数是 list,将 list 的每个元素的位置作为一个索引,这两个函数本质上具有相似点。示例代码如下:

```
= List.PositionOf({1,2,3,4},1,0)              //0
= List.PositionOf({1,2,3,4},1,2)              //{0}
```

第 4 个参数是可选参数,类型是 function,是相等条件,表达式的值可以是布尔值,示例代码如下:

```
= List.PositionOf({1,2,3,4},1,2,(x,y)=>x>y)      //{1,2,3}
```

第 1 个参数的每个元素传递到 x,第 2 个参数传递到 y,进行第 4 个参数的逻辑运算后,返回结果为 true 所对应的第 1 个参数的索引,运算逻辑见表 9-3。

表 9-3　List.PositionOf()的运算逻辑

第 1 个参数 list 中的元素	第 2 个参数	第四参数(x,y)=>x>y	判断结果	对应的索引
1	1	(1,1)=>1>1	false	0
2	1	(2,1)=>2>1	true	1
3	1	(3,1)=>3>1	true	2
4	1	(4,1)=>4>1	true	3

示例代码如下：

```
= List.PositionOf({1,2,3,4},{1},2,(x,y) = > x > y{0})      //{1,2,3}
```

List. PositionOf()在实操中可解决多种应用场景中遇到的问题，建议熟练掌握。

List. PositionOf()的自定义函数参数的用法与 List. Contains()的用法相似，第 4 个参数可以用一个参数，也可以两个参数，当只用一个参数时，示例代码如下：

```
= List.PositionOf({1,2,3},4,0,each if _ = 1 then 4 else _)      //0
```

上述代码的运算逻辑见表 9-4。

表 9-4　List. PositionOf()的运算逻辑

第 1 个参数 list 中的元素	第 2 个参数	第 4 个参数 if _=1	判断结果 then 4 else _		对应的索引
1	4	1=1,4=1	4,4	4=4//true	0
2	4	2=1,4=1	2,4	2=4//false	1
3	4	3=1,4=1	3,4	3=4//false	2

示例代码如下：

```
= List.PositionOf({1,2,3},4,2,each true)      //{0,1,2}
```

9.11　多 IF 案例

【例 9-2】 第 1 张表是成绩表，第 2 张表是对照表，根据对照表，查找成绩所对应的描述，如图 9-16 所示。

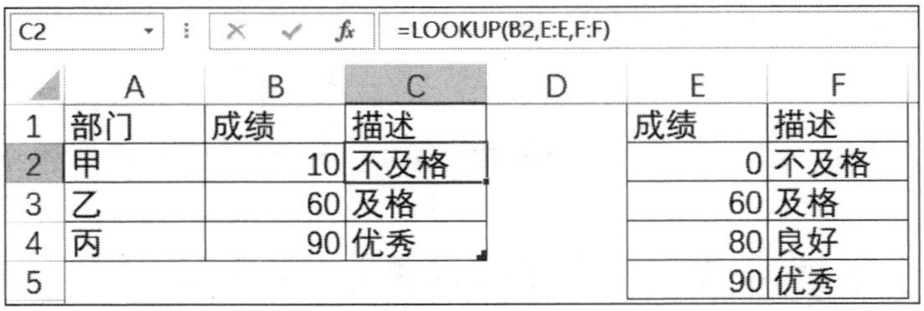

C2　=LOOKUP(B2,E:E,F:F)

	A	B	C	D	E	F
1	部门	成绩	描述		成绩	描述
2	甲	10	不及格		0	不及格
3	乙	60	及格		60	及格
4	丙	90	优秀		80	良好
5					90	优秀

图 9-16　数据源成绩表和对照表

这是一个模糊查询，在 Excel 中，用 IF()解决，代码如下：

```
= IF(B2 < 60,"不及格",
    IF(B2 < 80,"及格",
        IF(B2 < 90,"良好","优秀")))
```

多 IF 条件嵌套非常烦琐。用 IFS()来解决，略简化。

用 LOOKUP()更加简洁，代码如下：

```
= LOOKUP(B2,E:E,F:F)
```

在 PQ 中,用 if 语句也比较烦琐,用 List. PositionOf( )解决多 IF 嵌套的思路和 LOOKUP( )相似,示例代码如下:

```
= List.PositionOf({60,80,90,200},10,0,(x,y) => y < x)
= List.PositionOf({60,80,90,200},90,0,(x,y) => y < x)
```

在上述代码中,当第 2 个参数是 10 时,返回索引 0;当第 2 个参数是 90 时,返回索引 3。利用索引返回描述,代码如下:

```
= {"不及格","及格","良好","优秀"}
  {List.PositionOf({60,80,90,200},90,0,(x,y) => y < x)}
```

修改对照表,导入 PQ 中,如图 9-17 所示。

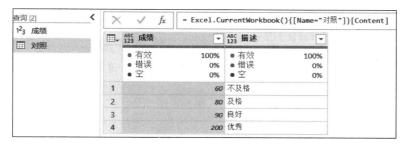

图 9-17　导入的对照表

根据对照表,将上述代码中的参数改成变量,代码如下:

```
= 对照[描述]
  {List.PositionOf(对照[成绩],90,0,(x,y) => y < x)}
```

在成绩表中添加一列,写入上述代码,结果如图 9-18 所示。

图 9-18　添加描述列

将常量 90 改成当前行的成绩,修改代码,结果如图 9-19 所示。
最终代码如下:

```
//ch9.11 - 01
= Table.AddColumn(源, "描述", each 对照[描述]
    {List.PositionOf(对照[成绩],[成绩],0,(x,y) => y < x)})
```

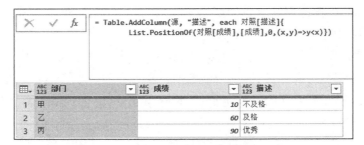

图 9-19   模糊查询的结果

List. PositionOf()的应用场景非常多,可参照本书 Table. Sort() 和 Table. ReplaceValue()的案例。

9.12   List.PositionOfAny()

List. PositionOfAny()的作用是返回指定元素在 list 中的位置,参数如下:

```
List.PositionOfAny(
list as list,
values as list,
optional occurrence as nullable number,
optional equationCriteria as any)
as any
```

List. PositionOfAny() 和 List. PositionOf() 的区别是: List. PositionOfAny() 的第 2 个参数的类型是 list,list 中的每个元素分别与第 1 个参数的元素做笛卡儿积的比较。可以参考 List. ContainsAll() 和 List. ContainsAny() 中笛卡儿积的用法,原理相似,不再赘述,示例代码如下:

```
= List.PositionOfAny({1,2,3,4},{1,2},0)      //0
```

9.13   总结

返回索引位置的函数见表 9-5。

表 9-5   含有 Position 的函数

函 数 名	参 数
Text. PositionOf	(text as text, substring as text, optional occurrence as nullable number, optional comparer as nullable function) as any
Text. PositionOfAny	(text as text,characters as list, optional occurrence as nullable number) as any
List. PositionOf	(list as list, value as any, optional occurrence as nullable number, optional equationCriteria as any) as any

续表

函 数 名	参 数
List. PositionOfAny	(list as list，values as list，optional occurrence as nullable number，optional equationCriteria as any) as any
Table. PositionOf	(table as table，row as record，optional occurrence as any，optional equationCriteria as any) as any
Table. PositionOfAny	(table as table，rows as list，optional occurrence as nullable number，optional equationCriteria as any) as any
List. Positions	(list as list) as list

M 函数中同类的相似的函数比较多,很难记住所有函数的用法。通过对比函数的异同,理解传参的原理、遍历的逻辑,以加深对函数的印象。当遇到新需求时,首先想到用哪类函数,根据函数的差别,再选择具体的函数。

第 10 章

报表案例学函数

如果工作中有一项任务是定期地从系统下载报表,将报表复制粘贴到一个 Excel 工作簿,做筛选、排序、替换等操作,则非常适合用 PQ 做这项清洗数据的任务。

10.1 清洗报表案例

【例 10-1】 每个月从公司的系统下载各种报表,如考勤报表、加班报表、休假报表、工资报表等。检查报表时如果发现数据与实际不符,则需要在系统中修改数据,再重新下载报表核查,因此,用 PQ 将所有报表导入一个 Excel 工作簿中以方便打开检查。

将每个月下载的报表放在相应名称的文件夹中,例如 1 月份的报表放在"D:\报表\202301"的文件夹中。

假设 2 月份下载 1 月份的数据报表,报表的文件名为"工资报表_203302091128",每次下载的报表名字不同,报表名的特点是"XXX 报表_下载时间"。

新建一个 Excel 工作簿,用于报表的汇总,文件名为"数据汇总_202301.xlsx",如图 10-1 所示。

工资报表的数据如图 10-2 所示。

图 10-1　报表文件夹

图 10-2　工资报表的数据

在数据汇总表中,建立名为"路径"的超级表,用作动态路经,将文件夹导入 PQ,识别 Excel 文件,筛选工资报表,深化出工资报表的内容,结果如图 10-3 所示。

	Column1	Column2	Column3	Column4
	A^BC Column1	A^BC Column2	A^BC Column3	A^BC Column4
1	工资报表	null	null	null
2	null	null	null	null
3	导出人:	考勤员	null	null
4	导出时间:	2023-02-09 11:28:57	null	null
5	描述:	工资报表	null	null
6	筛选条件:	开始日期*:2023-01-01结束日期*:2...	null	null
7	组织	员工号	姓名	日期
8	生产部	X01	甲	2023-01-05
9	质量部	X02	乙	2023-01-11
10	维修部	X03	丙	2023-01-31
11	HR	X04	丁	2023-01-19
12	财务部	X05	戊	2023-01-18
13	质量部	X06	己	2023-01-11
14	维修部	X07	庚	2023-01-31

公式栏:`= 筛选的行1{0}[Data]`

图 10-3 深化后的工资报表

设计路径、导入外部数据源、识别二进制文件可参见第 6 章。筛选操作可参见第 7 章,参考代码如下:

```
//ch10.1 - 01
let
    路径 = Folder.Contents(路径{0}[路径]),
    筛选的行 = Table.SelectRows(路径, each
        not Text.StartsWith([Name], "~$")
        and Text.StartsWith([Name], "工资报表")),
        //防止文件夹内有临时文件
    删除列 = Table.SelectColumns(筛选的行,{"Content"}),
    添加列 = Table.AddColumn(删除列, "自定义",
        each Excel.Workbook([Content])),
    展开 = Table.ExpandTableColumn(添加列, "自定义",
        {"Name", "Data", "Item", "Kind", "Hidden"}),
    筛选的行 1 = Table.SelectRows(展开, each [Hidden] <> true),
    //防止有隐藏区域
    Data = 筛选的行 1{0}[Data]
in
    Data
```

在很多导出的报表中前几行有一个报表说明,下一步将通过动态代码来删除说明行。

10.2 Table.Skip()

删除、跳过前几行的操作都可以联想到 Skip 类的函数。前文讲解过 List.Skip()类函数的用法,本节案例是一张表,使用函数 Table.Skip()进行处理。Table.Skip()和 List.Skip()的原理相同,参数如下:

```
Table.Skip(
table as table,
optional countOrCondition as any)
as table
```

第 1 个参数是要操作的表。

第 2 个参数是可选参数,当第 2 个参数省略时,删除表的第 1 行。等同代码如下:

```
= Table.Skip(Data)
= Table.Skip(Data,1)
```

第 2 个参数可以用数字,表示要删除的前面几行。也可以用自定义函数,Condition 指条件判断,表达式的值是布尔值。

在 PQ 功能区,单击"主页"→"删除行"→"删除最前面几行"。该报表前 6 行是说明行,在弹出的"删除最前面几行"对话框中输入 6,PQ 自动补全的代码如下:

```
= Table.Skip(Data,6)
```

如果系统修改了报表的说明行,例如从 6 行变成了 7 行,则需要再次修改上述代码,如果用字段作为判断条件,则代码的灵活性更高。只要有规律,用哪个字段做判断条件都可以。

当 Table.Skip() 的第 2 个参数是条件判断时,是将第 1 个参数的表转换成当前行的 record 形式再传递到第 2 个参数,深化某列的值做逻辑判断,当判断结果为 false 时,跳出循环。

第 1 列从第 1 行开始,只要内容不是"组织",就删除该行,等同代码如下:

```
= Table.Skip(Data,(x) => x[Column1]<>"组织")
= Table.Skip(Data, each [Column1]<>"组织")
= Table.Skip(Data, each _[Column1]<>"组织")
```

第 3 列从第 1 行开始,只要内容是 null,就删除该行,代码如下:

```
= Table.Skip(Data, each [Column3] = null)
```

假设本步骤名为"删除",结果如图 10-4 所示。

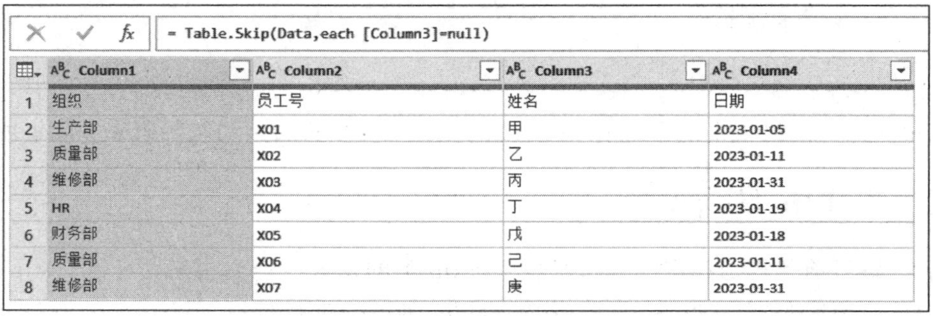

	A^BC Column1	A^BC Column2	A^BC Column3	A^BC Column4
1	组织	员工号	姓名	日期
2	生产部	X01	甲	2023-01-05
3	质量部	X02	乙	2023-01-11
4	维修部	X03	丙	2023-01-31
5	HR	X04	丁	2023-01-19
6	财务部	X05	戊	2023-01-18
7	质量部	X06	己	2023-01-11
8	维修部	X07	庚	2023-01-31

图 10-4　删除最前面几行

Table. Skip()中的 each _代表 record，第 2 个参数可以对多列进行逻辑判断，示例代码如下：

```
= Table.Skip(Data, each [Column1]<>"组织" or [Column3] = null )
```

也可以用 Table. AddColumn()的辅助方法写比较复杂的代码或者检查运算过程。假设有一张成绩表，需要删除最前面数学、语文、英文成绩之和小于 200 分的行，代码如下：

```
= Table.AddColumn(源, "辅助", each [数学] + [语文] + [英语]< 200)
= Table.Skip(      源,            each [数学] + [语文] + [英语]< 200)
```

Table. Skip()的遍历过程是从第 1 行开始遍历，当第 2 个参数的判断结果为 true 时删除该行，当结果为 false 时跳出整个循环。

Table. Skip()和 Table. SelectRows()的区别是 Table. Skip()从第 1 行开始遍历，当第 2 个参数的判断结果为 false 时跳出循环，不再继续遍历后面的行。Table. SelectRows()遍历所有的行，筛选出判断结果为 true 的行。

10.3 Table. FirstN()

与 Table. Skip()同类的函数见表 10-1。

表 10-1 行删除类函数

函 数 名	参 数
Table. FirstN	(table as table，countOrCondition as any) as table
Table. LastN	(table as table，countOrCondition as any) as table
Table. RemoveFirstN	(table as table，optional countOrCondition as any) as table
Table. RemoveLastN	(table as table，optional countOrCondition as any) as table
Table. Skip	(table as table，optional countOrCondition as any) as table
Table. First	(table as table，optional default as any) as any
Table. Last	(table as table，optional default as any) as any

Table. First()返回的结果，示例代码如下：

```
= Table.First(表)         //返回表的第 1 行的 record 形式
= Table.First(空表)       //null
= Table.First(空表,8)     //8
```

Table. FirstN()、Table. LastN()、Table. RemoveFirstN()、Table. RemoveLastN()的传参原理、遍历逻辑和 Table. Skip()是相通的。也可以参考 List. Skip()类，使用方法都是相似的。

10.4 Table. PromoteHeaders()

在 PQ 功能区，单击"转换"，"将第一行用作标题"对应着提升标题，将"将标题作为第一行"对应着降级标题,如图 10-5 所示。

图 10-5 提升/降级标题

Table.DemoteHeaders()参数如下:

```
Table.DemoteHeaders(table as table) as table
```

Table.PromoteHeaders()参数如下:

```
Table.PromoteHeaders(
table as table,
optional options as nullable record)
as table
```

这两个函数比较简单,使用频繁。

第 1 个参数都是要操作的表。

将如图 10-4 所示的数据提升标题,代码如下:

```
= Table.PromoteHeaders(删除)
```

结果如图 10-6 所示。

	ABC 组织	ABC 员工号	ABC 姓名	ABC 日期
1	生产部	X01	甲	2023-01-05
2	质量部	X02	乙	2023-01-11
3	维修部	X03	丙	2023-01-31
4	HR	X04	丁	2023-01-19
5	财务部	X05	戊	2023-01-18
6	质量部	X06	己	2023-01-11
7	维修部	X07	庚	2023-01-31

`= Table.PromoteHeaders(删除, [PromoteAllScalars=true])`

图 10-6 提升标题

Table.PromoteHeaders()的第 2 个参数是可选参数,其作用是当遇到特殊数据类型时的处理方式。以表格数据进行演示,代码如下:

```
//ch10.4 - 01
= #table(null,{
{#date(2023,1,1),{1,2,3},[a = 1,b = 2],100,true,"a"},
{1,2,3,4,5,6}
})
```

提升标题后的结果如图 10-7 所示。

	ABC 123 Column1	ABC 123 Column2	ABC 123 Column3	ABC 123 Column4	ABC 123 Column5	ABC 123 Column6
1	2023/1/1	List	Record	100	TRUE	a
2	1	2	3	4	5	6

(a) 数据源

图 10-7 提升标题第 2 个参数的效果

(b) 第2个参数用true的结果

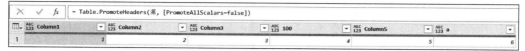

(c) 第2个参数用false的结果

图 10-7 （续）

可见，当第 2 个参数用 true 时，将第 1 行的日期类型、逻辑值都提升作为标题；当第 2 个参数用 false 时，如果遇到日期类型、逻辑值，则将其修改为系统默认列名。record、list 等无法被转换为文本，在任何参数值的情况下都无法直接作为标题。

10.5 Table.Sort()

1. 基础用法

PQ 中排序的功能和 Excel 的排序一样，可单列、多列、自定义排序，参数如下：

```
Table.Sort(
table as table,
comparisonCriteria as any)
as table
```

第 1 个参数是要排序的表。

第 2 个参数的类型是 lists as list，用于指定排序条件。可以用固定的方式排序，也可以用自定义的方式排序，数据源如图 10-8 所示。

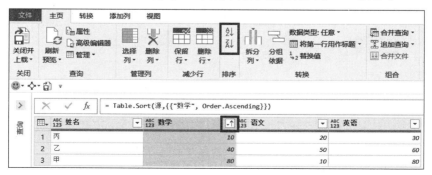

图 10-8 数据源

在 PQ 功能区，单击"主页"→"排序"→升序/降序按钮，如图 10-9 所示。

图 10-9 排序按钮

通过界面操作后,排序的列上增加了一个箭头按钮,通过箭头能看出来是升序还是降序。

当仅对一列进行排序时,代码如下:

```
= Table.Sort(源,{{"数学", Order.Ascending}})
```

同其他函数一样,当只对一列进行处理时,第 2 个参数最外层的花括号可以删除,等同的代码如下:

```
= Table.Sort(源,{"数学", Order.Ascending})
```

排序方式的默认值为 0,使用方法见表 10-2。

表 10-2　升序、降序的常量化参数

函　数　名	作　　用	常量化参数
Order.Ascending	升序	0
Order.Descending	降序	1

等同的代码如下:

```
= Table.Sort(源,"数学")
= Table.Sort(源,{"数学"})
= Table.Sort(源,{"数学", Order.Ascending})
= Table.Sort(源,{"数学", 0 })
```

同类函数有 List.Sort()。

2. 多列排序

当对多列排序时,相当于 Excel 中排序的添加条件,如图 10-10 所示。

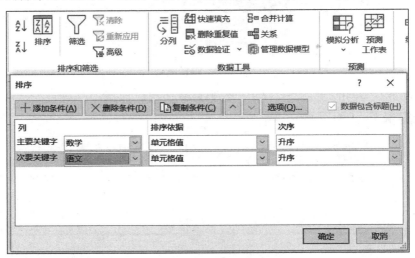

图 10-10　Excel 中的多条件排序

数据源如图 10-11 所示。

先选中部门列，单击排序按钮，再选中车间列，单击排序按钮，结果如图 10-12 所示。

姓名	部门	车间
甲	生产部	切裁
乙	物流部	发货
丙	生产部	塑形
丁	物流部	运输
戊	生产部	切裁
己	物流部	发货
庚	生产部	塑形
辛	物流部	运输

图 10-11　多条件排序数据源

= Table.Sort(源,{{"部门", Order.Ascending}, {"车间", Order.Ascending}})

	姓名	部门	车间
1	己	物流部	发货
2	乙	物流部	发货
3	丁	物流部	运输
4	辛	物流部	运输
5	甲	生产部	切裁
6	戊	生产部	切裁
7	庚	生产部	塑形
8	丙	生产部	塑形

图 10-12　对文本列多条件排序

PQ 自动补全的代码如下：

```
= Table.Sort(源,{{"部门", Order.Ascending}, {"车间", Order.Ascending}})
    //注意每个小 list 的排序与标识 1、2 的关系
```

第 2 个参数 lists 中每个小 list 的顺序决定了排序的优先级别。

在列的标题上能看出来排序的优先级别，右边有一个 1 和 2 的标识。

对文本列进行排序，在 Excel 中按照拼音运算，在 PQ 中按照 Unicode 编码运算，因为 Unicode 编码有对应的数字，Table.Sort()的本质还是对数字进行排序。基于此原理，如果要实现更灵活的排序方式，则可将文本转换成数字，以此进行数字化排序。

3. 自定义排序

在 Excel 中做自定义序列的方法是在“自定义序列”对话框中输入序列，如图 10-13 所示。

在 PQ 中，如果自定义序列的元素比较少，则可以在 PQ 中定义一个 list。最佳实践是在 Excel 中做对照表，以超级表的形式导入 PQ 中，作为一个查询变量被引用。

如图 10-6 所示的数据，对组织列进行排序。

在 Excel 中做了一张排好序的所有部门的对照表（系统报表的组织列和本地记录员工花名册的部门列是相同属性字段），将这张表导入 PQ 中，如图 10-14 所示。

最直接的思路是，在这张对照表上添加一个索引列，在工资表上做一个合并查询（Table.NestedJoin）来引用对照表，然后展开对照表的索引，将索引列排序后删除。实际上，Table.Sort()的第 2 个参数可以用自定义函数来定义非常灵活的排序。

首先，在工资表中对组织列进行排序，代码如下：

```
= Table.Sort(提升的标题,{"组织", 0})
```

对上述代码进行修改，仍然保留表示排序方式的 0，将组织字段修改为“each _”，代码如下：

```
= Table.Sort(提升的标题,{each _, 0})
```

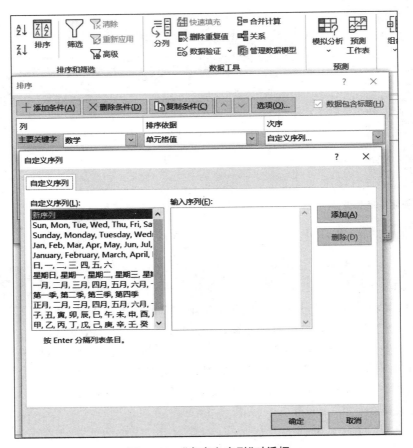

图 10-13　"自定义序列"对话框

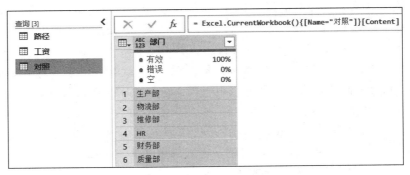

图 10-14　导入对照表

错误提示如图 10-15 所示。

在错误提示中提到了 record 和各列的标题、值。目前已经学习了多个表函数,传递到自定义函数的参数是当前行的 record 形式,联想到 Table.Sort() 的 "each _",传递过来的也

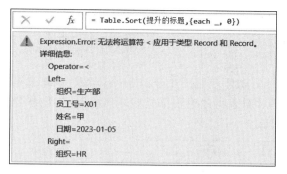

图 10-15　修改排序代码

是当前行的 record 形式。实际上,"each _"在 Table. Sort()和 Table. AddColumn()中所代表的含义相同,因此,可以用添加列的形式来辅助理解 Table. Sort()。

添加一列,因为要对组织列排序,所以需要深化组织列的值,结果如图 10-16 所示。

	ABC 组织	ABC 员工号	ABC 姓名	ABC 日期	ABC 123 辅助列
1	生产部	X01	甲	2023-01-05	生产部
2	质量部	X02	乙	2023-01-11	质量部
3	维修部	X03	丙	2023-01-31	维修部
4	HR	X04	丁	2023-01-19	HR
5	财务部	X05	戊	2023-01-18	财务部
6	质量部	X06	己	2023-01-11	质量部
7	维修部	X07	庚	2023-01-31	维修部

fx = Table.AddColumn(提升的标题, "辅助列", each [组织])

图 10-16　添加辅助列

辅助列是文本列,无法按照对照表排序。引用对照表,将文本数字化,代码如下:

```
= Table.AddColumn(提升的标题, "辅助列",
    each List.PositionOf(对照[部门],[组织]))
```

结果如图 10-17 所示。

	ABC 组织	ABC 员工号	ABC 姓名	ABC 日期	ABC 123 辅助列
1	生产部	X01	甲	2023-01-05	0
2	质量部	X02	乙	2023-01-11	5
3	维修部	X03	丙	2023-01-31	2
4	HR	X04	丁	2023-01-19	3
5	财务部	X05	戊	2023-01-18	4
6	质量部	X06	己	2023-01-11	5
7	维修部	X07	庚	2023-01-31	2

fx = Table.AddColumn(提升的标题, "辅助列", each List.PositionOf(对照[部门],[组织]))

图 10-17　将文本数字化

用 List. PositionOf()将文本转换成索引。List. PositionOf()的第 1 个参数是 list,即部门的对照表,来自对照表查询。

下一步,将上述代码的第 3 个参数复制到 Table. Sort()的第 2 个参数中。

"each _"的"_"代表 record，可以省略，等同的代码如下：

```
= Table.Sort(提升的标题,{each List.PositionOf(对照[部门],[组织]), 0})
= Table.Sort(提升的标题,{each List.PositionOf(对照[部门],_[组织]), 0})
```

将文本转换成数字的方法不仅限于 List.PositionOf()。不管排序的需求多复杂，通过添加辅助列的方式，根据对照表将各种数据类型转换成数字，复制到 Table.Sort() 的第 2 个参数即可，如图 10-18 所示。

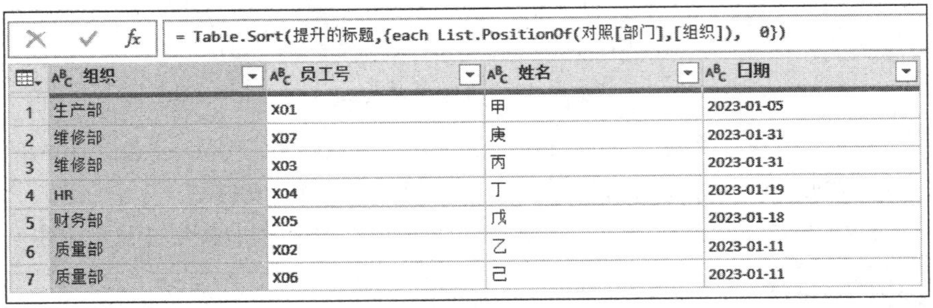

× ✓ fx	= Table.Sort(提升的标题,{each List.PositionOf(对照[部门],[组织]), 0})		
▦ ᴬᴮ𝒄 组织 ▼	ᴬᴮ𝒄 员工号 ▼	ᴬᴮ𝒄 姓名 ▼	ᴬᴮ𝒄 日期 ▼
1 生产部	X01	甲	2023-01-05
2 维修部	X07	庚	2023-01-31
3 维修部	X03	丙	2023-01-31
4 HR	X04	丁	2023-01-19
5 财务部	X05	戊	2023-01-18
6 质量部	X02	乙	2023-01-11
7 质量部	X06	己	2023-01-11

图 10-18　自定义排序的结果

当对多列进行排序时，可以采用混合的方式写第 2 个参数，示例代码如下：

```
= Table.Sort(提升的标题,
{
{each List.PositionOf(对照[部门],[组织]),0},
{"车间",0}
})
```

从图 10-18 可以看出，对 PQ 自动补全的代码进行修改后，列名上不再出现排序按钮。

对于 Table.SelectRows() 也是一样的，在 PQ 补全的代码的基础上做了一些修改后，列名上不再出现筛选按钮。

注意：Table.Sort() 排序的结果具有不稳定性。当排序表被其他函数引用时，排序可能改变。

案例总结：本章案例提供了一种清洗报表的思路，动态路径、动态删除说明行、动态排序。M 函数只要理解了三大容器、传参原理，万变不离其宗，能够实现灵活度极高的自动化报表。

10.6　花名册查询模板案例

【例 10-2】　花名册用于记录员工信息，如图 10-19 所示。

当每天打开花名册数据源复制及查找数据时可能会误操作，有时会把数据源修改了，因此可新建一个工作簿，制作一个 PQ 查询系统，PQ 只查询数据，不会修改数据源。

查询项有两个,第 1 个是姓名表,用于筛选姓名,姓名作为精确查询。第 2 个是字段表,用于展示除了姓名列以外的其他字段,作为模糊查询,如图 10-20 所示。

员工号	姓名	身份证号	入职时间	第一次签合同	第二次签合同
A1	甲一	12345	2022/6/1	2022/6/1	2023/6/1
A2	甲二	12346	2022/6/2	2022/6/2	2023/6/2
A3	乙	12347	2022/6/3	2022/6/3	2023/6/3
A4	丙	12348	2022/6/4	2022/6/4	2023/6/4
A5	丁	12349	2022/6/5	2022/6/5	2023/6/5

图 10-19 数据源花名册　　　图 10-20 姓名表和字段表

新建一个工作簿,将花名册导入 PQ 中,并修改列类型,如图 10-21 所示。

图 10-21 导入数据源

导入姓名表,深化姓名列,结果如图 10-22 所示。

图 10-22 导入姓名表

导入字段表,深化字段列,结果如图 10-23 所示。

图 10-23 导入字段表

根据姓名表,在花名册表筛选姓名列,结果如图 10-24 所示。

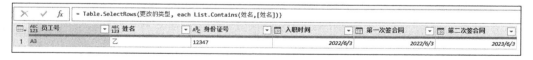

图 10-24 精确筛选姓名

根据字段表,在花名册表确定列名,该步骤被命名为 name,结果如图 10-25 所示。
根据列名选择列,其中姓名是必选列,结果如图 10-26 所示。

图 10-25　模糊筛选列名

ABC 123 姓名	ABC 身份证号	第一次签合同	第二次签合同
1 乙	12347	2022/6/3	2023/6/3

`= Table.SelectColumns(筛选的行,{"姓名"} & name)`

图 10-26　选择列

花名册表的最终代码如下：

```
//ch10.6-01
let
    源 = 花名册,            //导入花名册
    更改的类型 = Table.TransformColumnTypes(源,{
        {"身份证号", type text},
        {"入职时间", type date},
        {"第一次签合同", type date},
        {"第二次签合同", type date}}),
    筛选的行 = Table.SelectRows(更改的类型,
            each List.Contains(姓名,[姓名])),
    name = List.Select(Table.ColumnNames(源),each
        List.Contains(字段,_,(x,y) => Text.Contains(y,x))),
    结果 = Table.SelectColumns(筛选的行,{"姓名"} & name)
in
    结果
```

Excel 表的查询结果如图 10-27 所示。

姓名	字段
甲	合同
乙	身份证号

姓名	身份证号	第一次签合同	第二次签合同
乙	12347	2022/6/3	2023/6/3

图 10-27　查询结果

在上述代码的基础上增加需求，当姓名表为空时，查询出所有人的记录；当字段表为空时，查询出所有字段；当姓名表、字段表都为空时，查询出所有的记录。修改后的代码如下：

```
//ch10.6-02
let
    源 = Excel.CurrentWorkbook(){[Name = "花名册"]}[Content],
    更改的类型 = Table.TransformColumnTypes(源,{
        {"身份证号", type text},
        {"入职时间", type date},
        {"第一次签合同", type date},
```

```
            {"第二次签合同", type date}}),
    筛选的行 = if List.IsEmpty(姓名) then 更改的类型
                else Table.SelectRows(更改的类型, each
                    List.Contains(姓名,[姓名])),
    name = List.Select(Table.ColumnNames(源),each
            List.Contains(字段,_,(x,y) => Text.Contains(y,x))),
    结果 = if List.IsEmpty(字段)
        then 筛选的行
        else Table.SelectColumns(筛选的行,{"姓名"} & name)
in
    结果
```

在上述代码中,在"筛选的行"和"结果"两个步骤中增加了 if 语句,用 List.IsEmpty() 判断查询表是否为空。List.IsEmpty() 的语法参见 21.8 节。

Excel 查询结果举例如图 10-28 所示。

(a) 字段表为空

(b) 姓名表为空

(c) 查询表都为空

图 10-28　查询结果

本例中 name 步骤用 List.Contains() 的第 3 个参数实现了模糊查询。List.PositionOf() 的第 4 个参数也可以实现模糊查询,如果姓名列也做模糊查询,则可对代码进行修改,修改后的代码如下:

```
//ch10.6 - 03
筛选的行 = Table.SelectRows(更改的类型, each
    List.PositionOf(姓名,[姓名],0,(x,y) => Text.Contains(y,x))<> - 1)
```

结果如图 10-29 所示。

图 10-29　查询结果

实践中,将花名册的路径设置成动态路径,可按需查询每个月的花名册。

PQ 查询导入 Excel,如果单元格格式是"常规",则日期将变成数字,还要再调整单元格格式,每次查询的列名可能不一样,调整的次数会比较多。可将 PQ 中的日期列修改为文本类型,以解决这个问题。

10.7　获取最新文件案例

【例 10-3】　文件夹中保留了历史文件,获取最新下载的报表,文件夹如图 10-30 所示。

图 10-30　文件夹

将文件夹导入 PQ 中,结果如图 10-31 所示。

	Content	Name	Extension	Date accessed	Date modified	Date created
1	Binary	工资报表_202302091128.xlsx	.xlsx	2023/7/17 8:54:09	2023/7/17 8:47:53	2023/3/1 20:18:27
2	Binary	工资报表_202303091128.xlsx	.xlsx	2023/7/19 20:38:42	2023/7/17 8:47:53	2023/7/19 20:37:47
3	Binary	工资报表_202304091128.xlsx	.xlsx	2023/7/19 21:13:11	2023/7/19 21:13:10	2023/7/19 21:13:10

图 10-31　将文件夹导入 PQ 中

将 Date created 列(文件建立时间)降序排序,保留第 1 行,代码如下:

```
let
    源 = Folder.Files(文件夹路径),
    排序的行 = Table.Sort(源,{{"Date created", 1}}),
    筛选的行 = Table.SelectRows(排序的行,
        each Text.StartsWith([Name], "工资报表") and [Extension] = ".xlsx"),
    保留的第 1 行 = Table.FirstN(筛选的行,1)
in
    保留的第 1 行
```

10.8　PQ 技巧

10.8.1　无法进入 PQ 编辑器

如果 PQ 被锁定,则无法进入 PQ 编辑器,此时需要检查是否对工作簿进行了锁定,如图 10-32 所示。

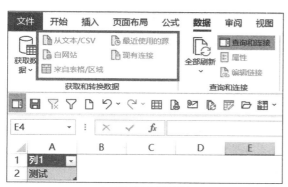

(a) PQ编辑器被锁定

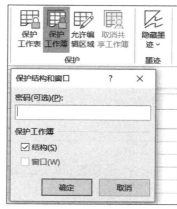

(b) 保护工作簿

图 10-32　无法进入 PQ 编辑器

10.8.2　引用查询

清洗后的查询名为"报表",如图 10-33 所示。

图 10-33　清洗后的查询

这个查询有多个步骤。接下来要增加两个查询,筛选课程名称列,分别为 Power Query 的和 Power Pivot 的培训情况,在查询区报表名上右击后单击引用,如图 10-34 所示。

结果如图 10-35 所示。

引用后的代码如下:

```
= 报表     //如果报表查询的步骤被修改,则这个步骤的数据将被同步更新
```

图 10-34   引用操作

图 10-35   引用后的结果

不使用"引用"操作,自行写代码的方法是新建一个空查询,然后写"=查询名"这个代码,与"引用"操作的效果相同。

修改查询名,增加筛选步骤,以此类推增加其他查询,结果如图 10-36 所示。

图 10-36   修改查询

为什么不直接"复制"报表查询,而是"引用"报表查询?复制查询执行了复制粘贴操作,形成了与原始查询独立的新的查询。引用查询依赖于原始查询,引用的是原始查询输出的结果。将公共步骤做成一个原始查询,使代码简洁,避免了修改多个查询的重复代码。

在 PQ 功能区，单击"视图"→"查询依赖项"，可检查引用关系，如图 10-37 所示。

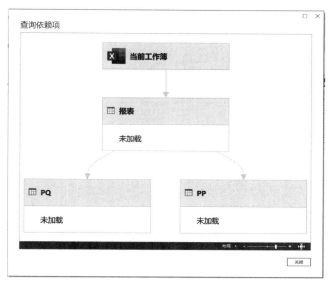

图 10-37　查询依赖关系

第 11 章

Date 和 Number 类函数

本章讲解与日期类、数字类相关的函数。

11.1　日期的创建

1. ♯date( )

♯date、♯time、♯datetime、♯datetimezone、♯duration 都是关键字。

♯date( )的作用是创建日期,参数如下:

```
♯date(
year as number,
month as number,
day as number)
as date
```

示例代码如下:

```
= ♯date(2023,2,8)
```

参数要求是 1≤year≤9999、1≤month≤12、1≤day≤31。

2. ♯time( )

♯time( )的作用是创建时间,参数如下:

```
♯time(hour, minute, second) as time
```

参数的要求是 0≤hour≤24、0≤minute≤59、0≤second≤59。

此外,如果 hour=24,则 minute 和 second 必须为 0。

3. ♯datetime( )

♯datetime( )的作用是创建日期时间,参数如下:

```
♯datetime(year, month, day, hour, minute, second) as datetime
```

参数要求是 1≤year≤9999、1≤month≤12、1≤day≤31、0≤hour≤23、0≤minute≤59、0≤second≤59。

4. ♯datetimezone( )

♯datetimezone( )的作用是创建时区,时区编码为从 UTC 偏移的小时数和分钟数,参数如下:

```
♯datetimezone(
year, month, day,
hour, minute, second,
offset－hours, offset－minutes)
as datetimezone
```

参数要求如下:1≤year≤9999、1≤month≤12、1≤day≤31、0≤hour≤23、0≤ minute≤59、0≤second≤59、－14≤offset-hours＋offset-minutes/60≤14。

5. ♯duration( )

♯duration( )的作用是创建持续时间,参数如下:

```
♯duration(
days as number,
hours as number,
minutes as number,
seconds as number)
as duration
```

在 Excel 中,日期和数字可自动转换,如图 11-1 所示。

在 PQ 中,严格区分各种数据类型,大部分数据类型之间不能直接运算,如图 11-2 所示。

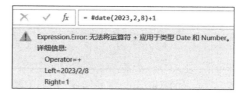

图 11-1　日期和数字自动转换　　　**图 11-2　不同数据类型的运算**

日期时间的增减可通过 ♯duration( )进行运算,如图 11-3 所示。

图 11-3　日期的增减

日期时间之间的运算,见表 11-1。

表 11-1　日期时间类的运算

运　算　符	左 操 作 数	右 操 作 数	举　　　例
x＋y	date	duration	＝♯date(2023,1,1)＋♯duration(1,1,1,1) //2023/1/2
x＋y	datetime	duration	

续表

运 算 符	左 操 作 数	右 操 作 数	举 例
x＋y	datetimezone	duration	
x＋y	duration	duration	＝#duration(2,1,1,1)＋#duration(1,1,1,1) //3.02：02：02
x－y	date	date	＝#date(2023,1,1)－#date(2023,1,2) //－1.00：00：00
x－y	date	duration	＝#date(2023,1,1)－#duration(1,1,1,1) //2022/12/31
x－y	time	time	＝#time(1,1,1)－#time(1,0,0) //0.00：01：01
x－y	time	duration	＝#time(1,1,1)－#duration(1,1,0,0) //0：01：01
x－y	datetime	datetime	
x－y	datetime	duration	
x－y	datetimezone	datetimezone	
x－y	datetimezone	duration	
x－y	duration	duration	＝#duration(2,1,1,1)－#duration(1,1,1,1) //1.00：00：00
x＊y	duration	number	＝#duration(2,1,1,1)＊2 //4.02：02：02
x/y	duration	number	＝#duration(2,1,1,1)/2 //1.00：30：30.50
x&y	date	time	＝#date(2023,1,1)&#time(1,1,1) //2023/1/1 1：01：01

date & time→datetime 是实操中连接日期时间非常方便的技巧。

在表 11-1 中，对于加法运算和乘法运算，左、右操作数可以互换。

同一日期时间类型才能使用比较运算符，如图 11-4 所示。

(a) 相同日期类型比较　　　　　　　　　(b) 不同日期类型比较

图 11-4　相同日期类型才能比较

11.2　Date.From()

Date.From()的作用是将给定的值转换成日期，参数如下：

```
Date.From(
value as any,
optional culture as nullable text)
as nullable date
```

第 1 个参数是给定的值。

第 2 个参数是可选参数,用于指定区域。

日期从超级表导入 PQ 将变成日期时间,如图 11-5 所示。

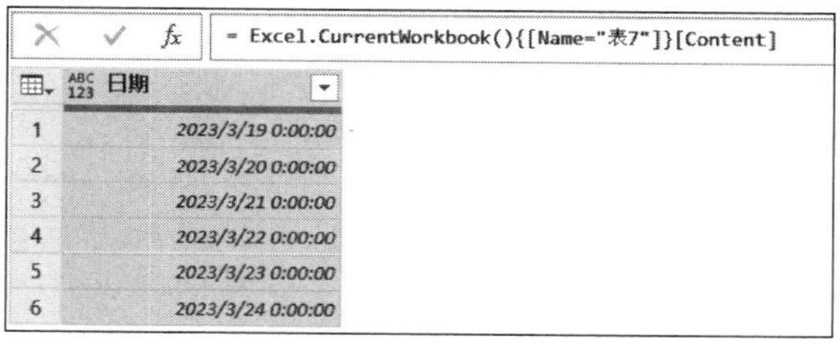

图 11-5 导入 PQ 中的日期

增加一列,代码如下:

```
= Table.AddColumn(源, "转化", each Date.From([日期]))
```

结果如图 11-6 所示。

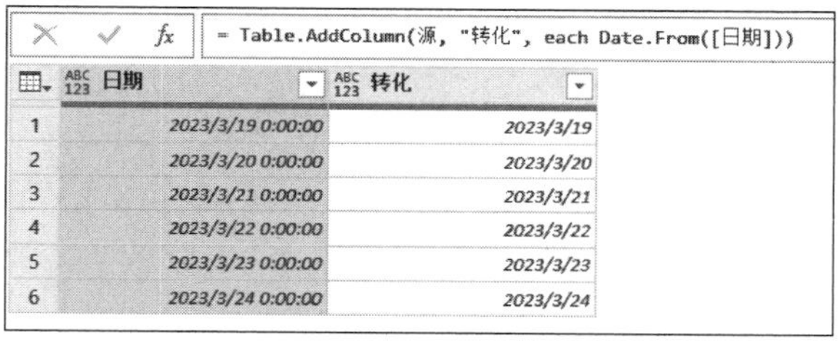

图 11-6 转换为日期

Date.From()能够转换的数据类型有 text、number、datetime、datetimezone,示例代码如下:

```
= Date.From("2023 - 3 - 1")        //2023/3/1
= Date.From("20230301")            //2023/3/1
= Date.From(1)                     //1899/12/31
= Date.From(0)                     //1899/12/30
= Date.From(-1)                    //1899/12/29
```

在上述代码中可以看出,在 PQ 中,第一天是 1899 年 12 月 31 日。

第 1 个参数如果是文本,则是以文本表示的日期。如果是数字,则是能够和日期互换的数字。

日期范围最大的数字化整数值是 2 958 465,如图 11-7 所示。

由于 20 230 301 超过了该数值,所以无法转换,如图 11-8 所示。

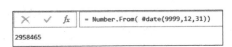

图 11-7 最大的日期转换为数字

图 11-8 超过最大的日期

如果报表中有跨境的数字、日期数据,则需要使用第 2 个参数指定区域,示例代码如下:

```
= Date.From("01 - 03 - 2023","fr")          //2023/3/1
= Date.From("01 - 03 - 2023","en")          //2023/1/3
```

11.3 Date. FromText()

Date. FromText()的作用是将给定的文本转换成日期,可用第 2 个参数控制日期的格式,参数如下:

```
Date.FromText(
text as nullable text,
optional culture as nullable text)
as nullable date
```

示例代码如下:

```
= Date.FromText("2023 - 03 - 01",[Format = "yyyy - MM - dd"])
//2023/3/1
= Date.FromText("2023 - 03 - 01",[Format = "yyyy - dd - MM"])
//2023/1/3
= Date.FromText("20230301",[Format = "yyyyddMM"])
//2023/1/3
= Date.FromText("20230301")
//2023/3/1
= Date.FromText("30 Dez 2023", [Format = "dd MMM yyyy", Culture = "de - DE"])
//2023/12/30
```

第 2 个参数中,y 代表年,M 代表月,d 代表日。

11.4 Date. Year()

Date. Year()、Date. Month()、Date. Day()、Date. QuarterOfYear()的作用是提取日期中的年、月、日、季度,参数如下:

```
Date.Year/Date.Month/Date.Day/Date.QuarterOfYear
(dateTime as any)
as nullable number
```

这 4 个函数只有一个参数,类型可以是 date、datetime、datetimezone。示例代码如下:

```
= Date.Year( #date(2023,3,1))                //2023
= Date.Year( #datetime(2023,3,1,1,1,1))      //2023
```

11.5 Date.ToText()

Date.ToText()的作用是将日期以文本形式表示,参数如下:

```
Date.ToText(
date as nullable date,
optional format as nullable text,
optional culture as nullable text)
as nullable text
```

第1个参数是日期。

第2个参数是可选参数,类型是文本,用于指定转换的文本形式。使用频繁。

第3个参数是可选参数,用于指定区域。

原始日期代码如下:

```
日期 = #date(2023,3,1)
```

将该日期格式化为2023年3月1日,如果使用Date.Year()等函数,分别提取年、月、日再合并,则代码非常烦琐。使用Date.ToText()转换非常方便。第2个参数可用y、M、d表示年、月、日。学习该函数的方法是依次测试,如图11-9所示。

图11-9 第2个参数各种形式的结果

第2个参数的表现形式非常丰富,不要死记硬背,从1个y到4个d依次测试,按需使用。在PQ的日期类函数中,大写M代表Month,小写m代表minute。第2个参数举例见表11-2。

表11-2 第2个参数举例

第2个参数	返回结果	第2个参数	返回结果
y	2023年3月	M	3月1日
yy	23	MM	03
yyy	2023	MMM	3月
yyyy	2023	MMMM	三月
yyyy年	2023年	yyyy年M月	2023年3月
d	2023/3/1	yyyy年MM月	2023年03月
dd	01	yyyy年M月d日	2023年3月1日
ddd	周三	yyyy年MM月dd日	2023年03月01日
dddd	星期三	今年是yyyy年	今年是2023年
D	2023年3月1日		

更多的第2个参数的用法参见15.9节。

第3个参数用于控制区域,示例代码如下:

```
= Date.ToText(日期,"dddd","en-US")    //Wednesday
```

11.6　DateTime.LocalNow()

DateTime.LocalNow()的作用是返回系统实时的日期时间值,等同于Excel中的NOW()函数。

DateTime.LocalNow()无参数,返回的数据类型是datetime,结果如图11-10所示。

提取当前的日期,实现Excel中TODAY()函数的功能,用Date.From()进行转换,结果如图11-11所示。

图11-10　返回系统当前的日期时间

图11-11　返回系统当前的日期

当PQ刷新时,日期时间同步变化,还可以使用DateTime.FixedLocalNow(),两个函数的作用相同,区别在于连续调用时的返回结果,函数说明如图11-12所示。

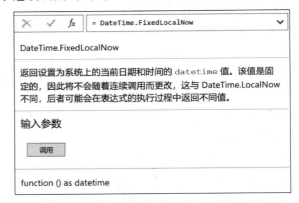

图11-12　DateTime.FixedLocalNow()的函数说明

在实操中,较少有用到连续调用的应用场景,因此,这两个函数基本上可以通用,连续调用的演示如图11-13所示。

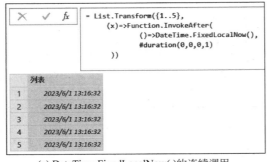

(a) DateTime.FixedLocalNow()的连续调用

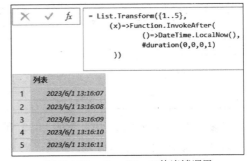

(b) DateTime.LocalNow()的连续调用

图11-13　连续调用的演示

11.7　日期类函数

日期类型的函数非常多,规律性也很明显。

11.7.1　含有 Add

第一类是含有 Add 的函数,见表 11-3。

表 11-3　Date 类函数

函 数 名	参 数
Date. AddDays	(dateTime as any,numberOfDays as number) as any
Date. AddMonths	(dateTime as any,numberOfMonths as number) as any
Date. AddQuarters	(dateTime as any,numberOfQuarters as number) as any
Date. AddWeeks	(dateTime as any,numberOfWeeks as number) as any
Date. AddYears	(dateTime as any,numberOfYears as number) as any

增减天数,可以通过 date+duration 实现,也可以通过含有 Add 类的函数实现,示例代码如下:

```
=  #date(2023,1,1) + #duration(1,0,0,0)     //2023/1/2
=  Date.AddDays(#date(2023,1,1),1)          //2023/1/2
=  Date.AddDays(#date(2023,1,1), - 1)       //2022/12/31
```

11.7.2　提取信息

第二类用于提取日期中的年、月、日、季度、星期。见表 11-4。

表 11-4　Date 类函数

函 数 名	参 数
Date. Day	(dateTime as any) as nullable number
Date. Month	(dateTime as any) as nullable number
Date. Year	(dateTime as any) as nullable number
Date. DayOfWeek	(dateTime as any,optional firstDayOfWeek as nullable number) as any
Date. DayOfWeekName	(date as any,optional culture as nullable text) as nullable text
Date. DayOfYear	(dateTime as any) as nullable number
Date. DaysInMonth	(dateTime as any) as nullable number
Date. MonthName	(date as any,optional culture as nullable text) as nullable text
Date. QuarterOfYear	(dateTime as any) as nullable number
Date. WeekOfMonth	(dateTime as any,optional firstDayOfWeek as nullable number) as nullable number
Date. WeekOfYear	(dateTime as any,optional firstDayOfWeek as nullable number) as nullable number

示例代码如下：

```
日期 = #date(2023,1,1)
a = Date.DayOfYear(日期)        //1 返回一年中的第几天
b = Date.QuaterOfYear(日期)     //1 返回一年中的第几个季度
```

图 11-14　第 2 个参数

以 Date.DayOfWeek()为例,函数的作用是返回一周的第几天,用数字 0～6 表示。

第 1 个参数的类型可以是 date、datetime、datetimezone。

一个星期的第一天到底是星期一、星期六还是星期天?对此,不同地区的定义不完全相同,可通过第 2 个参数来控制第一天是星期几,如图 11-14 所示。

第 2 个参数也可以用常量化参数 0～6 来表示。当忽略第 2 个参数时,使用区域的默认值。例如 2023 年 5 月 1 日是星期一,区域设置默认星期一是第一天,因此结果返回 0,代码如下:

```
日期 = #date(2023,5,1)
a = Date.DayOfWeek(日期)     //0
```

Date.DayOfWeekName()的作用是返回星期几,用第 2 个参数控制返回的形式,示例代码如下:

```
日期 = #date(2023,5,1)
a = Date.DayOfWeekName(日期)           //"星期一"
b = Date.DayOfWeekName(日期, "en-US")  //"Monday"
```

11.7.3　开始和结束

第三类用于返回开始、结束的日期,见表 11-5。

表 11-5　Date 类函数

函　数　名	参　　　数
Date.StartOfDay	(dateTime as any) as any
Date.StartOfMonth	(dateTime as any) as any
Date.StartOfQuarter	(dateTime as any) as any
Date.StartOfWeek	(dateTime as any, optional firstDayOfWeek as nullable number) as any
Date.StartOfYear	(dateTime as any) as any
Date.EndOfDay	(dateTime as any) as any
Date.EndOfMonth	(dateTime as any) as any
Date.EndOfQuarter	(dateTime as any) as any
Date.EndOfWeek	(dateTime as any, optional firstDayOfWeek as nullable number) as any
Date.EndOfYear	(dateTime as any) as any

以 Date.EndOfYear() 为例,其作用是返回一年中的最后一天。

此函数只有一个参数,类型是 date、datetime、datetimezone,举例代码如下:

```
日期 = #date(2023,5,1)
a = Date.EndOfYear(日期)      //2023/12/31
```

日期类的函数大部分可以通过界面操作,PQ 会自动补全代码。

选中日期列,在 PQ 功能区,单击"添加列"或"转换"→"日期"或"时间",如图 11-15 所示。

图 11-15 日期和时间

11.7.4 条件判断

第四类是条件判断函数,返回布尔值,函数名包含 IsIn、Current(当前的)、Next(下一个)、Previous(前一个),见表 11-6。

表 11-6 Date 类函数

函 数 名	参 数
Date.IsInCurrentDay	(dateTime as any) as nullable logical
Date.IsInCurrentMonth	(dateTime as any) as nullable logical
Date.IsInCurrentWeek	(dateTime as any) as nullable logical
Date.IsInCurrentQuarter	(dateTime as any) as nullable logical
Date.IsInCurrentYear	(dateTime as any) as nullable logical
Date.IsInNextDay	(dateTime as any) as nullable logical
Date.IsInNextWeek	(dateTime as any) as nullable logical
Date.IsInNextMonth	(dateTime as any) as nullable logical
Date.IsInNextQuarter	(dateTime as any) as nullable logical
Date.IsInNextYear	(dateTime as any) as nullable logical

续表

函 数 名	参 数
Date.IsInNextNDays	(dateTime as any, days as number) as nullable logical
Date.IsInNextNWeeks	(dateTime as any, weeks as number) as nullable logical
Date.IsInNextNMonths	(dateTime as any, months as number) as nullable logical
Date.IsInNextNQuarters	(dateTime as any, quarters as number) as nullable logical
Date.IsInNextNYears	(dateTime as any, years as number) as nullable logical
Date.IsInPreviousDay	(dateTime as any) as nullable logical
Date.IsInPreviousWeek	(dateTime as any) as nullable logical
Date.IsInPreviousMonth	(dateTime as any) as nullable logical
Date.IsInPreviousQuarter	(dateTime as any) as nullable logical
Date.IsInPreviousYear	(dateTime as any) as nullable logical
Date.IsInPreviousNDays	(dateTime as any, days as number) as nullable logical
Date.IsInPreviousNWeeks	(dateTime as any, weeks as number) as nullable logical
Date.IsInPreviousNMonths	(dateTime as any, months as number) as nullable logical
Date.IsInPreviousNQuarters	(dateTime as any, quarters as number) as nullable logical
Date.IsInPreviousNYears	(dateTime as any, years as number) as nullable logical
Date.IsInYearToDate	(dateTime as any) as nullable logical
Date.IsLeapYear	(dateTime as any) as nullable logical

条件判断可以用于需要布尔值的函数的参数,例如 Table.SelectRows()。在日期类的列上打开"日期筛选器",如图 11-16 所示。

图 11-16 日期筛选器

以 Date.IsInCurrentMonth()为例,函数的作用是将系统当前的年月与给定的日期值相比较,返回布尔值。今天是 2023 年 7 月 29 日,结果如图 11-17 所示。

由于当前的月份是 2023 年 7 月,因此只有第 4 行的返回值为 true。

以 Date.InPreviousNMonths() 为例,结果如图 11-18 所示。

	日期	自定义
1	2023/4/1	FALSE
2	2023/5/1	FALSE
3	2023/6/1	FALSE
4	2023/7/1	TRUE
5	2024/7/1	FALSE
6	2025/7/1	FALSE

```
= Table.AddColumn(更改的类型, "自定义",
each Date.IsInCurrentMonth([日期]))
```

图 11-17　当前月份判断

	日期	自定义
1	2023/4/1	FALSE
2	2023/5/1	TRUE
3	2023/6/1	TRUE
4	2023/7/1	FALSE
5	2024/7/1	FALSE
6	2025/7/1	FALSE

```
= Table.AddColumn(更改的类型, "自定义",
each Date.IsInPreviousNMonths([日期],2))
```

图 11-18　前 2 个月判断

当前的日期是 2023 年 7 月,Date.InPreviousNMonths() 的第 2 个参数是 2,则从 7 月份往前的两个月是匹配的,因此,只有第 2 行和第 3 行的返回值为 true。

该类的函数用于与 DateTime.LocalNow() 的日期进行对比。

11.7.5　From 和 To

第四类用于日期类型的转换,见表 11-7。

表 11-7　Date 类函数

函 数 名	参 数
Date.From	(value as any, optional culture as nullable text)as nullable date
Date.FromText	(text as nullable text, optional culture as nullable text)as nullable date
Date.ToRecord	(date as date) as record
Date.ToText	(date as nullable date, optional format as nullable text,optional culture as nullable text) as nullable text

Date.ToRecord() 的结果如图 11-19 所示。

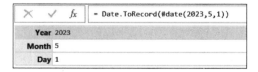

```
= Date.ToRecord(#date(2023,5,1))
```

Year	2023
Month	5
Day	1

图 11-19　日期转换函数

11.7.6　总结

日期类函数非常多,函数名较难记住,但不用完全记住,只要掌握日期类函数的规律,选用合适的函数即可。

日期的增减不能用 date＋/－number,而是通过 date＋/－duration 或 Date.AddXxx

类的函数实现。

　　大部分日期类函数可以通过操作界面来补全 PQ 代码,实操中,先通过界面操作,再修改代码。

　　日期类函数分为 5 类,增减、提取、开始结束、判断、转换。

　　本节讲解了 Date 类函数的学习方法,Time、DateTime、DateTimeZone、Duration 类的函数以此类推。

11.8　筛选日期区间案例

　　【例 11-1】　如图 11-20 所示,第 1 张表是成绩表,第 2 张是周期表,根据开始、结束日期筛选成绩表中符合条件的行。

姓名	日期	成绩
甲	2023/1/1	10
乙	2023/2/2	20
丙	2023/3/3	30
丁	2023/4/4	40

开始日期	结束日期
2023/1/1	2023/3/31

图 11-20　成绩表和周期表

将数据源导入 PQ 中,将日期时间类型转换为日期类型,如图 11-21 所示。

图 11-21　导入 PQ 的数据源

在成绩表中,在日期列上任意筛选一个日期周期,如图 11-22 所示。

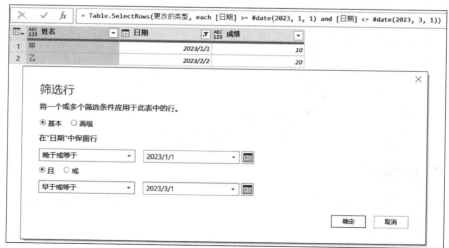

图 11-22　"筛选行"对话框

操作出来的是硬代码,修改为周期表的日期,代码如下:

```
= Table.SelectRows(更改的类型, each
    [日期] >= 周期[开始日期]{0}
    and [日期] <= 周期[结束日期]{0})
```

Excel 中如果周期表的数据发生变化,则筛选的行也随之变化,可用于进行高级筛选。

11.9　Number.From()

Number.From()的作用是将给定的值转换成数字。可转换的类型有 text、logical、date、time、datetime、duration、datetimezone,参数如下:

```
Number.From(
value as any,
optional culture as nullable text)
as nullable number
```

示例代码如下:

```
= Number.From(#date(9999,12,31))        //2958465 最大日期
= Number.From(#date(100,1,1))           // - 657434 最小日期
= Number.From("0123")                   //123
```

11.10　Number.FromText()

Number.FromText()的作用是将给定的文本转换成数字,参数如下:

```
Number.FromText(
text as nullable text,
optional culture as nullable text)
as nullable number
```

示例代码如下:

```
= Number.FromText("5.0e - 10")          //5E - 10
= Number.FromText("123")                //123
```

11.11　Number.ToText()

Number.ToText()的作用是根据指定的格式将数字转换成文本,参数如下:

```
Number.ToText(
number as nullable number,
optional format as nullable text,
optional culture as nullable text)
as nullable text
```

第 1 个参数是要转换的数字。

第 3 个参数是可选参数,用于区域设置。

第 2 个参数是可选参数,用于指定格式。第 2 个参数的格式根据函数说明选用,如图 11-23(a)所示。

除了参数说明中的用法,Number.ToText()还可以实现多种像 Excel 中自定义单元格格式的文本效果,如图 11-23(b)所示。

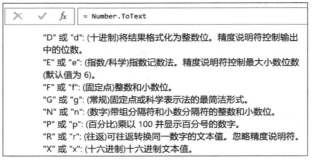

(a) PQ参数说明

(b) 单元格格式

图 11-23 第 2 个参数的使用

Number. ToText()的用法举例见表11-8。

表 11-8　　Number. ToText()的用法举例

第 1 个参数	第 2 个参数	结果
0.1	"p"	"10.00％"
0.1	"p1"	"10.0％"
1	"f3"	"1.000"
1.2345	"f3"	"1.235"
1	"d3"	"001"
12		"12"
12	"000"	"012"
1.2345	"0.000"	"1.235"
−10	"＞;＜;0"	"＜"
10	"＞;＜;0"	"＞"
0	"＞;＜;0"	"0"
12345678	"00 00 00 00"	"12 34 56 78"
1234.5	"＃,＃＃0.00 元"	"1,234.50 元"
101617189	"00.00.00.000"	"101617189.0000000"
101617189	"00\.00\.00\.000"	"10.16.17.189"
1000	"＄0,0.00"	"＄1,000.00"
2023	"0 层 00 楼"	"20 层 23 楼"

在 PQ 中,通过转换类型转换成百分比的操作如图 11-24 所示。

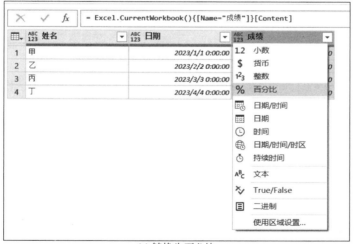

(a) 转换为百分比

(b) 转换结果

图 11-24　转换为百分比

通过这种方法转换的百分比形式,如果上载到 Excel 中,则在单元格是"常规"格式的情况下需要将格式调整为"百分比",这样才能显示出百分比形式,如图 11-25 所示。

图 11-25 Excel 中的百分比格式

用 Number.ToText() 的方法调整成百分比是将数字转换成文本,上载到 Excel 中和 PQ 中显示的结果一样。

11.12 Text.From()

Text.From() 的作用是将给定的值转换为文本,参数如下:

```
Text.From(
value as any,
optional culture as nullable text)
as nullable text
```

第 1 个参数的类型可以是 number、date、time、datetime、datetimezone、duration、logical、binary、null。

第 2 个参数是可选参数,用于指定区域。

示例代码如下:

```
= Text.From(1)     //"1"
```

11.13 Number.IntegerDivide()

Number.IntegerDivide()的作用是进行除法运算,返回整数部分,参数如下:

```
Number.IntegerDivide (
number1 as nullable number,
number2 as nullable number,
optional precision as nullable number)
as nullable number
```

第1个参数是被除数。
第2个参数是除数。
第3个参数用于精度控制。
示例代码如下:

```
= Number.IntegerDivide(8.8,4)      //2
```

Value.Divide()的作用是进行除法运算,参数如下:

```
Value.Divide (
value1 as number,
value2 as number,
optional precision as nullable precision.Type)
as any
```

示例代码如下:

```
= Value.Divide(8.8,4)           //2.2
= 8.8/4                         //2.2
```

Number.Abs()的作用是求绝对值,Number.Power()的作用是求幂,Number.PI用于返回常量 π,还有其他数学计算的函数都在 Number 类中,函数名都是顾名思义且比较容易理解的。

11.14 Number.Mod()

Number.Mod()的作用是进行除法运算,返回余数部分。参数与 Number.IntegerDivide()的参数相同。

有小数参与的加、减、乘、除运算,可能出现浮点误差,第2个参数用于精度控制,如图 11-26 所示。

同类的函数都有精度控制参数,例如 List.Sum()、List.Average()、List.Product()等。举例如图 11-27 所示。

(a) 出现浮点误差

(b) 精度控制浮点误差

图 11-26 第 2 个参数用于控制精度

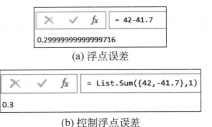

(a) 浮点误差

(b) 控制浮点误差

图 11-27 浮点误差

第 2 个参数 Precision.Double 是双精度小数型、Precision.Decimal 是小数型，也可以用常量化参数 0、1 表示，当第 2 个参数省略时默认为 0。

11.15 Number.Round()

Number.Round()的作用是对数值进行指定位数的舍入，参数如下：

```
Number.Round(
number as nullable number,
optional digits as nullable number,
optional roundingMode as nullable number)
as nullable number
```

第 1 个参数是原数值。

第 2 个参数是可选参数，用于指定保留的小数的位数。

第 3 个参数是可选参数，用于指定舍入的方式。

Number.Round()与 Excel 中的 ROUND()的舍入方式不完全相同。

当第 3 个参数省略时，舍入方法是四舍六入五成双，也称为"银行家舍入法"。舍入规则如下：

（1）当舍入的值≤4 时，舍去该值。

（2）当舍入的值≥6 时，进上一位。

（3）当舍入的值＝5 时，分为 3 种情况。

当 5 后是有效数字时，舍 5 入 1。当 5 后是无效数字时，如果 5 前为奇数，则舍 5 入 1；如果 5 前为偶数，则舍 5 不入，即保证末尾是偶数。示例代码如下：

```
= Number.Round(1.234,2)       //1.23
= Number.Round(1.236,2)       //1.24
= Number.Round(1.235,2)       //1.24
= Number.Round(1.2350,2)      //1.24 注意 5 后是无效数字
= Number.Round(1.225,2)       //1.22
= Number.Round(1.2250,2)      //1.22
= Number.Round(1.2251,2)      //1.23 注意 5 后是有效数字
```

通过第 3 个参数修改四舍六入的默认值，见表 11-9。

表 11-9　舍入方式

参　数	常量化参数	说　明
RoundingMode. Up	0	当遇到 5 时,向上舍入
RoundingMode. Down	1	当遇到 5 时,向下舍入
RoundingMode. AwayFromZero	2	当遇到 5 时,向远离零的方向舍入
RoundingMode. TowardZero	3	当遇到 5 时,向靠近零的方向舍入
RoundingMode. ToEven	4	当遇到 5 时,舍入到最接近的偶数

保留两位小数,舍入举例的结果如图 11-28 所示。

数值	Excel	无	0	1	2	3	4
1.234	1.23	1.23	1.23	1.23	1.23	1.23	1.23
1.235	1.24	1.24	1.24	1.23	1.24	1.23	1.24
1.225	1.23	1.22	1.23	1.22	1.23	1.22	1.22
1.236	1.24	1.24	1.24	1.24	1.24	1.24	1.24
−1.234	−1.23	−1.23	−1.23	−1.23	−1.23	−1.23	−1.23
−1.235	−1.24	−1.24	−1.23	−1.24	−1.24	−1.23	−1.24
−1.225	−1.23	−1.22	−1.22	−1.23	−1.23	−1.22	−1.22
−1.236	−1.24	−1.24	−1.24	−1.24	−1.24	−1.24	−1.24

图 11-28　舍入结果的对比

第 1 列是原数值,第 2 列是 Excel 中的函数,代码如下:

```
= ROUND(数值,2)
```

第 3～8 列的标题分别代表 Number. Round()的第 3 个参数的值,代码如下:

```
= Number.Round(数值,2)
= Number.Round(数值,2,0)
= Number.Round(数值,2,1)
= Number.Round(数值,2,2)
= Number.Round(数值,2,3)
= Number.Round(数值,2,4)
```

与 Number. Round()同类的函数有 Number. RoundUp()、Number. RoundDown()、Number. RoundTowardZero()、Number. RoundAwayFromZero()。

11.16　List. Numbers()

List. Numbers()的作用是返回数差序列,参数如下:

```
List.Numbers (
start as number,
count as number,
optional increment as nullable number)
as list
```

第 1 个参数是起始数字。

第 2 个参数是数字的个数。

第 3 个参数是可选参数,表示数差,默认值为 1。

示例代码如下：

```
= List.Numbers(1,10)            //{1..10}
= List.Numbers(1,3,2)           //{1,3,5} 从 1 开始生成 3 个数,数差为 2
```

11.17 List.Dates()

List.Dates()的作用是返回日期序列,参数如下：

```
List.Dates(
start as date,
count as number,
step as duration)
as list
```

示例代码如下：

```
= List.Dates(#date(2013,5,11), 5, #duration(1,1,0,0))
```

第 1 个参数的类型是 date,用于指定起始日期。

第 2 个参数的类型是数字,用于指定日期的个数。

第 3 个参数的类型是 duration,用于指定增量。

结果如图 11-29 所示。

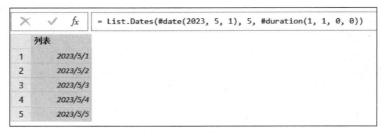

图 11-29 创建日期序列

11.18 动态日期模板案例

【例 11-2】 每月填写 Excel 模板文件,日期列填写上个月的第一天和最后一天,格式举例：01.12.2023 和 31.12.2023,实现动态的日期列,如图 11-30 所示。

姓名	补贴	开始日期	结束日期
甲	10		
乙	20		
丙	30		
丁	40		

图 11-30 模板

将数据源导入 PQ 中,添加"开始日期"列,结果如图 11-31 所示。

实现思路：提取当前的日期、获得上个月的日期、获取上个月的第一天、转换成文本格式。最终代码如下：

图 11-31　增加开始日期列

```
//ch11.18 – 01
 = Table.AddColumn(源, "开始日期", each
[
a = DateTime.LocalNow(),              //提取当前日期时间
b = Date.From(a),                     //转换成日期
c = Date.AddMonths(b, –1),            //获得上个月
d = Date.StartOfMonth(c),             //获得上个月的第一天
e = Date.ToText(d,"dd.MM.yyyy")       //转换成文本
][e])
```

　　增加"结束日期"列同理,获取月最后一天的函数是 Date.EndOfMonth()。

　　在上述代码中,字段 a 返回的类型是 datetime,字段 b 将 a 的结果转换成 date 类型,不做 datetime 到 date 的转换是否会影响后续的字段计算?其实,Date.AddMonths()和 Date.StartOfMonth()虽然是 Date 类函数,第 1 个参数可以是 datetime 等其他类型,但是 Date.ToText()的第 1 个参数只能是 date 类型。如果字段 e 使用 DateTime.ToText(),则不用作字段 b 的设计了。

11.19　DateTime.ToText()

　　参数如下:

```
DateTime.ToText(
dateTime as nullable datetime,
optional format as nullable text,
optional culture as nullable text)
as nullable text
```

　　使用方法与 Date.ToText()相同,示例代码如下:

```
= DateTime.ToText(#datetime(2023, 05, 01, 10, 11, 12),
"yyyy年MM月dd日HH点mm分ss秒")
//2023年05月01日10点11分12s
```

H代表24h制的小时,h代表12h制的小时,m代表分,s代表秒,f代表毫秒,毫秒最多支持7位小数。更多的第2个参数的用法参见15.9节。

同类函数还有Time.ToText()、DateTimeZone.ToText()、Duration.ToText()。

11.20 计算年龄和工龄案例

【例11-3】 根据生日和入职日期计算年龄和工龄,数据源如图11-32所示。

姓名	生日	入职日期
甲	1980/7/15	2021/7/15
乙	1980/7/16	2021/7/16
丙	1980/7/17	2021/7/17

图11-32　数据源

数据源导入PQ中,将生日列修改为日期类型,选中生日列,在PQ功能区单击"添加列"→"日期"→"年限",得出生日与当前日期的天数差(添加的列名为"年龄"),类型是duration。再选中年龄列,单击"转换"→"持续时间"→"总年数"。今天是2023年7月16日,结果如图11-33所示。

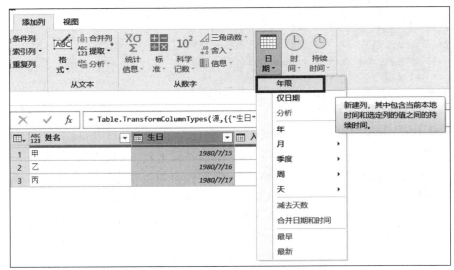

(a) 计算年限

```
= Table.AddColumn(更改的类型, "年龄", each Date.From(DateTime.LocalNow()) - [生日])
```

生日	入职日期	年龄
1980/7/15	2021/7/15	15706.00:00:00
1980/7/16	2021/7/16	15705.00:00:00
1980/7/17	2021/7/17	15704.00:00:00

(b) 得出天数差

图11-33　计算年龄

(c) 计算总年数

```
= Table.TransformColumns(插入的年限,{{"年龄", each Duration.TotalDays(_) / 365, type number}})
```

生日	入职日期	1.2 年龄
1980/7/15	2021/7/15	43.03013699
1980/7/16	2021/7/16	43.02739726
1980/7/17	2021/7/17	43.02465753

(d) 得出年龄

图 11-33 （续）

PQ 自动补全的代码如下：

```
let
    源 = Excel.CurrentWorkbook(){[Name = "表1"]}[Content],
    更改的类型 = Table.TransformColumnTypes(源,
        {{"生日", type date}, {"入职日期", type date}}),
    插入的年限 = Table.AddColumn(更改的类型,"年龄",
        each Date.From(DateTime.LocalNow()) - [生日]),
    计算的总年数 = Table.TransformColumns(插入的年限,
        {{"年龄", each Duration.TotalDays(_) / 365, type number}})
in
    计算的总年数
```

计算总年数的步骤用的公式是天数/365，一年有 365 天或 366 天，所以得出的年龄稍有误差。

计算工龄的步骤同理。

11.21 计算工作时长案例

【例 11-4】 计算上下班的时长，打卡记录数据源如图 11-34 所示。

将数据源导入 PQ 中后将刷卡上班和刷卡下班列修改为日期时间类型。求两列的时间差的方法是先选中刷卡下班列，按住 Ctrl 键，再选中刷卡上班列（先选中的列作为被减数），在 PQ 功能区单击"添加列"→"时间"→"减"（添加的列名为"减法"），得出两列的时间差，类型是 duration。选中减法列，单击"转换"→"持续时间"→"总小时数"，结果如图 11-35 所示。

姓名	打卡日期	刷卡上班	刷卡下班
甲	2023/6/1	2023/6/1 8:10:00	2023/6/1 11:53:00
甲	2023/6/5	2023/6/5 8:20:00	2023/6/5 16:51:00
甲	2023/6/6	2023/6/6 8:15:00	2023/6/6 16:54:00
甲	2023/6/7	2023/6/7 8:15:00	2023/6/7 16:46:00
甲	2023/6/8	2023/6/8 8:23:00	2023/6/8 16:52:00

图 11-34　数据源打卡数据

```
= Table.AddColumn(更改的类型, "减法", each [刷卡下班] - [刷卡上班], type duration)
```

	姓名	打卡日期	刷卡上班	刷卡下班	减法
1	甲	2023/6/1	2023/6/1 8:10:00	2023/6/1 11:53:00	0.03:43:00
2	甲	2023/6/5	2023/6/5 8:20:00	2023/6/5 16:51:00	0.08:31:00
3	甲	2023/6/6	2023/6/6 8:15:00	2023/6/6 16:54:00	0.08:39:00
4	甲	2023/6/7	2023/6/7 8:15:00	2023/6/7 16:46:00	0.08:31:00
5	甲	2023/6/8	2023/6/8 8:23:00	2023/6/8 16:52:00	0.08:29:00

(a) 计算时间差

```
= Table.TransformColumns(插入的时间相减,{{"减法", Duration.TotalHours, type number}})
```

	姓名	打卡日期	刷卡上班	刷卡下班	减法
1	甲	2023/6/1	2023/6/1 8:10:00	2023/6/1 11:53:00	3.716666667
2	甲	2023/6/5	2023/6/5 8:20:00	2023/6/5 16:51:00	8.516666667
3	甲	2023/6/6	2023/6/6 8:15:00	2023/6/6 16:54:00	8.65
4	甲	2023/6/7	2023/6/7 8:15:00	2023/6/7 16:46:00	8.516666667
5	甲	2023/6/8	2023/6/8 8:23:00	2023/6/8 16:52:00	8.483333333

(b) 转换为小时数

图 11-35　计算工时的结果

PQ 自动补全的代码如下：

```
let
    源 = Excel.CurrentWorkbook(){[Name = "表 1"]}[Content],
    更改的类型 = Table.TransformColumnTypes(源,
        {{"刷卡下班", type datetime}, {"刷卡上班", type datetime},
        {"打卡日期", type date}}),
    插入的时间相减 = Table.AddColumn(更改的类型, "减法",
        each [刷卡下班] - [刷卡上班], type duration),
    计算的总小时数 = Table.TransformColumns(插入的时间相减,
        {{"减法", Duration.TotalHours, type number}})
in
    计算的总小时数
```

从例 11-3 和例 11-4 可以看出，两个日期/时间相减后是时长，类型是 duration，时长需要进一步转换才可以得到相应的天数、小时数等。

【例 11-5】 数据源如图 11-36 所示。

刷卡上班和刷卡下班列只有时间，没有日期，可能有跨天的时间，但是上班和下班的时间跨度不超过 24h，将数据源导入 PQ 中后将下班和上班时间相减，如图 11-37 所示。

从图 11-37 中可以看出，跨天的时间计算错误，应判断下班时间是否晚于上班时间，将日期和时间连接成日期时间类型再相减，代码如下：

姓名	打卡日期	刷卡上班	刷卡下班
甲	2023-06-01	08:10	11:53
甲	2023-06-05	08:20	16:51
甲	2023-06-06	08:15	16:54
甲	2023-06-07	08:15	00:52
甲	2023-06-08	08:23	00:52

图 11-36 数据源打卡数据

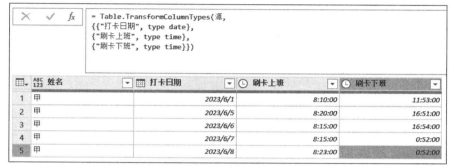

```
= Table.TransformColumnTypes(源,
{{"打卡日期", type date},
{"刷卡上班", type time},
{"刷卡下班", type time}})
```

	姓名	打卡日期	刷卡上班	刷卡下班
1	甲	2023/6/1	8:10:00	11:53:00
2	甲	2023/6/5	8:20:00	16:51:00
3	甲	2023/6/6	8:15:00	16:54:00
4	甲	2023/6/7	8:15:00	0:52:00
5	甲	2023/6/8	8:23:00	0:52:00

(a) 更改数据类型

```
= Table.AddColumn(更改的类型, "减法", each [刷卡下班] - [刷卡上班], type duration)
```

	姓名	打卡日期	刷卡上班	刷卡下班	减法
1	甲	2023/6/1	8:10:00	11:53:00	0.03:43:00
2	甲	2023/6/5	8:20:00	16:51:00	0.08:31:00
3	甲	2023/6/6	8:15:00	16:54:00	0.08:39:00
4	甲	2023/6/7	8:15:00	0:52:00	-07:23:00
5	甲	2023/6/8	8:23:00	0:52:00	-07:31:00

(b) 计算时间差

图 11-37 计算时间差

```
//ch11.21-01
let
    源 = Excel.CurrentWorkbook(){[Name="表1"]}[Content],
    更改的类型 = Table.TransformColumnTypes(源,
        {{"刷卡下班", type time},
        {"刷卡上班", type time},
        {"打卡日期", type date}}),
    相减 = Table.AddColumn(更改的类型, "上班小时数", each
[
    日期 = if [刷卡下班]<[刷卡上班] then Date.AddDays([打卡日期],1)
        else [打卡日期],
    下班 = 日期 & [刷卡下班],
    上班 = [打卡日期] & [刷卡上班],
    时长 = 下班 - 上班,
    小时数 = Duration.TotalHours(时长)]
[小时数])
in
    相减
```

相减步骤的过程如图 11-38 所示。

图 11-38　record 的过程演示

11.22　计算时间戳

时间戳是格林尼治时间 1970 年 01 月 01 日 00 时 00 分 00 秒起至当前时间的总秒数，是获取网络数据经常见到的参数，PQ 中获取时间戳的代码如下：

```
= Duration.TotalSeconds(
    DateTime.LocalNow() - #datetime(1970,1,1,0,0,0))
```

11.23　显示刷新时间案例

【例 11-6】　在 Excel 中显示上次 PQ 刷新的时间，如图 11-39 所示。

PQ 查询，代码如下：

上次刷新时间
2023/7/18 13:17:28

图 11-39　在 Excel Sheet 中显示 PQ
上次刷新的时间

```
= Text.From(DateTime.LocalNow())
```

PQ 中的显示如图 11-40 所示。

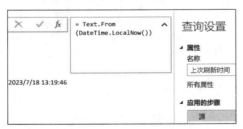

图 11-40　PQ 中的显示

PQ 中是一个文本，导入 Excel 中后成为表格，表格标题是查询的名称，Excel 中的显示如图 11-39 所示。

11.24　日期细节

数据源如图 11-41 所示。

将数据源导入 PQ 中，如图 11-42 所示。

图 11-41 日期数据源

图 11-42 将数据源导入 PQ 中

今天是 2023 年 7 月 18 日，数据源中的 TODAY() 是 2023/7/18。次日，刷新 PQ，发现 today 列的数据仍然是 2023/7/18，只有打开数据源，并且保存数据源，再刷新 PQ，才能更新成 2023/7/19。

TODAY()、NOW()是易失函数，打开 Excel 显示的是实时的日期、时间，关闭 Excel 前，如果不保存该工作簿，则实际上该单元格的数值仍然是上次保存的日期、时间，从而导致 PQ 刷新的数据不正确，因此，最好在 PQ 中使用 DateTime.LocalNow() 显示当前的日期、时间，或计算某列与当前日期时间的差，而不是使用数据源单元格中含有 TODAY() 或 NOW() 的列值。

【例 11-7】 筛选合同到期日不到 30 天的姓名，今天是 2023 年 7 月 31 日，步骤如图 11-43 所示。

(a) 数据源　　　　　　　　　　(b) 计算天数

(c) 筛选

图 11-43 合同到期日提醒

最终的代码如下：

```
//ch11.24 - 01
let
    源 = Excel.CurrentWorkbook(){[Name = "表1"]}[Content],
    天数 = Table.AddColumn(源, "天数", each
```

```
[
今天 = DateTime.LocalNow(),
间隔 = [合同到期日] - 今天,
天数 = Duration.TotalDays(间隔)
][天数]),
    筛选的行 = Table.SelectRows(天数, each [天数] < 30)
in
    筛选的行
```

直接筛选出将要到期的姓名,代码如下:

```
= Table.SelectRows(源, each Date.IsInNextNDays([合同到期日],30))
```

结果如图 11-44 所示。

图 11-44　日期函数的应用

11.25　单元格格式

在 Excel 中,设置的单元格格式只是一种显示方式,从 fx 编辑栏中可以看出原值。当将这种数据导入 PQ 中时显示的是原值,如图 11-45 所示。

(a) Excel数据源　　　　　　　　　　　　(b) 数据源导入PQ

图 11-45　Excel 单元格格式与 PQ 显示

第 12 章

合并案例学函数

在实操中,使用合并操作非常频繁。方法名是 Combine 的函数的参数相似,用法也相似,见表 12-1。

表 12-1　含有 Combine 的函数

函数名	参数 1	参数 2	返回
Text. Combine	texts as list	optional separator as nullable text	as text
Record. Combine	records as list		as record
List. Combine	lists as list		as list
Table. Combine	tables as list	optional columns as any	as table

第 1 个参数都是 list,list 中的元素分别是 texts、records、lists、tables,并且都是复数,函数的作用是把多个相同类型的数据合并。

12.1　Text. Combine()

既然 Text. Split()用分隔符来拆分文本,那么 Text. Combine()就用分隔符来合并文本,当分隔符省略时,文本直接连接。

Text. Combine()重点理解第 1 个参数,texts as list 的含义是将多个 text 放在 list 中。它和 List. Sum()一样,把所有的元素都放在一个 list 中作为第 1 个参数,如果不放在 list 中,则会变成多个参数,实际上 Text. Combine()最多只有两个参数,错误代码如图 12-1 所示。

如果 list 中的元素不是文本,则会出错,如图 12-2 所示。

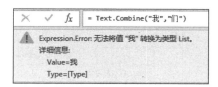

图 12-1　参数个数错误

图 12-2　数据类型错误

示例代码如下：

```
= Text.Combine({"我"})              //我
= Text.Combine({"我","们"})          //我们
= Text.Combine({"我"},"－")          //我
= Text.Combine({"我","们"},"－")      //我－们
= Text.Combine({"我","们"},"－/")     //我－/们
```

通过上述代码可以看出，第 2 个参数的连接符非常灵活，单字符、多字符都可以作为连接符。当只有一个文本时，连接符不起作用。

不管拆分文本还是连接文本都可以用带有 ♯ 的转义字符作为分隔符，如图 12-3 所示。

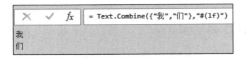

图 12-3　转义字符作为连接符

当将"&"运算符用作文本连接时要注意与 Text.Combine() 的区别，代码如下：

```
= Text.Combine({"我",null})         //我
= "我" & null                       //null
```

null 与任何数值用运算符做运算，其结果均为 null。如果需求是忽略空值，则在不确定是否有空值的情况下用 Text.Combine() 是最佳实践。

12.2　文本连接案例

【例 12-1】　将一列连接成一句话，数据源如图 12-4 所示。

首先，深化 table，如图 12-5 所示。

当前的结果是 list，当需要把一个 list 合并成一个文本时应该用 Text.Combine() 还是 List.Combine()？对于 PQ 初学者来讲容易混淆这两个函数。因为这是一个 list，最直观的思路是用 List.Combine()。List.Combine() 的参数要求是 lists as list，返回的结果是 list，本例的数据类型是 texts as list，返回的结果应是 text，因此用 Text.Combine()，如图 12-6 所示。

图 12-4　文本连接数据源

图 12-5　深化 table

图 12-6　合并后的结果

12.3　Record.Combine()

Record.Combine()只有一个参数,records as list 的含义是将多个 record 放在 list 中,以便合并成一个 record,示例代码如下:

```
= Record.Combine({[a = 1,b = 2],[c = 3,d = 4]})    //[a = 1,b = 2,c = 3,d = 4]
= Record.Combine({[a = 1,b = 2],[b = 3,d = 4]})    //[a = 1,b = 3,d = 4]
```

合并 record 可以用"&",示例代码如下:

```
= [a = 1,b = 2]&[c = 3,d = 4]    //[a = 1,b = 2,c = 3,d = 4]
= [a = 1,b = 2]&[b = 3,d = 4]    //[a = 1,b = 3,d = 4]
```

当各 record 的字段名重复时,由于标题的唯一性,后面 record 的值会替换前面相同字段的值,如图 12-7 所示。

×	✓	fx	= Record.Combine({[a=1,b=2],[b=3,d=4]})
a	1		
b	3		
d	4		

图 12-7　record 合并

12.4　List.Combine()

List.Combine()只有一个参数,lists as list 的含义是将多个小 list 放在一个 list 中,以便合并成一个 list,示例代码如下:

```
= List.Combine({{1,2},{3,4},{5}})    //{1,2,3,4,5}
= List.Combine({{1,2},{3}})          //{1,2,3}
```

12.5　Table.Combine()

Table.Combine()的第 1 个参数是 tables as list,含义是将多个 table 放在一个 list 中,以便合并成一个 table,效果等同的代码如下:

```
= Table.Combine({表 1,表 2,表 3})
= 表 1 & 表 2 & 表 3
```

在 Excel 中有 4 个超级表,表名分别为表 1、表 2、表 3、表 4。这 4 张表的特点是表 1、表 2 有相同的标题"姓名""数学",表 3 的"英语"标题和表 4 的"英 语"标题有空格的区别,如图 12-8 所示。

将超级表导入 PQ 中,代码如下:

图 12-8　数据源 4 张表

```
= Excel.CurrentWorkbook()
```

结果如图 12-9 所示。

图 12-9 导入超级表

Content 列的每行是一张表,只要把 Content 列深化成 list,就能符合 tables as list 的参数条件,代码如下:

```
= Table.Combine(源[Content])
```

观察合并的结果,如图 12-10 所示。

图 12-10 合并多表

有 4 张表,每张表有 3 行,合并后形成了一张 12 行的表,可见该函数是纵向追加合并的。

Table.Combine()与 Table.NestedJoin()的区别是 Table.NestedJoin()用于横向查询,在当前表的右侧扩展查询的表,实现 VLOOKUP()的作用。Table.Combine()用于纵向合并多表。

标题"英语"和"英 语"是不同的文本,合并这 4 张表,所有的标题去重后,总共有 4 个标题,合并后为 4 列。

姓名	英语
甲	10
乙	20
丙	30

英语	姓名
10	甲
20	乙
30	丙

图 12-11 数据源

Table.Combine()在 PQ 功能区的操作是单击"主页"→"追加查询"。

由于 table 标题的唯一性,标题的排序不影响合并结果。把如图 12-11 所示的两张表合并,合并后只有两列标题。

Table.Combine()的第 2 个参数是原表中要合并的列名,是 Excel 2016 版本没有的参数。

record、list、table 可用的运算符有＝、<>、&,示例代码如下:

```
= list = list
= record <> record
= table & table
```

12.6 展示所有标题案例

【例 12-2】 如图 12-12 所示的数据,当前只有数学、语文成绩,之后还要考其他科目,为了综合分析所有科目,要求在合并的表中列出来所有的科目,对于暂时没有的科目成绩显示为空。

所有的科目已知,在 Excel 中做一张科目表,包含所有的科目,如图 12-13 所示。

图 12-12　数据源成绩表　　　　　　图 12-13　数据源科目表

科目表导入 PQ 后是一张表,合并时需要将科目变成标题,因此对科目表转置,以提升标题,结果如图 12-14 所示。

× ✓ fx	= Table.PromoteHeaders(Table.Transpose(科目))

| ▦ ABC 123 数学 | ▾ | ABC 123 语文 | ▾ | ABC 123 英语 | ▾ | ABC 123 政治 | ▾ | ABC 123 体育 | ▾ |

ⓘ 此表为空。

图 12-14　科目表转置以提升标题

将 3 张表合并,代码如下:

```
= Table.Combine({表 1,表 2,科目})
```

根据 Table.Combine()对标题去重的特性,结果如图 12-15 所示。

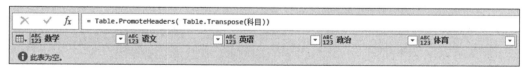

× ✓ fx	= Table.Combine({表1,表2,科目})

▦	ABC 123 姓名	ABC 123 数学	ABC 123 语文	ABC 123 英语	ABC 123 政治	ABC 123 体育
1	甲	10	null	null	null	null
2	乙	20	null	null	null	null
3	丙	30	null	null	null	null
4	丁	null	10	null	null	null
5	戊	null	20	null	null	null
6	己	null	30	null	null	null

图 12-15　合并表

12.7　合并文件保留文件信息

【例 12-3】　有的数据报表在日常填写时会把文件命名为月份,但是并未在数据源中加入相关的信息列,因此,在合并时需要加上文件信息。

当将 PQ 导入文件夹时识别了文件的各种信息,如图 12-16 所示。

图 12-16　导入文件夹

添加一列,识别 Content 列的二进制文件,如图 12-17 所示。

图 12-17　识别工作簿

保留 Name 列和自定义列,删除其他列,结果如图 12-18 所示。

图 12-18　删除其他列

在当前的步骤中,如果要在数据表中增加其他信息(例如 Folder Path),则应将保留的列放在 Table.SelectColumns()的第 2 个参数。

单击自定义列上的 按钮,结果如图 12-19 所示。

图 12-19　扩展自定义列

保留 Name 和 Date 列，删除其他列，结果如图 12-20 所示。

```
= Table.SelectColumns(展开的自定义,{"Data", "Name"})
```

	Data	Name
1	Table	202301.xlsx
2	Table	202302.xlsx
3	Table	202303.xlsx

图 12-20　删除其他列

在当前的步骤下，有多种方法能够把 Name 列的内容加到 Data 列的值 Table 中。第 1 种方法是直接在 Table 中新增列，如果信息有多列，则要在 Table 中增加多个列，比较烦琐。第 2 种思路是直接展开 Data 列，结果如图 12-21 所示。

```
= Table.ExpandTableColumn(删除的其他列1,
"Data",
{"姓名", "成绩"}, {"姓名", "成绩"})
```

	姓名	成绩	Name
1	甲	10	202301.xlsx
2	乙	20	202301.xlsx
3	丙	30	202301.xlsx
4	甲	10	202302.xlsx
5	乙	20	202302.xlsx
6	丙	30	202302.xlsx
7	甲	10	202303.xlsx
8	乙	20	202303.xlsx
9	丙	30	202303.xlsx

图 12-21　展开 Data 列

可见，Table.ExpandTableColumn()也达到了纵向合并表的效果，但是第 3 个参数是硬代码。如果数据源的列增加、减少，则合并的结果将不准确。

此时，Table.ExpandTableColumn()的第 3 个参数本质上是多表合并后的标题。Table.Combine()的特性是合并多表后标题是唯一的。利用这一特性，深化上个步骤（如图 12-20 所示）的 Data 列，最终代码如下：

```
//ch12.7 - 01
let
    源 = Folder.Files(路径),
    已添加自定义 = Table.AddColumn(源, "自定义",
        each Excel.Workbook([Content],true)),
    删除的其他列 = Table.SelectColumns(已添加自定义,{"自定义", "Name"}),
    展开的自定义 = Table.ExpandTableColumn(删除的其他列, "自定义",
        {"Name", "Data", "Item", "Kind", "Hidden"},
```

```
              {"Name.1", "Data", "Item", "Kind", "Hidden"}),
    删除的其他列 1 = Table.SelectColumns(展开的自定义,{"Data", "Name"}),
    展开 = Table.ExpandTableColumn(删除的其他列 1, "Data",
        Table.ColumnNames(Table.Combine(删除的其他列 1[Data])))
in
    展开
```

返回的结果与图 12-21 相同。

Table.Combine() 在本例中的作用是获取合并后的所有标题,如何把 Table.ExpandTableColumn() 的第 3 个参数的硬代码变成动态 list 是思路的来源。

如果表的数据量大,产生了合并效率的问题,则可采用先遍历每张表的标题,然后合并标题后再去重的思路,代码如下:

```
//ch12.7 – 02
展开 = Table.ExpandTableColumn(删除的其他列 1, "Data",
    List.Distinct(
        List.Combine(
            List.Transform(删除的其他列 1[Data], Table.ColumnNames)
)))
```

图 12-22 信息列对照表

上述代码如果表非常多,则可能产生遍历效率的问题,因此,应根据数据量及文件数确定思路。

保留哪些信息列也可以做成动态的。只要在 Excel 中做一个对照表,导入 PQ 中作为变量引用即可,如图 12-22 所示。

12.8 转换文件查询

初学 PQ 的读者,在合并文件时可能会看到在查询区有系统生成的多个查询,如图 12-23 所示。

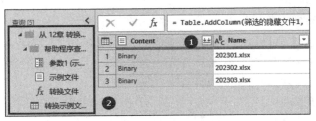

图 12-23 转换示例文件

单击 Content 列的 按钮,PQ 将自动识别 Binary 文件,当对多表进行纵向扩展时返回的结果将出现上述情况。

这种方式不利于理解,并且杂乱。最佳实践是按照 12.7 节解析文件的方法,而不是通过界面操作扩展 Binary。

12.9 总结

合并数据是实操中常见的需求,不论汇总本工作簿中的 Sheet、汇总外部工作簿的 Sheet、汇总文件夹的文件等,其方法都是相同的,根据文件类型导入 PQ 中,一步步地解析文件,直到显示出值 Table,然后用 Table.Combine()合并。

实操中的需求是多种多样的,例如在用 Table.Combine()合并前,有的表中有说明行,应在合并前遍历各表进行清洗,参见 22.10 节;有的表需要加入文件信息,参见 12.7 节;有的表可直接深化列,以合并多表。

设计 M 语言的步骤是找数据规律的过程,在理解三大容器、M 函数原理的基础上,对需求见招拆招,步骤设计没有固定的模式。

第 13 章

从 From 到 To

三大容器之间转换的函数见表 13-1。

表 13-1　转换类函数

序　号	函　数　名	参　　　数
1	Table. ToColumns	(table as table) as list
2	Table. FromColumns	(lists as list, optional columns as any) as table
3	Table. ToRows	(table as table) as list
4	Table. FromRows	(rows as list, optional columns as any) as table
5	Table. ToRecords	(table as table) as list
6	Table. FromRecords	(records as list, optional columns as any) as table
7	Record. FromTable	(table as table) as record
8	Record. ToTable	(record as record) as table
9	Table. ToList	(table as table, optional combiner as nullable function) as list
10	Table. FromList	(list as list, optional splitter as nullable function, optional columns as any, optional default as any, optional extraValues as nullable number) as table
11	Record. ToList	(record as record) as list
12	Record. FromList	(list as list, fields as any) as record
13	Table. FromValue	(value as any, optional options as nullable record) as table
14	Table. Column	(table as table, column as text) as list
15	Record. Field	(record as record, field as text) as any

这类函数较多,只有了解了函数的规律,才能在实际应用中选用适当的函数。

由于在 List 类的函数中方法名不包含 To 或 From(没有 List. ToXxx 或 List. FromXxx 类的函数),因此,记忆这些函数的第 1 种方法是类名主要是 Table,其次是 Record。

表 13-1 中前 8 个函数的记忆方法如下。

table 可以转换成 record(有标题的行)、row(无标题的行)、column(无标题的列),如

图 13-1 所示。

姓名	数学	语文	英语
甲	1	2	3
乙	4	5	6
丙	7	8	9

(a) table转换成record

姓名	数学	语文	英语
甲	1	2	3
乙	4	5	6
丙	7	8	9

(b) table转换成row

姓名	数学	语文	英语
甲	1	2	3
乙	4	5	6
丙	7	8	9

(c) table转换成column

图 13-1　table 的转换

如果要转换的数据需要用到标题,则用含有 Record 的函数;如果不需要用到标题,则用含有 Row 或 Column 的函数。

table 和 record 是含有标题的,如果要将原数据结构转换成 table 和 record,则在参数中需要指定标题,如果省略标题参数,则可使用 PQ 默认的标题 Column1、Column2 等,以此类推。

13.1　Table.ToColumns()

Table.ToColumns()的作用是将 table 转换成多列,参数如下:

```
Table.ToColumns(table as table) as list
```

参数简单,只有一个要转换的表。Column 是不含标题的列,将 table 转换成多列,每列转换成一个小 list,几个小 list 再组成一个 list,结果是 lists as list 的结构。

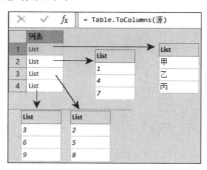

对如图 13-1 所示的数据进行转换,数据源有 4 列 3 行,需要转换成 4 个小 list,每个小 list 中有 3 个元素,结果如图 13-2 所示。

图 13-2　lists as list 结构

13.2　Table.FromColumns()

Table.FromColumns()的作用是将 lists as list 的结构转换成 table,是 Table.ToColumns()的逆向操作,参数如下:

```
Table.FromColumns (
lists as list,
optional columns as any)
as table
```

第 1 个参数是 lists as list 的结构,这种结构一般是由其他函数转换后生成的,例如用 Table.ToColumns()将 table 转换成 lists as list,再用 Table.FromColumns()转换回 table。

Table.FromColumns()将第 1 个参数 list 中的每个小 list 转换成 table 的每列,示例代码如下:

```
= Table.FromColumns({{1,2,3},{4,5}})
```

缺省值用 null 补充,如图 13-3 所示。

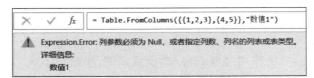

图 13-3 缺省值的处理

第 2 个参数是可选参数。因为这个函数要转换成 table,table 有标题,所以应使用第 2 个参数来构造标题。任意填写第 2 个参数,可以看出,第 2 个参数可以为 null、列数、列名的列表和表类型,如图 13-4 所示。

```
= Table.FromColumns({{1,2,3},{4,5}},"数值1")
```
⚠ Expression.Error: 列参数必须为 Null, 或者指定列数、列名的列表或表类型。
详细信息:
  数值1

图 13-4 第 2 个参数的错误提示

当第 2 个参数为 null 时,相当于省略第 2 个参数。

当第 2 个参数为 list 时,指定的标题数量必须和第 1 个参数中小 list 的个数相同,如图 13-5 所示。

```
= Table.FromColumns({{1,2,3},{4,5}},{"值1","值2"})
```
ABC 123 值1	ABC 123 值2
1	4
2	5
3	null

图 13-5 第 2 个参数的列数要求

当第 2 个参数为数字时,数值必须与第 1 个参数中小 list 的个数相同,如图 13-6 所示。

```
= Table.FromColumns({{1,2,3},{4,5}},1)
```
⚠ Expression.Error: "columns"的计数(2)与"columnNames"的计数(1)不匹配。
详细信息:
  1

(a) 第2个参数的错误提示

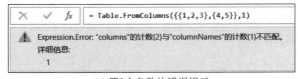

(b) 第2个参数的计数要求

图 13-6 第 2 个参数的要求

当第 2 个参数为表类型时，用法如图 13-7 所示。

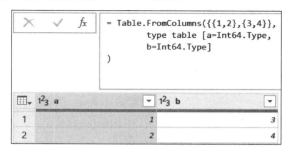

图 13-7　第 2 个参数为表类型

13.3　Table.ToRows()

Table.ToRows() 的作用是将 table 转换成多行，参数如下：

```
Table.ToRows(table as table) as list
```

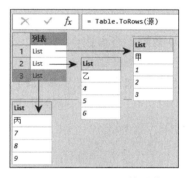

参数非常简单，只有一个要转换的表。Row 是不含标题的行，将 table 转换成多行，每行转换成一个小 list，几个小 list 再组成一个 list，结果是 lists as list 的结构。

对如图 13-1 所示的数据进行转换，数据源有 3 行 4 列，需要转换成 3 个小 list，每个小 list 中有 4 个元素，结果如图 13-8 所示。

13.4　Table.FromRows()

图 13-8　lists as list 的结构

Table.FromRows() 的作用是将 lists as list 的结构转换成 table，是 Table.ToRows() 的逆向操作，参数如下：

```
Table.FromRows (
lists as list,
optional columns as any)
as table
```

Table.FromRows() 用于将第 1 个参数 list 中的每个小 list 转换成 table 的每行，示例代码如下：

```
= Table.FromRows({{1,2,3},{4,5,6}})
```

结果如图 13-9 所示。

Table.FromRows() 和 Table.FromColumns() 的参数和用法相似，需要注意的是，当行值缺省时，Table.FromRows() 将报错，如图 13-10 所示。

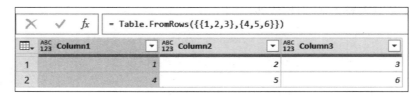

图 13-9　表到行的转换

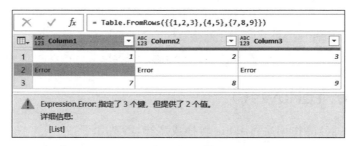

图 13-10　行值缺省时的错误提示

在第 1 个参数中,第 1 个小 list 提供了 3 个值,第 2 个小 list 只提供了两个值,不对等的值个数将造成语法错误。Table.FromRows()的容错能力次于 Table.FromColumns(),从这个角度来讲,使用 Table.FromRows()有局限性。

Table.FromRows()和 Table.FromColumns()的第 2 个参数的用法相同,示例代码如下:

```
= Table.FromRows({{"甲",10},{"乙",20}},{"姓名","成绩"})
```

通过 #table 创建 table 和 Table.FromRows()构造 table,格式是相通的,示例代码如下:

```
= #table({"姓名","成绩"},{{"甲",10},{"乙",20}})
```

对于一个 table,在不考虑标题的情况下,Row 和 Column 是相对的,可以互相转换,方法是用 Table.Transpose()进行转置。

在 Excel 中,转置的方法是复制数据,右击,在弹出的对话框中选择"粘贴选项"→"转置",如图 13-11 所示。

图 13-11　Excel 中的转置

在 Excel 365 版本中,转置的 Excel 函数是 TRANSPOSE(),在 PQ 中,转置的 M 函数是 Table.Transpose()。

13.5 Table.Transpose()

Table.Transpose()的作用是将表转置,参数如下:

```
Table.Transpose(
table as table,
optional columns as any)
as table
```

第 1 个参数是要转置的表。

第 2 个参数是可选参数,用来设定转置后每列的标题、数据类型,可以是 null、数字、列名的列表或表类型。

导入数据源如图 13-12 所示。

	ABC 123 姓名	ABC 123 成绩
1	甲	10
2	乙	20
3	丙	30
4	丁	40
5	戊	50

图 13-12 数据源

Table.Transpose()在 PQ 功能区的操作是单击"转换"→"转置",代码如下:

```
= Table.Transpose(源)
```

转置是将每行依次旋转,使行成为列。或者,将每列依次旋转,使列成为行。

Table.Transpose()只能转置每行的数据,不能转置标题,因此转置后原标题(姓名、成绩)会丢失,结果如图 13-13 所示。

```
= Table.Transpose(源)
```

	ABC 123 Column1	ABC 123 Column2	ABC 123 Column3	ABC 123 Column4	ABC 123 Column5
1	甲	乙	丙	丁	戊
2	10	20	30	40	50

图 13-13 转置后标题丢失

如果转置后的结果是保留原标题,则先降级标题,再转置。

第 2 个参数可指定转置后的列名,示例代码如下:

```
= Table.Transpose(源, {"1".."5"})
```

结果如图 13-14 所示。

第 2 个参数可指定转置后列的数据类型,示例代码如下:

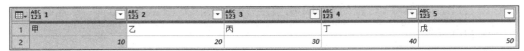

(a) 转置后的标题

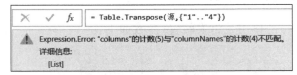

(b) 标题个数必须与列数相等

图 13-14　设定转置后的标题

```
= Table.Transpose(源, type table
[a = Int64.Type,
b = Int64.Type,
c = Int64.Type,
d = Int64.Type,
e = Int64.Type])
```

结果如图 13-15 所示。

	1²₃ a	1²₃ b	1²₃ c	1²₃ d	1²₃ e
1	甲	乙	丙	丁	戊
2	10	20	30	40	50

fx = Table.Transpose(源,type table [a=Int64.Type,b=Int64.Type,c=Int64.Type,d=Int64.Type,e=Int64.Type])

图 13-15　设定转置后的标题及数据类型

当第 2 个参数是数字时,必须是列的总数,代码如下:

```
= Table.Transpose(源,5)
```

本例中,由于转置后有 5 列,所以第 2 个参数是 5,如果写不等于 5 的数,则会报错。

可见,Table.Transpose()、Table.FromColumns()、Table.FromRows()的第 2 个参数的用法相同。

13.6　多维转一维案例

【例 13-1】　有一张记录表,信息是横向记录的,每两列是一个组。该记录方式无法进行灵活的数据分析,需将该表转换为一个两列的一维表,数据源如图 13-16 所示。

机构	金额	机构	金额	机构	金额
甲	1	丁	4	庚	7
乙	2	戊	5	辛	8
丙	3	己	6	壬	9

图 13-16　数据源

M 函数中,Table.Split()可将 table 按照平均的行数拆分,但没有函数可直接按照平均的列数进行拆分,可用 Table.ToColumns()或 Table.Transpose()辅助完成。

1.转列法

第1步,勾选"表包含标题",将数据源导入 PQ 中,如图 13-17 所示。

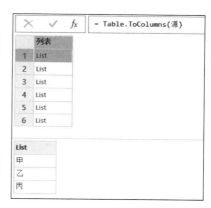

图 13-17　数据源导入 PQ 中

第2步,将每列转换成 list,代码如下:

```
分成列表 = Table.ToColumns(源)
```

第1个小 list 是原表的第1列,第2个小 list 是原表的第2列,以此类推,如图 13-18 所示。

第3步,数据源中每两列是一个组(姓名、金额),因此将每两个小 list 分成一组,代码如下:

```
分割 = List.Split(分成列表,2)
```

结果如图 13-19 所示。

第4步,每个小 list 中有两个更小的 list,从而构成了 lists as list 的结构,每个小 list 用 Table.FromColumns()转换回 table,代码如下:

图 13-18　表转列

```
转回 = List.Transform(分割,each
       Table.FromColumns(_,{"姓名","金额"}))
```

遍历每个小 list,把每个小 list 中的 lists 转换成 table,结果如图 13-20 所示。

图 13-19　二次拆分的结果

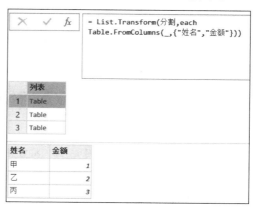

图 13-20　遍历后的结果

这一步用到了 Table. FromColumns()的第 2 个参数，用于指定标题。如果不指定标题，则可在最后一步增加一个重命名的步骤。

第 5 步，当前 list 中每个 table 都是一维表，将表合并。

最终代码如下：

```
//ch13.6 - 01
let
    源 = Excel.CurrentWorkbook(){[Name = "表 1"]}[Content],
    分成列表 = Table.ToColumns(源),
    分割 = List.Split(分成列表,2),
    转回 = List.Transform(分割,each
        Table.FromColumns(_,{"姓名","金额"})),
    结果 = Table.Combine(转回)
in
    结果
```

结果如图 13-21 所示。

= Table.Combine(转回)

	姓名	金额
1	甲	1
2	乙	2
3	丙	3
4	丁	4
5	戊	5
6	己	6
7	庚	7
8	辛	8
9	壬	9

图 13-21　将不规范的表转换成一维表的结果

本例练习了 Table. ToColumns()和 Table. FromColumns()，转换过程中还要对 list 再切分，略复杂。

2. 转置法

第 1 步，不勾选“表包含标题”，将数据源导入 PQ 中，如图 13-22 所示。

= Excel.CurrentWorkbook(){[Name="表1"]}[Content]

	列1	列2	列3	列4	列5	列6
1	机构	金额	机构	金额	机构	金额
2	甲	1	丁	4	庚	7
3	乙	2	戊	5	辛	8
4	丙	3	己	6	壬	9

图 13-22　将数据源导入 PQ 中

Table. Split()只能将表按照行来切分，将表转置后，可按照原列来切分。

第 2 步，转置，代码如下：

```
转置 = Table.Transpose(源)
```

结果如图 13-23 所示。

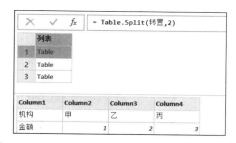

图 13-23 转置后的结果

第 3 步,按照行来切分表,代码如下:

```
分行 = Table.Split(转置,2)
```

结果如图 13-24 所示。

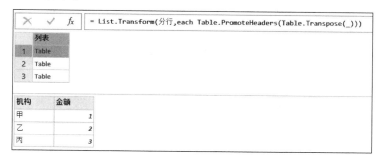

图 13-24 切分后的结果

第 4 步,转置回来,提升标题,代码如下:

```
转回 = List.Transform(分行,each
        Table.PromoteHeaders(Table.Transpose(_)))
```

结果如图 13-25 所示。

图 13-25 转置后的结果

第 5 步,合并所有的表,代码如下:

```
结果 = Table.Combine(转回)
```

最终代码如下：

```
//ch13.6 - 02
let
    源 = Excel.CurrentWorkbook(){[Name = "表1"]}[Content],
    转置 = Table.Transpose(源),
    分行 = Table.Split(转置,2),
    转回 = List.Transform(分行,each
            Table.PromoteHeaders(Table.Transpose(_))),
    结果 = Table.Combine(转回)
in
    结果
```

拆解 table 的方法非常多，可拆解成 Columns、Rows、Records，也可以转置后再拆分，根据 table 的结构不同，具体的方法可以非常灵活。

13.7 一列转多列案例

【例 13-2】 PQ 的官方网站提供了 PDF 格式的帮助文档供用户下载，部分内容如图 13-26 所示。

运算符	左操作数	右操作数	含义
x + y	datetime	duration	持续时间的日期时间偏移
x + y	duration	datetime	持续时间的日期时间偏移
x - y	datetime	duration	求反持续时间的日期时间偏移
x - y	datetime	datetime	日期时间之间的持续时间

图 13-26 官方帮助文档的部分内容

将 PDF 中的表格复制到 Excel 中，格式被打乱，如图 13-27 所示。

运算符		
左操作数		
右操作数		
含义		
x	+	y
datetime		
duration		
持续时间的日期时间偏移		
x	+	y
duration		
datetime		
持续时间的日期时间偏移		
x	-	y
datetime		
duration		
求反持续时间的日期时间偏移		
x	-	y
datetime		
datetime		
日期时间之间的持续时间		

图 13-27 Excel 中的数据

数据的特点是每4行为一组,清洗的思路是切分、转置、合并。

第1步,数据的第1行是内容,勾选"表不包含标题",将数据导入PQ中。

第2步,添加一列,将前三列的内容合并,如图13-28所示。

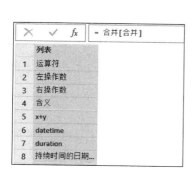

图13-28 合并前三列

第3步,深化合并列,如图13-29所示。

第4步,按元素个数拆分list,形成lists as list的结构,如图13-30所示。

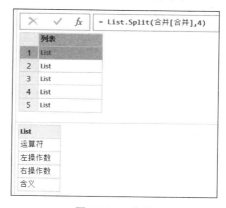

图13-29 深化合并列

图13-30 分行

第5步,将lists as list的结构转换成表,如图13-31所示。

图13-31 转回表

第6步,提升标题。

最终代码如下：

```
//ch13.7 - 01
let
    源 = Excel.CurrentWorkbook(){[Name = "表1"]}[Content],
    合并 = Table.AddColumn(源, "合并", each
            Text.Combine(Record.ToList(_))),
    分行 = List.Split(合并[合并],4),
    转回 = Table.FromRows(分行),
    提升的标题 = Table.PromoteHeaders(转回)
in
    提升的标题
```

本例也可以用 Table.Split() 来切分，因为切分后是 tables as list 的结构，而不是 lists as list 的结构，因此，不能直接用 From、To 类函数，但可将每个表转置后合并，代码如下：

```
//ch13.7 - 02
let
    源 = Excel.CurrentWorkbook(){[Name = "表1"]}[Content],
    合并 = Table.AddColumn(源, "合并", each
            Text.Combine(Record.ToList(_))),
    删除的其他列 = Table.SelectColumns(合并,{"合并"}),       //不深化,保留表
    分行 = Table.Split( 删除的其他列,4),
    转置 = List.Transform(分行,Table.Transpose),
    转回 = Table.Combine(转置),
    提升的标题 = Table.PromoteHeaders(转回)
in
    提升的标题
```

13.8 纵向求和案例

【例 13-3】 将如图 13-1 所示的数据增加一行并求出各科目的总和，结果如图 13-32 所示。

姓名	数学	语文	英语
甲	1	2	3
乙	4	5	6
丙	7	8	9
总计	12	15	18

图 13-32 增加总计行

将数据源导入 PQ 中，如图 13-33 所示。

	姓名	数学	语文	英语
	`= Excel.CurrentWorkbook(){[Name="表1"]}[Content]`			
1	甲	1	2	3
2	乙	4	5	6
3	丙	7	8	9

图 13-33 将数据源导入 PQ

1. 转列法

最直观的思路是将 table 转换成多列, 每列求和后再转换回 table。

第 1 步, 用 Table.ToColumns() 将 table 转换成多列, 如图 13-2 所示。

第 2 步, 对 lists as list 结构中的每个小 list 求和, 结果如图 13-34 所示。

| | fx | = List.Transform(转成列,each List.Sum(_)) |

	列表
1	Error
2	12
3	15
4	18

图 13-34　遍历求和的结果

由于第 1 列是文本, 所以求和的结果为 Error, 同时, 第 1 列应显示为"总计", 因此, 加上容错语句, 代码如下:

```
= List.Transform(转换成列,each
try List.Sum(_) otherwise "总计")
```

再把数据列与总计值连接, 修改后的代码如下:

```
= List.Transform(转换成列,each
_ & {try List.Sum(_) otherwise "总计"})
```

结果如图 13-35 所示。

在上述代码中"_"代表 list, 如何将总计值放在 list 中? 方法是将总计值构造成 list, 连接两个 list, 例如 {1,4,7}&{12}→{1,4,7,12}。

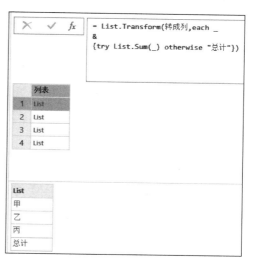

图 13-35　数据源连接总计行

第 3 步, 将 lists as list 的结构转回 table, 使用 Table.FromColumns() 的第 2 个参数设置标题, 结果如图 13-36 所示。

| | fx | = Table.FromColumns(总计,Table.ColumnNames(源)) |

	ABC 123 姓名	ABC 123 数学	ABC 123 语文	ABC 123 英语
1	甲	1	2	3
2	乙	4	5	6
3	丙	7	8	9
4	总计	12	15	18

图 13-36　添加总计行的结果

最终代码如下:

```
//ch13.8 - 01
let
```

```
    源 = Excel.CurrentWorkbook(){[Name = "表1"]}[Content],
    转换成列 = Table.ToColumns(源),
    总计 = List.Transform(转换成列,each _
            &
            {try List.Sum(_) otherwise "总计"}),
    结果 = Table.FromColumns( 总计,Table.ColumnNames(源))
in
    结果
```

2. 转置法

PQ 可以直接进行横向求和,非常方便,联想到的思路是先转置表,然后求和,再转置回来。

第 1 步,降标题、转置,如图 13-37 所示。

图 13-37 转置后的结果

第 2 步,添加一列并求和,如图 13-38 所示。

图 13-38 横向求和的结果

第 3 步,先转置回来,再提升标题,如图 13-39 所示。

图 13-39 纵向求和的结果

最终代码如下:

```
//ch13.8 - 02
let
    源 = Excel.CurrentWorkbook(){[Name = "表1"]}[Content],
```

```
        降级的标题 = Table.Transpose(Table.DemoteHeaders(源)),
        合计 = Table.AddColumn(降级的标题, "求和", each try
                List.Sum(List.Skip(Record.ToList(_)))
                otherwise "总计"),
        转置表 = Table.PromoteHeaders(Table.Transpose(合计))
    in
        转置表
```

13.9　Table.ToRecords()

Table.ToRecords()的作用是将 table 转换成多个 record，参数如下：

```
Table.ToRecords(table as table) as list
```

参数非常简单，只有一个要转换的表。record 是含标题的行，结果是 lists as list 的结构。对如图 13-1 所示的数据源进行转换，结果如图 13-40 所示。

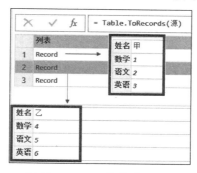

图 13-40　table 转换成 record

13.10　Table.FromRecords()

Table.FromRecords()的作用是将 records as list 的结构转换成 table，参数如下：

```
Table.FromRecords(
records as list,
optional columns as any,
optional missingField as nullable MissingField.Type)
as table
```

第 1 个参数是 records as list 的形式，如图 13-41 所示。

	= Table.FromRecords({[a=1,b=2],[a=3,b=4]})	
ABC 123 **a**	ABC 123 **b**	
1	1	2
2	3	4

图 13-41　将多个 record 转换成 table

第 2 个参数是可选参数,可以是 null、列名的列表、列数、表类型。

如果每个 record 的字段名、字段个数不对等,则会出错,如图 13-42 所示。

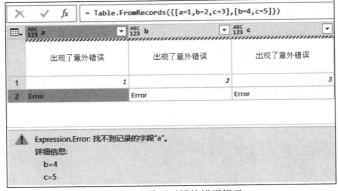

(a) 字段个数不对等的错误提示

(b) 字段名不对等的错误提示

图 13-42 record 的字段名和个数要求

第 3 个参数是容错参数,有两个值可用,即 MissingField. Error 和 MissingField. UseNull,参数常量化后是 0 和 2,如图 13-43 所示。

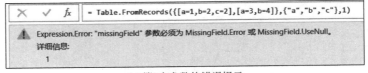

(a) 第3个参数的错误提示

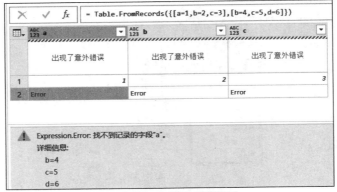

(b) 第3个参数的常量化

图 13-43 第 3 个参数的用法

13.11　Record.FromTable()

Record.FromTable()的作用是将table转换成一个record，参数如下：

```
Record.FromTable(table as table) as record
```

参数非常简单，只有一个要转换的表，但是对数据结构有要求。table中必须含有Name字段和Value字段，数据源如图13-44所示。

ABC 123 姓名	ABC 123 值	ABC 123 Name	ABC Value
1　甲		1　A	4
2　乙		2　B	5
3　丙		3　C	6

图13-44　数据源

Record.FromTable()仅将Name字段和Value字段转换成record，结果如图13-45所示。

如果table中缺少Name字段或Value字段，则会提示错误，如图13-46所示。

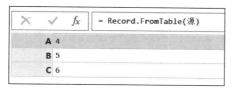

图13-45　table转换成record

图13-46　缺少字段的错误提示

record的字段名具有唯一性。如果table的Name字段有重复值，则当转换成record时会提示错误，如图13-47所示。

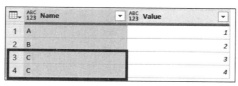

(a) 数据源

(b) table转换成record的错误提示

图13-47　字段名重复

13.12 Record.ToTable()

Record.ToTable()的作用是将一个 record 转换成 table，参数如下：

```
Record.ToTable(record as record) as table
```

Record.ToTable()是 Record.FromTable()的逆向操作，示例代码如下：

```
= Record.ToTable([a = 1, b = 2, c = 3])
```

结果如图 13-48 所示。

查询所有的 M 函数，返回的是一个 record，如图 13-49 所示。

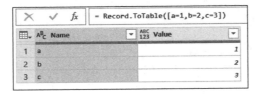

图 13-48　record 转换成 table

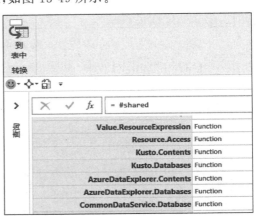

图 13-49　♯shared 的结果是 record

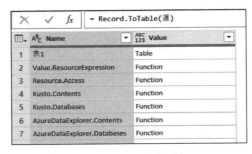

图 13-50　record 转换成 table

单击"到表中"，PQ 会自动补全代码，将一个 record 转换成 table，用的函数是 Record.ToTable()，如图 13-50 所示。

Record.ToTable()和 Table.FromRecords()不是互反操作，从函数名来理解，一个是单数的 Record，另一个是复数的 Record。Record.ToTable()是将一个 record 的字段名和值分别转换为 table 的两列，这两列的标题是系统默认的名字 Name 和 Value。

13.13　求最低报价案例

【例 13-4】　标题是供应商名称，求每个产品最低报价及其对应的供应商。假设每个产品的报价金额不重复，数据源如图 13-51 所示。

产品/供应商	甲	乙	丙
苹果	1	2	3
橘子	6	4	5
香蕉	8	9	7

图 13-51　数据源

在 Excel 中，可以用 MIN()＋MATCH()＋INDEX() 的思路来解决此问题。在 PQ 中有多种思路，本节用 Record.ToTable() 的思路来解决。

将数据导入 PQ 中，添加一列，将当前行转换成 record 形式，如图 13-52 所示。

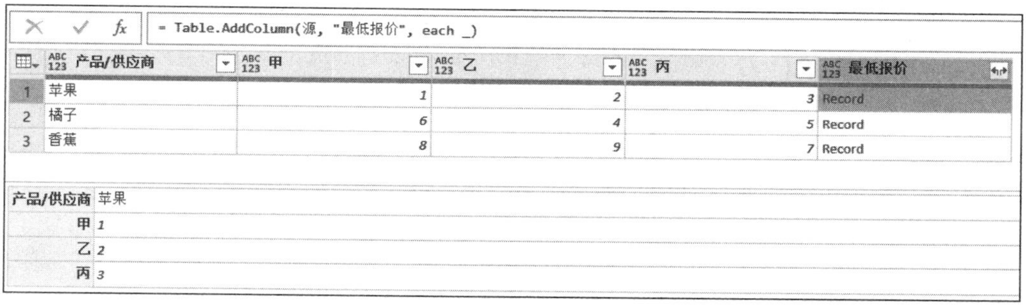

图 13-52　当前行的 record 形式

由于 record 无法求最小值，所以应转换为 table 或 list，由于本例中涉及标题，所以转换为 table，如图 13-53 所示。

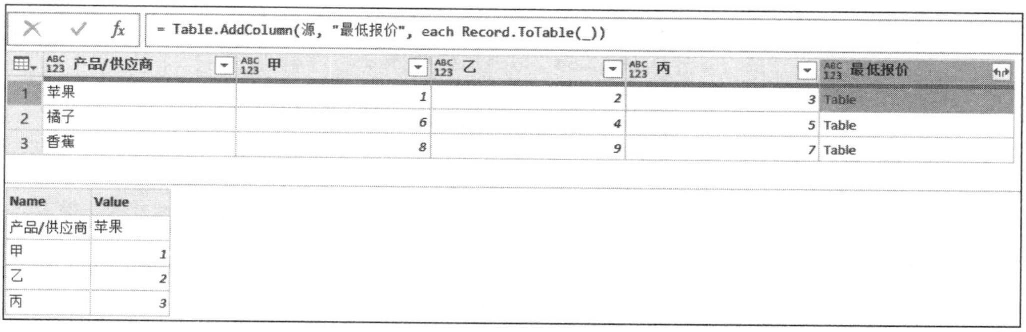

图 13-53　record 转换成 table

table 的第 1 行是文本，先用 Table.Skip() 删除第 1 行，然后求 table 的最小值所在的行，可使用 Table.Min() 实现此操作，参数如下：

```
Table.Min(
table as table,
comparisonCriteria as any,
optional default as any)
as any
```

第 1 个参数是求最小值的表。

第 2 个参数是比较条件或列名。

第 3 个参数是可选参数，当表为空时，返回指定的默认值。当表不为空时，Table.Min() 会返回最小值所在的行，是 record 形式。

修改后的代码如下：

```
//ch13.13 - 01
= Table.AddColumn(源, "最低报价", each
[
转表 = Record.ToTable(_),
最小 = Table.Min(Table.Skip(转表),"Value"),
供应商 = 最小[Name],
报价 = 最小[Value]
])
```

结果如图 13-54 所示。

= Table.AddColumn(源, "最低报价", each

	产品/供应商	甲	乙	丙	最低报价
1	苹果	1	2	3	Record
2	橘子	6	4	5	Record
3	香蕉	8	9	7	Record

转表	Table
最小	Record
供应商	甲
报价	1

图 13-54 求最小值的行

最后，将 record 展开，如图 13-55 所示。

= Table.ExpandRecordColumn(结果, "最低报价", {"供应商", "报价"}, {"供应商", "报价"})

	产品/供应商	甲	乙	丙	供应商	报价
1	苹果	1	2	3	甲	1
2	橘子	6	4	5	乙	4
3	香蕉	8	9	7	丙	7

图 13-55 展开 record

13.14 Table.TransformRows()

Table.TransformRows()的作用是将 table 转换成 record，参数如下：

```
Table.TransformRows(
table as table,
transform as function)
as list
```

第 1 个参数是要转换的表。

第 2 个参数的类型是 function。

对如图 13-1 所示的数据进行转换，代码如下：

```
= Table.TransformRows(源,each _)
```

结果如图 13-56 所示。

图 13-56　table 转换成 record

转换的结果是遍历每行的 record 形式，形成 records as list 的结构。

Table.TransformRows()与 Table.ToRecords()形成一样的结构，与图 13-40 所示的 Table.ToRecords()结果进行对比。

两个函数的区别在于，Table.ToRecords()的 records as list 结构是最终的结果，而 Table.TransformRows()的第 2 个参数是 function，可以在"_"的基础上丰富表达式，更加灵活。示例代码如下：

```
= Table.TransformRows(源, each
            List.Sum(List.Skip(Record.ToList(_))))
```

使用 Table.AddColumn()添加一列，返回每行的 record 形式，将自定义列深化，获得 list，与 TransformRows()具有相同的结果，如图 13-57 所示。

	ABC 123 姓名	▼	ABC 123 数学	▼	ABC 123 语文	▼	ABC 123 英语	▼	ABC 123 自定义	↔↕
1	甲			1		2		3	Record	
2	乙			4		5		6	Record	
3	丙			7		8		9	Record	

姓名	甲
数学	1
语文	2
英语	3

图 13-57　每行的 record 形式

当需要添加列并深化列时，可用 Table.TransformRows()实现一步到位的结果。

13.15　Table.ToList()

Table.ToList()的作用是将 table 转换成一个 list，参数如下：

```
Table.ToList(
table as table,
optional combiner as nullable function)
as list
```

图 13-58 转换后的错误提示

第 1 个参数是要转换的表,将 table 的每行用连接器连接成一个值,如果 table 有 n 行,则结果是含有 n 个元素的 list。

第 2 个参数是连接器,类型是 function。

对如图 13-1 所示的数据源进行转换。在第 2 个参数省略的情况下,结果如图 13-58 所示。

错误提示表示无法将数字转换为文本。可先将所有的列类型转换为文本,再进行 list 的转换,结果如图 13-59 所示。

	ABC 姓名	ABC 数学	ABC 语文	ABC 英语
1	甲	1	2	3
2	乙	4	5	6
3	丙	7	8	9

`= Table.TransformColumnTypes(源,{{"数学", type text}, {"语文", type text}, {"英语", type text}, {"姓名", type text}})`

(a) 将数字列转换为文本类型

`= Table.ToList(更改的类型)`

	列表
1	甲,1,2,3
2	乙,4,5,6
3	丙,7,8,9

(b) Table.ToList()转换的结果

图 13-59 table 转换为 list

可见,只要每行的值都是文本,就能在省略第 2 个参数的情况下用逗号将每个值连接起来,这是因为第 2 个参数默认的是文本连接器,还原代码如下:

```
= Table.ToList(更改的类型,
        Combiner.CombineTextByDelimiter(","))
```

结果如图 13-60 所示。

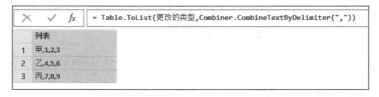

图 13-60 第 2 个参数的原始形式

Combiner.CombineTextByDelimiter()是连接器函数,相当于 Text.Combine()的作用,因此,每个值必须是文本才能将之连接起来。

如果 Table.ToList()只能连接文本,则应用场景局限性很大。实际上该函数的第 2 个参数是 function,修改后的代码如下:

```
= Table.ToList(源,each _)
```

结果如图 13-61 所示。

通过结果可以看出，Table.ToList()是 Table. ToRows()的升级版，可与如图 13-8 所示的 Table. ToRows()的结果进行对比。

Table.ToList()和 Table.ToRows()都是将每行的数据放在小 list 中，构成 lists as list 的结构，但是，Table.ToList()将每行遍历到第 2 个参数的 function，可在"_"的基础上继续运算。这两个函数的异同，可类比 Table.ToRecords()和 Table.TransformRows()。

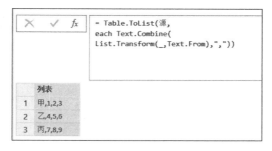

图 13-61　第 2 个参数的灵活应用

Table.ToList()不仅可以做文本连接，还可以做各种运算，示例代码如下：

```
= Table.ToList(源,each List.Count(_))
```

要做文本连接，可在第 2 个参数做文本转换后再连接，代码如下：

```
//ch13.15 - 01
= Table.ToList(源,
    each Text.Combine(
    List.Transform(_,Text.From),",")) 
```

结果如图 13-62 所示。

图 13-62　第 2 个参数做文本连接

13.16　Table.FromList()

Table.FromList()的作用是将 list 的每个元素拆解成 table 的每行，是 Table.ToList()的逆向操作，参数如下：

```
Table.FromList(
list as list,
optional splitter as nullable function,
```

```
optional columns as any,
optional default as any,
optional extraValues as nullable number)
as table
```

当前的数据源是 list,代码如下:

```
= {"甲,乙,丙","戊,己,庚"}
```

结果如图 13-63 所示。

图 13-63 数据源 list

在 PQ 功能区,选择"转换"→"到表",如图 13-64 所示。

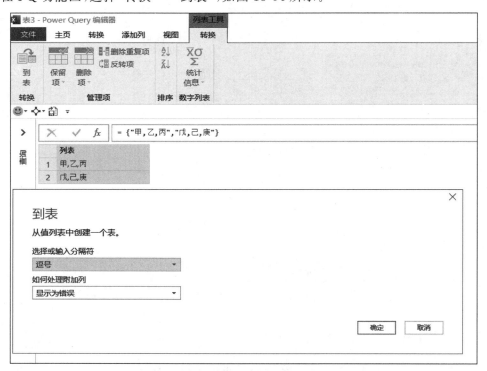

图 13-64 "列表"对话框

在弹出的"到表"对话框中,在"选择或输入分隔符"下拉列表中选择"逗号",单击"确定"按钮,结果如图 13-65 所示。

以上界面操作,PQ 补全的函数是 Table.FromList(),代码如下:

图 13-65　转换到表的结果

```
= Table.FromList(
源,
Splitter.SplitTextByDelimiter(","),
null,
null,
ExtraValues.Error)
```

1. 第 1 个和第 2 个参数

第 1 个参数是要转换的 list。其他参数是可选参数，如图 13-66 所示。

图 13-66　第 1 个参数是必选参数

如图 13-63 所示的数据源，第 1 个参数 list 中的每个元素是文本，第 2 个参数默认的是文本拆分器，并且分隔符是英文的逗号。

在数据源 list 中，将每个文本元素的分隔符修改为中文的逗号，代码如下：

```
= {"甲，乙，丙","戊，己，庚"}
```

转换后的结果如图 13-67 所示。

可见，默认的分隔符是英文的逗号，由于原文本中没有对应的分隔符，所以 list 中每个元素做文本拆分后，仍然是只有一个元素的小 list，而转换成的表也只有一列。

默认第 2 个参数的拆分器是 Splitter.SplitTextByDelimiter()，相当于 Text.Split()。

图 13-67　第 2 个参数的默认拆分符是英文的逗号

第 2 个参数的类型是 function。对如图 13-63 所示的数据源进行转换，代码如下：

```
= Table.FromList(源,each _)
```

结果如图 13-68 所示。

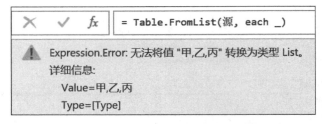

图 13-68 第 2 个参数的错误提示

从错误提示中可以看出,第 1 个参数 list 中的每个元素将被传递到第 2 个参数的"_",并且必须使用一个表达式,使第 2 个参数每次遍历后返回 list,格式代码如下:

```
= Table.FromList(源, each list)
```

修改后的代码如下:

```
= Table.FromList(源, each Text.Split(_,","))
```

返回的结果如图 13-69 所示。

ABC 123 Column1	ABC 123 Column2	ABC 123 Column3
1 甲	乙	丙
2 戊	己	庚

= Table.FromList(源, each Text.Split(_,","))

图 13-69 第 2 个参数遍历后的结果

第 2 个参数每次遍历时必须返回小 list,这样才能将小 list 中的每个元素转换为表的每列。例如,如果将"甲,乙,丙"拆分成 3 个元素的小 list,则返回一个 3 列的表;如果原 list 中有两个元素:"甲,乙,丙"和"戊,己,庚",则返回一个两行的表,最终返回的是 3 列两行的表。

第 2 个参数的变化形式,示例代码如下:

```
= Table.FromList({{1,2,3},{4,5,6}},each _)
= Table.FromList({{1,2,3},{4,5,6}},each List.Transform(_,Text.From))
```

结果如图 13-70 所示。

由于第 1 个参数 list 中的每个元素是小 list,所以可直接转换成 table。只要理解了第 2 个参数传参的原理,就可对第 2 个参数的形式进行各种变化。第 1 个参数 list 中的每个元素不仅限于文本。

2. 第 3 个和第 4 个参数

第 3 个参数可以是 null、列名的列表、列数、表类型,当省略第 3 个参数时,默认列名是 Column1 等,如图 13-71 所示。

当中间参数省略时,用 null 占位,示例代码如下:

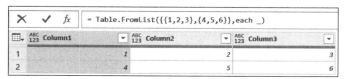

(a) 第2个参数举例1

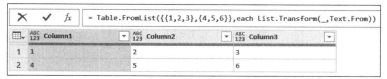

(b) 第2个参数举例2

图 13-70 第 2 个参数的变化形式

图 13-71 第 3 个参数的使用

源 = {"甲,乙,丙","戊,己,庚"},
结果 = Table.FromList(源,null,{"姓名"})

结果如图 13-72 所示。

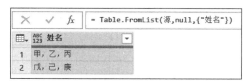

图 13-72 第 3 个参数指定列名

列名的个数必须与表的列数相匹配,否则会报错。

第 1 个参数 list 中的每个元素拆分后的列数不对等,可能出现几种情况。

第 1 种情况,list 中的第 1 个元素拆分后列数少于其他元素拆分后的列数,报错如图 13-73 所示。

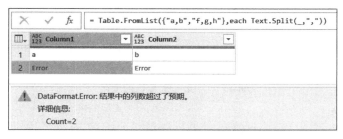

图 13-73 拆分后第 2 行列数多

第 2 种情况, list 中的第 1 个元素拆分后列数多于其他元素拆分后的列数, 不报错。在使用第 2 个参数的情况下, 缺省值返回真空, 如图 13-74 所示。

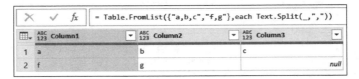

图 13-74　拆分后出现真空

在省略第 2 个参数的情况下, 缺省值返回空文本, 如图 13-75 所示。

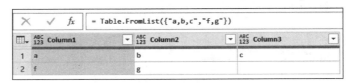

图 13-75　拆分后出现空文本

第 3 种情况, list 中的第 1 个元素拆分后列数少于其他元素拆分后的列数, 用第 3 个参数指定列名, 可起到容错的作用, 与图 13-73 比较, 结果如图 13-76 所示。

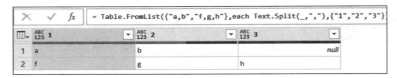

图 13-76　第 3 个参数列名的作用

第 4 种情况, 当缺省值为真空时, 可用第 4 个参数的设定值替代 null, 将如图 13-74 和图 13-76 所示的结果增加第 4 个参数, 返回的结果如图 13-77 所示。

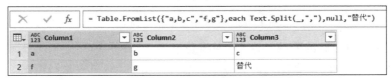

(a) 第4个参数举例1

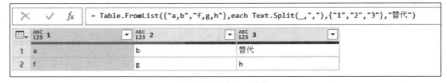

(b) 第4个参数举例2

图 13-77　第 4 个参数的使用

3. 第 5 个参数

当第 3 个参数列名的计数与实际列数不对等时, 将出现溢出的列, 可用第 5 个参数控制溢出的列的显示形式。第 5 个参数的值是 ExtraValues.List、ExtraValues. Error、ExtraValues. Ignore，可用常量化参数 0、1、2 简化，如图 13-78 所示。

图 13-78 第 5 个参数的常量化

示例代码如下：

```
//ch13.16 - 01
第 3 个参数多于实际列数 = Table.FromList({"a,b","f,g"},
    each Text.Split(_,","),{"1","2","3"},null)
第 3 个参数少于实际列数 = Table.FromList({"a,b","f,g"},
    each Text.Split(_,","),{"1"},null)
```

举例如图 13-79 所示。

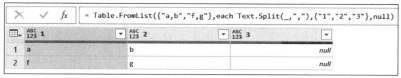

(a) 当列名的计数多于实际列数时产生空列

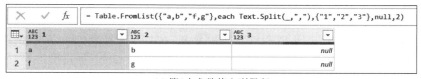

(b) 第5个参数将空列收拢

(c) 第5个参数将空列保留

(d) 列名的列数少于实际列数

(e) 第5个参数将错误列收拢

图 13-79 溢出列的处理

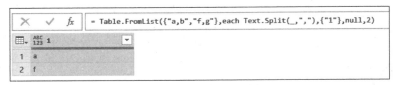

(f) 第5个参数将错误列删除

图 13-79 （续）

当第 5 个参数为 0 时,将溢出的列收拢到 list。

当第 5 个参数为 1 时,保留原结果,是参数的默认值,相当于不使用第 5 个参数。

当第 5 个参数为 2 时,如果是错误列,则删除;如果是空列,则保留。

第 5 个参数对应的界面操作如图 13-80 所示。

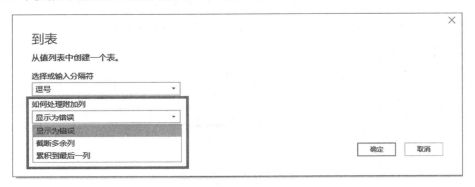

图 13-80　第 5 个参数的界面操作

Table.FromList()的可选参数理解起来较复杂,本节作为扩展知识了解。

13.17　Record.FromList()

Record.FromList()的作用是将一个 list 转换为一个 record,参数如下:

```
Record.FromList(
list as list,
fields as any)
as record
```

Record.ToList()是和 Table.AddColumn()搭配最多的函数,"each _"代表当前行的 record 形式,如果需要将"_"转换为 list,则可使用 Record.ToList()。

Record.FromList()是 Record.ToList()的逆向操作。

Record.FromList()的第 1 个参数是要转换的 list。

第 2 个参数的 field 是字段,这个参数的类型是 any,可以用文本值指定字段名,也可以用 type 指定列类型,示例代码如下:

```
= Record.FromList({1,2},{"a","b"})
= Record.FromList({1,2},type [a = number, b = number])
```

结果如图 13-81 所示。

第 1 个参数和第 2 个参数的元素的个数必须相等,如图 13-82 所示。

(a) 第2个参数的字段数少于实际列数

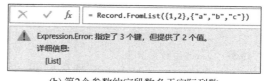

(b) 第2个参数的字段数多于实际列数

图 13-81 list 转换为 record

图 13-82 第 2 个参数的要求

第 1 个参数和第 2 个参数都是必选参数,如图 13-83 所示。

图 13-83 第 2 个参数是必选参数

13.18 List.Zip()

List.Zip() 的作用是将各 list 中对应索引的元素重新黏合,以组成新的 list,参数如下:

```
List.Zip(list as list) as list
```

虽然参数简单,只有一个参数,结构是 lists as list,但是,理解这个函数需要多加练习。在 list 中放一个小 list、两个小 list、3 个小 list,分别观察结果,代码如下:

```
= List.Zip({{1,2,3}})
= List.Zip({{1,2,3},{4,5}})
= List.Zip({{1,2,3},{4,5},{7,8,9}})
```

结果如图 13-84 所示。

List.Zip() 的参数要求是 lists as list,返回的结构也是 lists as list。把每个小 list 中相对应索引的元素取出,组成新的 lists as list 结构,其中,对应索引缺省的值用 null 补充。

通过 Excel 的数据布局进一步理解 List.Zip() 的运算过程,如图 13-85 所示。

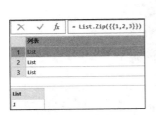
(a) list中有一个小list

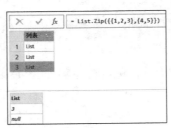
(b) list中有两个小list

(c) list中有3个小list

图 13-84   转换后的结果

1	2	3
4	5	
7	8	9

图 13-85   Excel 中数据演示

假设 List. Zip()的每个小 list 是行元素,经过 List. Zip()运算后,返回的每个小 list 是列元素。可将 List. Zip()理解为行和列的转置。

现在可知,实现行列转换的函数有 Table. Transpose()、List. Zip()、From/To 类函数。

示例代码如下:

```
= Table.ToRows(Table.FromColumns({{1,2,3},{4,5},{7,8,9}}))
= List.Zip({{1,2,3},{4,5},{7,8,9}})
```

在上述代码中,两个函数实现了同样的效果,如图 13-86 所示。

List. Zip()还有一种灵活的用法,代码如下:

```
= List.Zip({{1..5},{}})
= List.Zip({{1..5},{null}})        //两行代码结果相同
```

结果如图 13-87 所示。

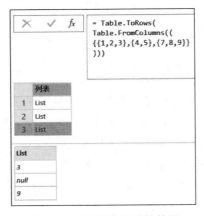

图 13-86   行列转换后的效果

图 13-87   null 的补充作用

可以看出,空列表将自动补充 null。

13.19　动态命名案例

【例 13-5】　8.6 节动态命名案例用两种方法构造了 lists as list 的结构,用本章的函数构造 lists as list 的结构更加方便、直接。

对 8.6 节根据对照表动态命名的案例代码进行优化,使用第 1 种优化方法优化后的代码如下:

```
//ch13.19 - 01
= Table.RenameColumns(源,Table.FromRows(对照表))
```

使用第 2 种优化方法优化后的代码如下:

```
//ch13.19 - 02
= Table.RenameColumns(源,List.Zip({对照表[分表],对照表[总表]}))
```

【例 13-6】　将表的前 3 列标题修改成 A、B、C,参考代码如下:

```
//ch13.19 - 03
let
    源 = Excel.CurrentWorkbook(){[Name = "表1"]}[Content],
    name = List.FirstN(Table.ColumnNames(源),3),
    重命名 = Table.RenameColumns(源,List.Zip({name,{"A","B","C"}}))
in
    重命名
```

在上述代码中,List.FirstN() 返回的是 list,通过 List.Zip() 重新分配 list 中的元素。

13.20　Table.FromValue()

Table.FromValue() 的作用是将值转换成 table,参数如下:

```
Table.FromValue(
value as any,
optional options as nullable record)
as table
```

第 1 个参数的类型是 any,可以为多种类型,如图 13-88 所示。

当第 1 个参数为 record 时,和 Record.ToTable() 的结果相同。

当第 1 个参数为 list、文本、数字时,值成为表的第 1 列。

第 2 个参数是可选参数,用于指定列名。当第 2 个参数省略时,默认列名是 Name 或 Value。第 2 个参数的类型是 record,代码如下:

```
= Table.FromValue({1..3},[DefaultColumnName = "数值"])
```

结果如图 13-89 所示。

(a) 第1个参数为数字

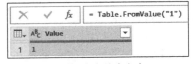

(b) 第1个参数为文本

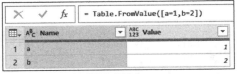

(c) 第1个参数为record

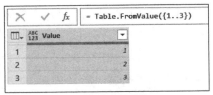

(d) 第1个参数为list

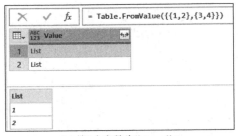

(e) 第1个参数为lists as list

图 13-88　第 1 个参数举例

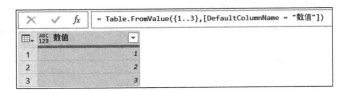

图 13-89　第 2 个参数用于指定列名

13.21　Table.Column()

深化标题的格式是"源[标题]"。当源是 table 时,深化的结果是 list;当源是 record 时,深化的结果是值。这种深化的方式方便易用,但是,方括号内不能放变量,只能放不加引号的文本。

例如,成绩表[语文],在方括号内的是省略了双引号的文本,"语文"代表的是文本而不是变量,如果深化的标题是变量,则不能用这种深化的方式。

Table.Column()和 Record.Field()的作用是实现动态的标题深化。

对如图 13-1 所示的数据源进行深化,结果如图 13-90 所示。

从错误提示中可以看出,PQ 将"_"识别成标题是下画线,而不是一种传参的语法糖形式。

图 13-90　遍历标题深化的错误提示

Table. Column()的参数如下：

```
Table.Column(
table as table,
column as text)
as list
```

第 1 个参数是要深化的表。

第 2 个参数是列标题，类型是文本。示例代码如下：

```
= List.Transform({"数学","语文"},
    each Table.Column(源,_))
```

结果如图 13-91 所示。

图 13-91　遍历标题动态深化的结果

等同的代码如下：

```
= Table.Column(table, "标题")
= table[标题]
```

13.22　Record. Field()

Record. Field()的参数如下：

```
Record.Field(
record as record,
field as text)
as any
```

等同的代码如下：

```
= Record.Field(record, "标题")
= record[标题]
```

添加列时，每行的“each _”是当前行的 record 形式，使用“_[姓名]”是静态的深化方式，Record. Field()的第 2 个参数可用文本或以变量表示的文本，如图 13-92 所示。

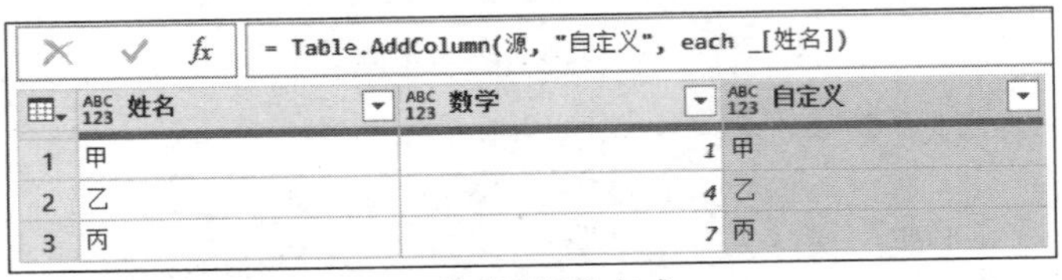
= Table.AddColumn(源, "自定义", each _[姓名])

	姓名	数学	自定义
1	甲	1	甲
2	乙	4	乙
3	丙	7	丙

(a) 静态的深化方式

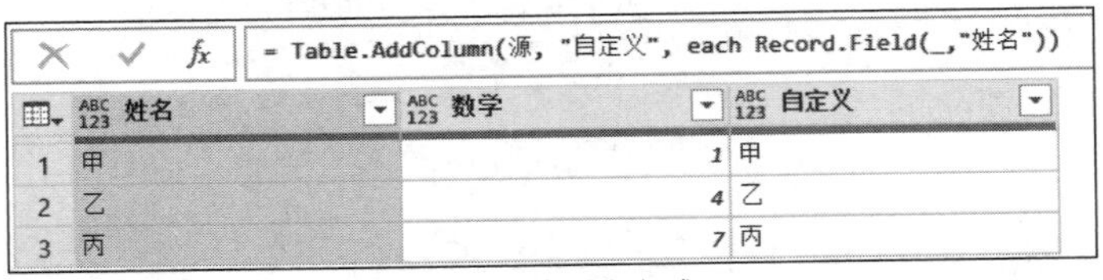
= Table.AddColumn(源, "自定义", each Record.Field(_,"姓名"))

	姓名	数学	自定义
1	甲	1	甲
2	乙	4	乙
3	丙	7	丙

(b) 动态的深化方式

图 13-92　不同的深化方式对比

Record. Field()用于深化 record，如果深化的字段名不存在，则可使用 Record. FieldDefault()的第 3 个参数返回指定值，第 3 个参数的默认值为 null。示例代码如下：

```
= Record.Field([a = 1,b = 2],"a")                  //1
= Record.Field([a = 1,b = 2],"c")                  //Error
= Record.FieldOrDefault([a = 1,b = 2],"c")         //null
= Record.FieldOrDefault([a = 1,b = 2],"c",8)       //8
```

13.23　动态筛选列名案例

【例 13-7】 第 1 张是筛选表，用于筛选条件。第 2 张是成绩表，如图 13-93 所示。需求是做成动态筛选，例如，筛选成绩表的数学列，值为“优秀”的行。

标题	成绩
数学	优秀

姓名	数学	语文	英语
甲	优秀	良好	合格
乙	合格	优秀	良好
丙	良好	优秀	良好

图 13-93　数据源筛选表和成绩表

将筛选表导入 PQ 中，并深化出筛选关键字，如图 13-94 所示。

对成绩表进行筛选，代码如下：

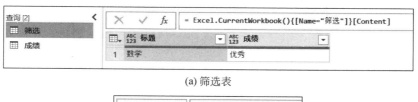

(a) 筛选表

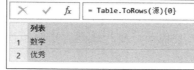

(b) 深化取值

图13-94 筛选表导入并深化

```
= Table.SelectRows(源, each ([数学] = "优秀"))
```

结果如图13-95所示。

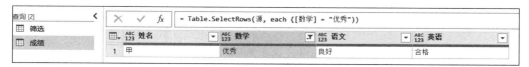

图13-95 筛选结果

在上述代码中,"[数学]"是"_[数学]"的简写,即"record[标题]"的形式,修改后的代码如下:

```
= Table.SelectRows(源, each Record.Field(_,"数学") = "优秀")
```

将数学、优秀替换成筛选表的变量,最终的代码如下:

```
= Table.SelectRows(源, each Record.Field(_,筛选{0}) = 筛选{1})
```

对筛选表提前深化是为了使上述代码的第2个参数更加简洁,实操中可根据个人习惯进行操作。

当遇到动态深化标题的需求时解决问题的思路是使用Table.Column()或Record.Field()。

13.24　总结

本章涉及的同类函数非常多,多个M函数能实现同样的效果。只有理解每个函数的参数结构和转换后的结构,才能在实操中选用合适的函数。

From类的函数对列名个数的匹配度有要求,这是使用这类函数需要注意的语法点。

对于Excel软件,即使版本(例如都是Excel 2016或Excel 365)相同,版本号(例如版本2208)不同也可能存在界面、函数的差异,如图13-96所示。

图 13-96　查看版本号

不同版本的函数参数有变化,本书无法一一列举,参数说明应以读者使用的版本为准。将 PQ 模板发给其他用户,如果其他用户执行步骤时出现错误,则可考虑是否由版本不同而引发的参数错误。

本书传递的是自学函数的思路,学习 M 函数一定不要死记硬背,掌握 M 函数的原理后可举一反三,只有这样才能解决实操中的各种问题。

13.25　练习

代码如下:

```
源 = [a = 1, b = 2, c = 3]
```

将 record 用不同的函数转换为 table,观察返回的结果。

代码如下:

```
//ch13.25 - 01
= Record.ToTable(源)
= Table.FromRecords({源})        //注意第 1 个参数是 list
= Table.PromoteHeaders(Table.Transpose(Record.ToTable(源)))
```

第 14 章

转换案例学函数

实操中，Table.TransformColumnTypes() 和 Table.TransformColumns() 使用频繁，建议熟练掌握。

14.1　Table.TransformColumnTypes()

Table.TransformColumnTypes() 的作用是对数据类型进行转换，参数如下：

```
Table.TransformColumnTypes(
table as table,
typeTransformations as list,
optional culture as nullable text)
as table
```

第 1 个参数是要转换数据类型的表。

第 2 个参数是对哪些列进行何种转换。

第 3 个参数是可选参数，用于指定区域，例如"en-US"、"zh-CN"，大小写均可。

数据源导入 PQ 后，在大多数情况下，列类型将成为未知的数据类型，如图 14-1 所示。

图 14-1　导入数据源

通过标题左侧的按钮可以看出该列的数据类型，例如 ABC 表示文本类型，123 表示数字类型，ABC123 表示还未特别指定的数据类型。

界面操作转换数据类型的方法是单击标题左侧的按钮，在弹出的菜单中选择数据类型。也可以选中一列或多列，在 PQ 功能区，单击"主页"→"数据类型：任意"，或"转换"→"数据类型：任意"或"检测数据类型"。

对任意两列修改数据类型，示例代码如下：

```
= Table.TransformColumnTypes(源,
{
{"姓名", type text},
{"基本工资", type number}
})
```

第 2 个参数是 lists as list 的形式，每个小 list 中先写列名，再写转换为哪种类型。

如果数据源删除了基本工资列，但第 2 个参数包含此列，则该步骤将报错，如图 14-2 所示。

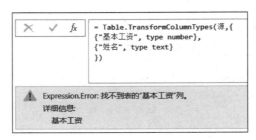

图 14-2　第 2 个参数的错误提示

由于该函数没有容错参数，因此对必要的列做数据类型的转换，或者做成动态代码。

例如，使用 List.Sum() 对列值进行求和，即使数值列是未知类型，也不会导致函数在使用时出错，数据类型的转换并不总是必需的。

当只有一列数据进行转换时，最外层的花括号可省略，示例代码如下：

```
= Table.TransformColumnTypes(源,{"姓名", type text})
```

常见的数据类型/结构见表 14-1。

表 14-1　数据类型/结构

写法 1	写法 2	写法 3	写法 4	说　　明
type number	Number.Type	Number.From	as number	数字
type date	Date.Type	Date.From	as date	日期
type time	Time.Type	Time.From	as time	时间
type datetime	DateTime.Type	DateTime.From	as datetime	日期时间
type datetimezone	DateTimeZone.Type	DateTimeZone.From	as datetimezone	时区

续表

写法 1	写法 2	写法 3	写法 4	说　明
type duration	Duration. Type	Duration. From	as duration	持续时间
type text	Text. Type	Text. From	as text	文本
type logical	Logical. Type	Logical. From	as logical	布尔值
type binary	Binary. Type	Binary. From	as binary	二进制
	Currency. Type	Currency. From		货币
	Percentage. Type	Percentage. From		百分比
type list	List. Type		as list	list
type record	Record. Type		as record	record
type table	Table. Type		as table	table
type function	Function. Type		as function	函数
type any	Any. Type		as any	不指定类型
type null	Null. Type		as null	空值
	Byte. Type	Byte. From		0～255
	Int8. Type	Int8. From		−128～127
	Int16. Type	Int16. From		−32768～+32767
	Int32. Type	Int32. From		32 位整数值
	Int64. Type	Int64. From		64 位整数值
	Single. Type	Single. From		单精度数值
	Double. Type	Double. From		双精度数值
	Decimal. Type	Decimal. From		十进制数值

写法 1、写法 2 大多数可用于参数要求是 type 的参数，写法 3 用于参数要求是 function 的参数，写法 4 用于函数参数的数据类型定义，举例如图 14-3 所示。

(a) 数据源

(b) 写法1

(c) 写法2

图 14-3　不同函数类型转换的写法

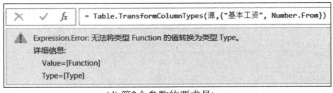

(d) 第2个参数的要求是type

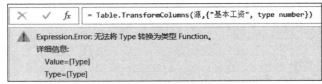

(e) 第2个参数的要求是function

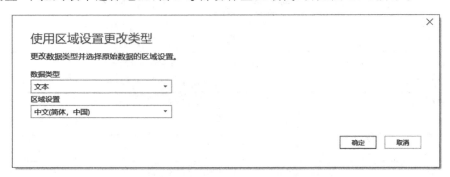

(f) 写法3

图 14-3 （续）

Table.TransformColumnTypes()的第 3 个参数用于指定区域。当省略第 3 个参数时，默认为系统的区域设置。不同区域的日期、数字格式不相同。查看所有区域的方法是单击列标题左边的类型按钮→"使用区域设置"，在弹出的"使用区域设置更改类型"对话框中在"区域设置"下拉列表中选择地区，由 PQ 自动补全区域代码，如图 14-4 所示。

图 14-4 "使用区域设置更改类型"对话框

区域设置对于跨境数据的处理非常有必要。观察区域设置后返回的结果，示例代码如下：

```
= Number.From("1,234")            //1234
= Number.From("123.4")            //123.4
```

```
= Number.From("1.23,4")            //Error
= Number.From("1.23,4","de")       //123.4
```

14.2　按照顺序转换类型案例

【例 14-1】　一张工资报表,前两列是文本列,后面是数字列,数据源如图 14-3(a)所示。
用界面操作,修改数据类型,PQ 自动补全的代码如下:

```
= Table.TransformColumnTypes(源,
{
{"姓名", type text},
{"身份证", type text},
{"基本工资", type number},
{"补贴", type number}
})
```

将上述硬代码修改成动态代码,解决思路是构造第 2 个参数 lists as list 的结构。先取
出该表的前两个标题,代码如下:

```
name = Table.ColumnNames(源),
第 2 个参数 = List.FirstN(name, 2)
```

下一步,构造{标题,type text}的格式,代码如下:

```
= List.Transform(
    List.FirstN(name,2),
        each {_,type text})
```

结果如图 14-5 所示。

下一步,修改后面多列的数据类型,代码如下:

```
= List.Transform(
    List.RemoveFirstN(name,2),
        each {_,type number})
```

将两个 list 合并,最终的代码如下:

图 14-5　动态的类型设置

```
//ch14.2 - 01
let
    源 = Excel.CurrentWorkbook(){[Name = "表 1"]}[Content],
    name = Table.ColumnNames(源),
    第 2 个参数 = List.Transform(List.FirstN(name,2),each {_,type text})
        &
        List.Transform(List.RemoveFirstN(name,2),each{_,type number}),
    结果 = Table.TransformColumnTypes(源,第 2 个参数)
in
    结果
```

结果如图 14-6 所示。

= Table.TransformColumnTypes(源,第2个参数)

	姓名	身份证	基本工资	补贴
1	甲	123456789123456789	100	10
2	乙	123456789123456789	200	20
3	丙	123456789123456789	300	30

图 14-6　动态转换类型的结果

上述代码不仅能做到动态的类型转换，当数据源的列标题更换或者删除时，也不会出现容错问题。

14.3 Table.TransformColumns()

Table.TransformColumns()的作用是通过自定义函数对每列进行转换，参数如下：

```
Table.TransformColumns(
table as table,
transformOperations as list,
optional defaultTransformation as nullable function,
optional missingField as nullable number)
as table
```

函数有 4 个参数，每个参数都值得研究。

1. 第 2 个参数

数据源如图 14-7 所示。

= Excel.CurrentWorkbook(){[Name="表14"]}[Content]

	姓名	数学	语文	英语
1	甲	1	1	1
2	乙	1	1	1
3	丙	1	1	1

图 14-7　数据源

将数学列每行数据加 1，将语文列每行数据加 2，能否在不添加辅助列的情况下对列本身进行运算？代码如下：

```
= Table.TransformColumns(源,
{
{"数学", each _ + 1},
{"语文", each _ + 2}
})
```

学习 Table.TransformColumns()的第 1 个关键点是理解传参原理。

第 1 个参数是要转换的表。

第 2 个参数是对哪几列进行如何转换，结构是 lists as list 的结构，其中小 list 的形式是{标题，自定义函数}。多个表函数是将表的每行转换成当前行的 record 形式，传递到另一个参数，而 Table. TransformColumns()是将表每行的值传递到另一个参数。例如{"数学", each _+1},each _代表数学列每行的值，不能引用其他列，因为“_”代表的是值而不是 record。该函数的局限性是不能引用其他列的值。

第 2 个参数的用法，示例代码如下：

```
= Table.TransformColumns(源,
{
{"数学", each 1},
{"语文", (x) => x + 2}
})
```

当第 2 个参数只有一列时，最外层的花括号可以省略，代码如下：

```
= Table.TransformColumns(源,{"数学", each _ + 1})
```

第 2 个参数的完整形式，代码如下：

```
= Table.TransformColumns(源,{"数学",each _ + 1, type number})
```

在第 2 个参数中，小 list 中第 1 项的类型是文本，是列名。第 2 项的类型是 function，第 3 项的类型是 type，第 3 项是可选的，但是不建议使用，使用不当会出现异常，示例代码如下：

```
= Table.TransformColumns(源,{{"姓名", each 2, type text}})
```

在上述代码中，姓名列每行的数据是 2，是数字，但是当指定为文本类型(type text)时会引起逻辑冲突，从而造成 PQ 和 Excel 的显示结果不等同，如图 14-8 所示。

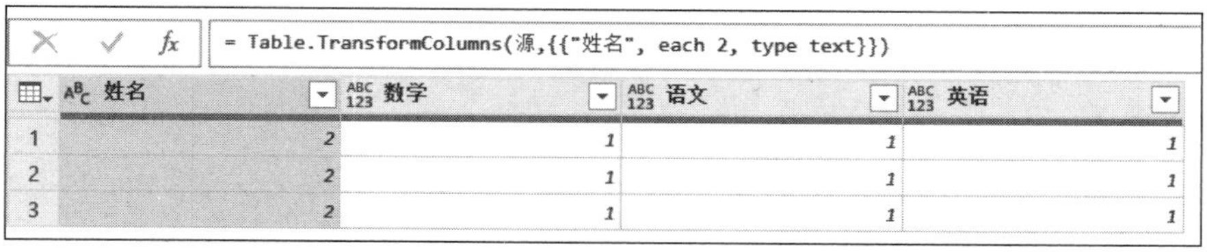

	姓名	数学	语文	英语
1	2	1	1	1
2	2	1	1	1
3	2	1	1	1

(a) 错误的参数用法

姓名	数学	语文	英语
	1	1	1
	1	1	1
	1	1	1

(b) 导出到Excel中的显示

图 14-8 类型与值不匹配导致的问题

Table. TransformColumnTypes()中的 type 参数确实起到了数据类型转换的作用，而其他函数的 type 参数是一种“障眼法”，虽然标题左侧的类型按钮更改了，但是实际上并未做任何本质上的改变，这种情况存在于多个函数中，例如 Table. AddColumn()、Table. Group()等，应尽量避免使用这种参数形式。

在如图 14-8 所示的结果的基础上增加一列，如图 14-9 所示。

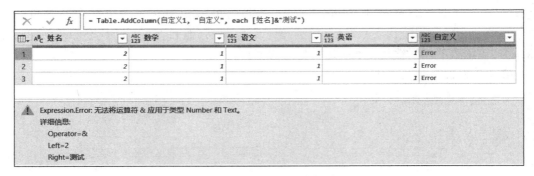

图 14-9　类型不匹配的错误提示

尽管姓名列的类型图标显示为 ABC,从值仍然置于右侧可以看出,其数据类型是数字,因此当与文本连接时会返回错误提示。

使用 Table.TransformColumns()做数据类型转换,应使用小 list 中的第 2 项,如图 14-10 所示。

▦▾	ABC 123 姓名 ▾	AᴮC 数学 ▾	ABC 123 语文 ▾	ABC 123 英语 ▾
1	甲	1		1	1
2	乙	1		1	1
3	丙	1		1	1

`= Table.TransformColumns(源,{"数学",Text.From})`

图 14-10　数据类型转换方法

从图 14-10 中可以看出,经过"真正的"数据类型转换后,数学列的文本值被置于左侧。

2. 第 3 个参数

第 3 个参数是可选参数,也是自定义函数,但是应用于未在第 2 个参数列出的所有列,示例代码如下:

```
= Table.TransformColumns(源,{"姓名",each _&"同学"},each _ + 2)
```

第 2 个参数用于对姓名列转换,第 3 个参数用于对除了姓名列以外的所有列转换,结果如图 14-11 所示。

▦▾	ABC 123 姓名 ▾	ABC 123 数学 ▾	ABC 123 语文 ▾	ABC 123 英语 ▾
1	甲同学		3	3	3
2	乙同学		3	3	3
3	丙同学		3	3	3

`= Table.TransformColumns(源,{"姓名",each _&"同学"},each _+2)`

图 14-11　第 3 个参数的使用

当所有的列做同样的转换时,第 2 个参数为空列表,示例代码如下:

```
= Table.TransformColumns(源,{},each _ + 1)
```

3. 第 4 个参数

第 4 个参数是可选参数，是容错参数，参数可使用常量化数字 0、1、2（见表 8-1）。当第 2 个参数指定的列在数据源中被删除时可用第 4 个参数容错。

由于容错参数在第 4 个参数，而第 3 个参数是可选参数，所以语法要求使用第 4 个参数时必须有第 3 个参数，当不使用第 3 个参数时，必须用 null 占位。示例代码如下：

```
= Table.TransformColumns(源,{},each _ + 1,1)
= Table.TransformColumns(源,{},null,      1)
```

14.4　添加前缀案例

【例 14-2】　添加一列季度，用 Q1、Q2、Q3、Q4 表示，数据源如图 14-12 所示。

日期
2023/1/15
2023/4/15
2023/7/15
2023/10/15

图 14-12　数据源

将数据源导入 PQ 中，选中日期列，在 PQ 功能区单击"添加列"→"日期"→"季度"→"一年的某一季度"，PQ 补全的代码如下：

```
季度 = Table.AddColumn(源, "季度",each Date.QuarterOfYear([日期]))
```

结果如图 14-13 所示。

图 14-13　添加季度列

选中季度列，单击"转换"→"格式"→"添加前缀"，在弹出的"前缀"对话框中输入"Q"，如图 14-14 所示。

图 14-14　"前缀"对话框

PQ 自动补全的代码如下：

```
= Table.TransformColumns(插入的季度,
{{"季度", each "Q" & Text.From(_, "zh-CN"), type text}})
```

可见,添加前缀是用 Table.TransformColumns( )实现的,遍历季度列每行的值,将数字转换为文本,再和 Q 连接,结果如图 14-15 所示。

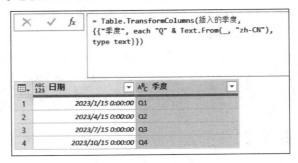

图 14-15　添加前缀的结果

简化后的代码如下:

```
= Table.TransformColumns(插入的季度,
{"季度", each "Q" & Text.From(_)})
```

14.5　转换类型案例

【例 14-3】　将 14.2 节按照顺序转换类型的案例使用 Table.TransformColumns( )来转换,代码如下:

```
//ch14.5 - 01
let
    源 = Excel.CurrentWorkbook(){[Name = "表1"]}[Content],
    name = Table.ColumnNames(源),
    第2个参数 = List.Transform(List.FirstN(name,2),
            each {_,Text.From}),
    结果 = Table.TransformColumns(源,第2个参数, Number.From)
in
    结果
```

上述代码与 ch14.2-01 代码的区别是,将 type text 改成 Text.From,将 type number 改成 Number.From。Text.From 是 each Text.From(_)的简写形式。第 3 个参数是处理第 2 个参数涉及的列以外的其他列,可以简化代码。

可见,Table.TransformColumns( )能够替代 Table.TransformColumnTypes( ),并且有容错参数,是一个非常强大的函数。

14.6　汇率转换案例

【例 14-4】　根据币种不同,汇率的转换方式也不同,有的是汇率除以 100,有的是 100 除以汇率,如图 14-16 所示。

将两张表导入 PQ 中。

日期	美元	欧元	日元	港元	英镑	林吉特	卢布	澳元	加元	新西兰元	迪拉姆	波兰兹罗提
2021-01-04	654.08	800.95	6.3354	84.363	894.4	61.413	1134.02	504	514.18	470.46	56.132	56.908
2021-01-05	647.6	793.42	6.2789	83.527	878.64	61.883	1148.7	496.42	506.47	464.63	56.713	57.429
2021-01-06	646.04	794.04	6.2883	83.329	879.69	62.191	1147.67	501	509.5	468.15	56.888	57.094
2021-01-07	646.08	797.12	6.2696	83.331	879.94	62.075	1145.85	504.68	510.03	471.59	56.85	56.765

(a) 汇率表

除以100	被100除
美元	迪拉姆
欧元	波兰兹罗提
日元	
港元	
英镑	
林吉特	
卢布	
澳元	
加元	
新西兰元	

(b) 对照表

图 14-16　数据源汇率表和对照表

第 1 步,深化对照表中的一列币种。对照表中可能有空值,用 List.RemoveNulls() 去空,如图 14-17 所示。

图 14-17　深化币种

由于汇率表有的列可能是文本型数值,因此需要先对汇率值进行数字转换,再除以 100,代码如下:

```
= Table.TransformColumns(源,
    List.Transform(对照,each {_,each Number.From(_)/100}))
```

结果如图 14-18 所示。

在上述代码中有两个 each _,每个"_"与左侧最临近的 each 匹配,结果正好与本例的需求相同。转换成原始的参数形式,等同的代码如下:

```
= Table.TransformColumns(源,
    List.Transform(对照,(x) =>{x,(y) => Number.From(y)/100}))
```

第 2 步,对日期列进行类型转换,代码如下:

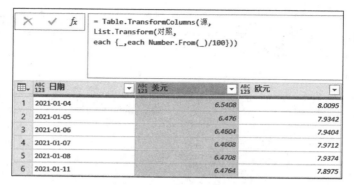

图 14-18　汇率的转换

```
= Table.TransformColumns(源,
    List.Transform(对照,
        each {_,each Number.From(_)/100})
    &{{"日期",Date.From}})
```

在上述代码中,由于 List.Transform()返回的结构是 lists as list,因此先将日期构造成 {list}的结构,再将两个 list 合并,举例如图 14-19 所示。

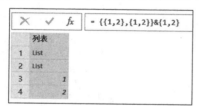

(a) lists as list与list连接

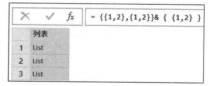

(b) lists as list之间的连接

图 14-19　理解 list 的连接

其余列的币种是被 100 除,可用第 3 个参数实现此运算。由于被 100 除会出现多位小数,因此需增加舍入的运算。

由于对照表中可能出现汇率表中没有的币种,因此需要用第 4 个参数来容错。

最终代码如下:

```
//ch14.6 - 01
= Table.TransformColumns(源,
    List.Transform(对照,
        each {_,each Number.Round(Number.From(_)/100,2)})
    &{{"日期",Date.From}},
    each Number.Round(100/Number.From(_),2),
    1)
```

结果如图 14-20 所示。

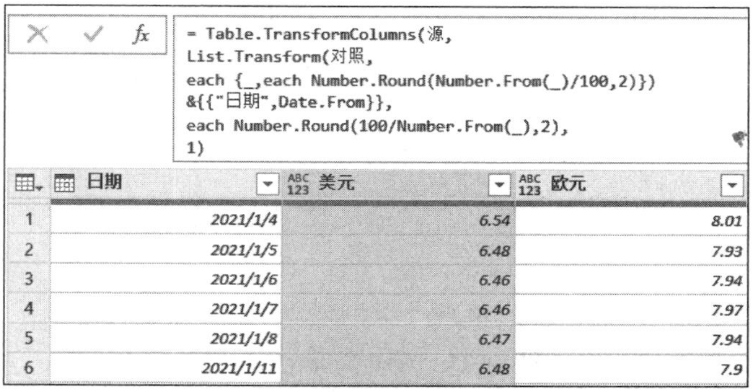

```
= Table.TransformColumns(源,
List.Transform(对照,
each {_,each Number.Round(Number.From(_)/100,2)})
&{{"日期",Date.From}},
each Number.Round(100/Number.From(_),2),
1)
```

	日期	美元	欧元
1	2021/1/4	6.54	8.01
2	2021/1/5	6.48	7.93
3	2021/1/6	6.46	7.94
4	2021/1/7	6.46	7.97
5	2021/1/8	6.47	7.94
6	2021/1/11	6.48	7.9

图 14-20　汇率转换的结果

14.7　Text.Upper()类

数据源如图 14-21 所示。

将数据源导入 PQ 中,选中英文列,在 PQ 功能区单击"转换"→
"格式"→"大写",PQ 补全的代码如下:

姓名	英文
张三	zHang san
李四	li sl
王五五	wang wUwu

图 14-21　数据源

```
= Table.TransformColumns(源,{{"英文", Text.Upper, type text}})
```

在"转换"选项卡下的多个操作都是通过 Table.TransformColumns()实现的。

Text.Upper()、Text.Lower()和 Text.Proper()这 3 个函数的语法、用法都相同,参数
如下:

```
Text.Upper/Text.Lower/Text.Proper(
text as nullable text,
optional culture as nullable text)
as nullable text
```

第 1 个参数是要转换的文本。

第 2 个参数是指定区域,是可选参数。

转换结果如图 14-22 所示。

```
= Table.AddColumn(已添加自定义1,"首字母大写", each Text.Proper([英文]))
```

	姓名	英文	大写	小写	首字母大写
1	张三	zHang san	ZHANG SAN	zhang san	Zhang San
2	李四	li sl	LI SI	li si	Li Si
3	王五五	wang wUwu	WANG WUWU	wang wuwu	Wang Wuwu

图 14-22　字母大小写转换

Text.Upper()用于将文本中的所有字母转换为大写。Text.Lower()用于将文本中的
所有字母转换为小写。Text.Proper()以单词为单位,将每个单词的首字母转换为大写,将
其余字母转换为小写。Text.Proper()非常智能,识别单词的标志不仅可以是空格,其他标

点符号也可以被识别,如图 14-23 所示。

(a) 首字母大写举例1

(b) 首字母大写举例2

图 14-23 Text,Proper()举例

14.8 Text.Trim()

一个文本最前面和最后面的空格叫作前导空格、尾随空格。从系统导出的报表标题,或日常中填写的数据,经常会带有这种空格,而这种空格通常需要被清除。带有前导、尾随空格和无前导、尾随空格的值并不相同,如图 14-24 所示。

将如图 14-21 所示的数据导入 PQ 中,如图 14-25 所示。

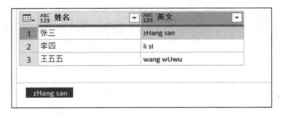

图 14-24 前导、尾随空格影响值　　　　**图 14-25 难以分辨的前导、尾随空格**

Excel 中明显的前导空格在 PQ 中难以分辨,只能通过单击 PQ 的值观察下方区域的显示。尾随空格更难以分辨。通过下方的区域查看不可见字符是实操中有用的技巧。

清除前导、尾随字符的函数是 Text.Trim(),参数如下:

```
Text.Trim(
text as nullable text,
optional trim as any)
as nullable text
```

第 1 个参数是要转换的文本。

第 2 个参数是可选参数,是要清除的字符。当忽略第 2 个参数时,默认清除空格,示例代码如下:

```
= Text.Trim(" 我 们 ")     //"我 们"
```

第 2 个参数可指定要清除的字符,代码如下:

```
= Text.Trim(",我,们,", ",")     //"我,们"
```

无论是否指定要清除的字符,清除的只有前导字符和尾随字符,文本中间的字符都不会被清除。

如果只清除前导字符,或只清除尾随字符,则可用 Text.TrimStart() 和 Text.TrimEnd(),其用法、语法和 Text.Trim() 完全一样。

Text.Upper()、Text.Lower() 和 Text.Proper() 比较智能,处理时会忽略前导、尾随空格,但是处理结果仍然保留前导、尾随空格,如图 14-26 所示。

图 14-26　前导、尾随空格的处理

14.9　Text.Clean()

Text.Clean() 的作用是清除不可见打印字符,参数如下:

```
Text.Clean(text as nullable text) as nullable text
```

以文本内换行符为例,在 PQ 中难以分辨是换行还是空格,只能通过下方的区域查看,如图 14-27 所示。

(a) Excel中的单元格内换行　　　(b) PQ中的文本换行符

图 14-27　文本内的换行符

在 PQ 中有文本内换行符,但上载到 Excel 中时不能立即显示,设置方法是在 Excel 功能区单击"开始"→"自动换行",这样才能在单元格内显示出多行的效果。

数据中前导、尾随空格、不可见打印字符同时存在,处理方法等同的代码如下:

```
= Text.Trim (Text.Clean(" 文 本 "))
= Text.Clean(Text.Trim(" 文 本 "))
```

不可见打印字符的数量巨大,Text.Clean() 只能清除常见的不可见打印字符。

14.10　Expression.Evaluate()

Expression.Evaluate()的作用是将文本格式的表达式转换为可执行的表达式,参数如下:

```
Expression.Evaluate(
document as text,
optional environment as nullable record)
as any
```

第1个参数是文本。

第2个参数是可选参数,是转换依据。

示例代码如下:

```
= Expression.Evaluate ("1 + 1")    //2
```

M函数特有的表达式,在不指定第2个参数的情况下,Expression.Evaluate()无法识别,如图14-28所示。

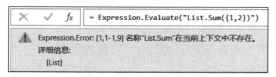

图 14-28　忽略第 2 个参数的错误提示

在第2个参数中,可用♯shared指定转换的依据,代码如下:

```
= Expression.Evaluate ("List.Sum({1,2})", ♯ shared)    //3
```

14.11　特定列转换类型案例

【例 14-5】　根据对照表对列做相应的类型转换,如图 14-29 所示。

T1	T2	D1	other1	other2
1	4	2023/3/11	甲	丁
2	5	2023/3/12	乙	戊
3	6	2023/3/13	丙	己

列名	类型
T1	Text.From
T2	Text.From
D1	Date.From
D2	Date.From

(a) 报表　　　　　　　　　　(b) 对照表

图 14-29　数据源报表和对照表

将两张表导入 PQ 中,对照表中的值 Text.From 是文本,使用 Expression.Evaluate()转换为 function,如图 14-30 所示。

为了构造 Table.TransformColumns()的第 2 个参数 lists as list 的格式,用 Table.ToRows()转换对照表,对照表的最终代码如下:

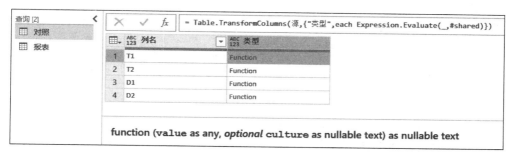

图 14-30　文本转换为 function

```
//ch14.11 - 01
let
    源 = Excel.CurrentWorkbook(){[Name = "对照"]}[Content],
    转换 = Table.TransformColumns(源,
            {"类型",each Expression.Evaluate(_,#shared)}),
    结果 = Table.ToRows(转换)
in
    结果
```

结果如图 14-31 所示。

下一步,对报表进行转换,代码如下:

```
//ch14.11 - 02
let
    源 = Excel.CurrentWorkbook()
{[Name = "报表"]}[Content],
    结果 = Table.TransformColumns(源,对照,null,1)
in
    结果
```

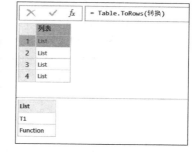

图 14-31　对照表转换的结果

结果如图 14-32 所示。

	A⁰_C T1	A⁰_C T2	D1	ABC 123 other1	ABC 123 other2
1	1	4	2023/3/11	甲	丁
2	2	5	2023/3/12	乙	戊
3	3	6	2023/3/13	丙	己

= Table.TransformColumns(源,对照,null,1)

图 14-32　动态的数据类型转换

本案例将对照表的查询进行了转换,这样操作使数据源报表的转换代码变得很简洁。

14.12　Table.TransformColumnNames()

对列重新命名的函数有两个,一个是 Table.RenameColumns(),另一个是 Table.TransformColumnNames()。

Table.TransformColumnNames()的参数如下:

```
Table.TransformColumnNames(
table as table,
nameGenerator as function,
optional options as nullable record)
as table
```

第 1 个参数是表。

第 2 个参数的类型是 function。

第 3 个参数是可选参数，类型是 record。

【例 14-6】 标题中有前导空格、尾随空格、中间空格、英文，需要对标题进行清洗，删除空格，将英文单词的首字母大写，数据源如图 14-33 所示。

姓 名	数 学	语 文	英 语	math	english
甲	10	20	30	40	50
乙	40	50	60	70	80
丙	70	80	90	100	100

图 14-33 数据源清洗标题

代码如下：

```
= Table.TransformColumnNames(源,each _)
= Table.TransformColumnNames(源,each _&"遍历")
```

结果如图 14-34 所示。

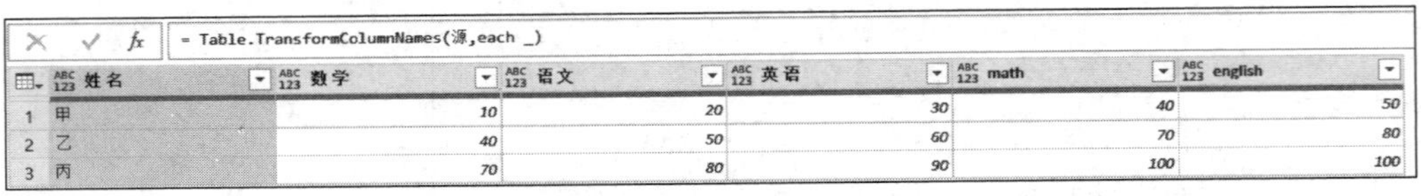

	姓 名	数 学	语 文	英 语	math	english
1	甲	10	20	30	40	50
2	乙	40	50	60	70	80
3	丙	70	80	90	100	100

(a) 第2个参数举例1

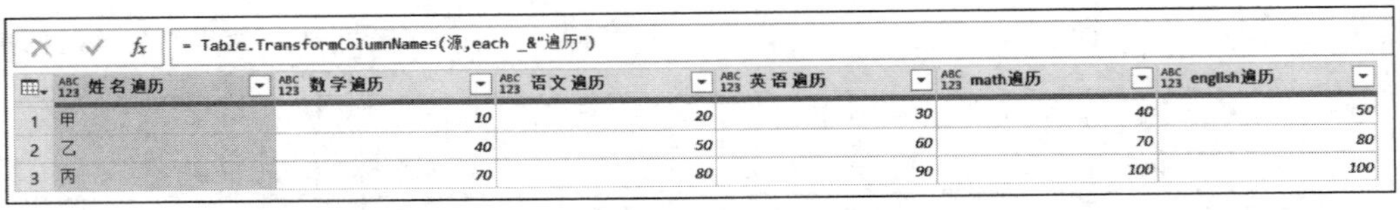

	姓 名遍历	数 学遍历	语 文遍历	英 语遍历	math遍历	english遍历
1	甲	10	20	30	40	50
2	乙	40	50	60	70	80
3	丙	70	80	90	100	100

(b) 第2个参数举例2

图 14-34 第 2 个参数的遍历

从图 14-34 中可以看出，第 2 个参数的“each _”代表第 1 个参数表的所有标题依次遍历。

删除标题中的空格，并且将首字母大写，代码如下：

```
//ch14.12 - 01
= Table.TransformColumnNames(源,each
    Text.Proper(Text.Remove(Text.Trim(_)," ")))
```

结果如图 14-35 所示。

ABC 123 姓名	ABC 123 数学	ABC 123 语文	ABC 123 英语	ABC 123 Math	ABC 123 English
1 甲		10	20	30	40	50
2 乙		40	50	60	70	80
3 丙		70	80	90	100	100

fx = Table.TransformColumnNames(源,each Text.Proper(Text.Remove(Text.Trim(_)," ")))

图 14-35　第 2 个参数的灵活应用

第 2 个参数是 function，当表达式只有一个函数且函数只有一个必选参数时，each _ 可以省略，示例代码如下：

```
= Table.TransformColumnNames(源, Text.Proper)
```

结果如图 14-36 所示。

fx = Table.TransformColumnNames(源,Text.Proper)

ABC 123 姓名	ABC 123 数学	ABC 123 语文	ABC 123 英语	ABC 123 Math	ABC 123 English
1 甲		10	20	30	40	50
2 乙		40	50	60	70	80
3 丙		70	80	90	100	100

图 14-36　function 的简写形式

只对某几个标题进行处理，可以采用 if 语句对遍历的标题进行判断，代码如下：

```
= Table.TransformColumnNames(源,each
    if Text.Contains(_,"名") then "同学" else _)
```

结果如图 14-37 所示。

fx = Table.TransformColumnNames(源,each if Text.Contains(_,"名") then "同学" else _)

ABC 123 同学	ABC 123 数学	ABC 123 语文	ABC 123 英语	ABC 123 math	ABC 123 english
1 甲		10	20	30	40	50
2 乙		40	50	60	70	80
3 丙		70	80	90	100	100

图 14-37　第 2 个参数的灵活应用

第 3 个参数是选项设置，使用说明如图 14-38 所示。

图 14-38　第 3 个参数使用说明

示例代码如下：

```
= Table.TransformColumnNames(源,each _,[MaxLength = 5])
```

结果如图 14-39 所示。

× ✓ fx	= Table.TransformColumnNames(源,each _,[MaxLength=5])					
⊞▾ ABC 123 姓名 ▾	ABC 123 数学 ▾	ABC 123 语文 ▾	ABC 123 英语 ▾	ABC 123 math ▾	ABC engli ▾	▾
1 甲	10	20	30	40	50	
2 乙	40	50	60	70	80	
3 丙	70	80	90	100	100	

图 14-39 第 3 个参数

本例中，使用 Table.RenameColumns()重命名的代码如下：

```
//ch14.12 - 02
= Table.RenameColumns(源,
    List.Transform(
        Table.ColumnNames(源),
        each {_,Text.Proper(Text.Remove(Text.Trim(_)," "))}))
```

当对所有列名进行统一的清洗时，使用 Table.TransformColumnNames()比使用 Table.RenameColumns()代码更加简洁。

Text.Remove()的用法参见 20.10 节。

14.13 练习

【例 14-7】 将法定年假、福利年假修改为年假，数据源如图 14-40 所示。

参考代码如下：

```
= Table.TransformColumns(源,{"类型",each
    if Text.Contains(_,"年假") then "年假" else _})
```

结果如图 14-41 所示。

姓名	类型	小时数
甲	法定年假	1
乙	法定年假	2
丙	福利年假	3
丁	福利年假	4
戊	产假	5
己	调休假	6
庚	事假	7
辛	病假	8

图 14-40   数据源

× ✓ fx	= Table.TransformColumns(源,{"类型",each if Text.Contains(_,"年假") then "年假" else _})	
⊞▾ ABC 123 姓名 ▾	ABC 123 类型 ▾	ABC 123 小时数 ▾
1 甲	年假	1
2 乙	年假	2
3 丙	年假	3
4 丁	年假	4
5 戊	产假	5
6 己	调休假	6
7 庚	事假	7
8 辛	病假	8

图 14-41   休假类型的转换

【例 14-8】 在金额列增加单位"万元"，数据源如图 14-42 所示。

商品	金额
手机	1.1
电脑	2.1
家具	3.1

图 14-42 数据源

参考代码如下：

```
= Table.TransformColumns(源,{"金额",each Text.From(_)&"万元"})
```

结果如图 14-43 所示。

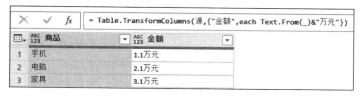

图 14-43 增加金额列的单位

第 15 章

替换案例学函数

实操中，Table.ReplaceValue()使用非常频繁。Table.TransformColumns()的局限性在于不能引用除了当前列之外的列值，Table.ReplaceValue()具备 Table.AddColumn()和 Table.TransformColumns()的优势，使用该函数，能够简化代码，并且可满足复杂的转换需求。

15.1 Table.ReplaceValue()

15.1.1 界面操作

数据源如图 15-1 所示。

第 1 列是文本，其余列是数字。将第 1 个值"甲"替换成"1"。

选中姓名列，在 PQ 功能区单击"转换"→"替换值"→"替换值"，打开"替换值"对话框，如图 15-2 所示。

在"替换值"对话框中，不勾选"单元格匹配"，结果如图 15-3 所示。

姓名	数学	语文	英语
甲甲	10	20	30
乙	20	30	40
丙	30	40	50
丁	40	50	60

图 15-1　数据源

在"替换值"对话框中，勾选"单元格匹配"，结果如图 15-4 所示。

PQ 自动补全的代码如下：

```
= Table.ReplaceValue(源,"甲","1",Replacer.ReplaceText, {"姓名"})
= Table.ReplaceValue(源,"甲","1",Replacer.ReplaceValue,{"姓名"})
```

是否勾选"单元格匹配"，区别在于第 4 个参数所用的函数。对于 Replace.ReplaceText()，将"甲甲"中的每个"甲"替换成了"1"，其作用相当于 Text.Replace()。对于 Replace.ReplaceValue()，"甲甲"不能完全匹配"甲"，所以姓名列未变化。

选中数学列，将 1 替换成 2，"替换值"对话框如图 15-5 所示。

PQ 会自动补全代码，代码如下：

```
= Table.ReplaceValue(源,1,2,Replacer.ReplaceValue,{"数学"})
```

对数值列进行替换，在弹出的"替换值"对话框中，界面与文本列弹出的对话框不完全相

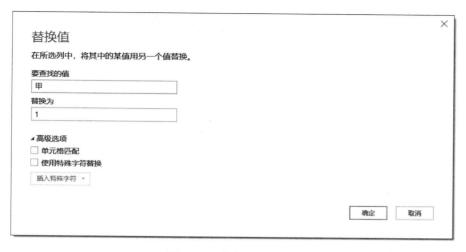

图 15-2　"替换值"对话框

	ABC 姓名	ABC 123 数学	ABC 123 语文	ABC 123 英语
1	11	10	20	30
2	乙	20	30	40
3	丙	30	40	50
4	丁	40	50	60

`= Table.ReplaceValue(源,"甲","1",Replacer.ReplaceText,{"姓名"})`

图 15-3　不勾选"单元格匹配"的结果

	ABC 123 姓名	ABC 123 数学	ABC 123 语文	ABC 123 英语
1	甲甲	10	20	30
2	乙	20	30	40
3	丙	30	40	50
4	丁	40	50	60

`= Table.ReplaceValue(源,"甲","1",Replacer.ReplaceValue,{"姓名"})`

图 15-4　勾选"单元格匹配"的结果

图 15-5　数字列对应的"替换值"对话框

同。因为，对于数值而言，只能"完全匹配"，数学列没有 1，因此替换后无变化，结果如图 15-6 所示。

图 15-6　数字的替换

对于简单的替换，可用界面操作完成。实际上，只要理解该函数遍历传参的原理，就能够实现功能非常强大的替换。

15.1.2　语法结构

Table.ReplaceValue() 的作用是将旧值替换成新值，参数如下：

```
Table.ReplaceValue(
table as table,
oldValue as any,
newValue as any,
replacer as function,
columnsToSearch as list)
as table
```

第 1 个参数是要替换的表。

第 2 个参数是旧值。第 3 个参数是新值。第 2 个参数和第 3 个参数的类型可以是任何值类型，是引用其他列的关键。

第 4 个参数的类型是 function，是替换过程的表达式。

第 5 个参数是要替换的列。

这 5 个参数都是必选参数。

先从由操作界面自动补全的代码讲解，代码如下：

```
= Table.ReplaceValue(源,"甲","1",Replacer.ReplaceValue,{"姓名"})
```

第 4 个参数 Replacer.ReplaceValue() 是替换器函数，参数如下：

```
Replacer.ReplaceValue(原始值,替换的旧值,替代的新值)
```

该函数有 3 个参数，不能用 each 替代参数。在 PQ 自动补全的代码中，Table.ReplaceValue() 是省略的写法。第 4 个参数还原后，代码如下：

```
(x,y,z) => Table.ReplaceValue(x,y,z)
```

该函数的作用是替换值，x 是原始值，y 是旧值，z 是新值。

第 5 个参数是要替换的列,遍历该列每行的值,符合条件的值会被替换,因此,第 4 个参数中的 x 代表第 5 个参数的值。第 5 个参数的类型是 list,替换的列名放在 list 中,示例代码如下:

```
{"姓名","数学","语文"}
```

第 2 个参数是旧值,因此,第 4 个参数的 y 是从第 2 个参数传递过来的。

第 3 个参数是新值,因此,第 4 个参数的 z 是从第 3 个参数传递过来的。

x、y、z 的传参顺序如图 15-7 所示。

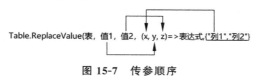

图 15-7 传参顺序

Table. ReplaceValue()的传参顺序比较"逆反",x 从右边传,y、z 从左边传,记忆的方法是目视相应的参数方向,熟念 x、y、z。

第 4 个参数的类型是 function,非常灵活,不仅限于 Replace. ReplaceValue(),只要是函数表达式即可。对第 4 个参数进一步还原,代码如下:

```
(x,y,z) => 表达式
```

示例代码如下:

```
 = Table. ReplaceValue(
源,
null,
null,
(x,y,z) => if x>30 then "优秀" else "合格",
{"数学"})
```

在上述代码中,x 是数学列的值,当值大于 30 时,替换为"优秀",否则替换为"合格"。(x,y,z) => 右边表达式的结果,就是替换后的结果,呈现在第 5 个参数所在的列,结果如图 15-8 所示。

	姓名	数学	语文	英语
1	甲甲	合格	20	30
2	乙	合格	30	40
3	丙	合格	40	50
4	丁	优秀	50	60

```
= Table. ReplaceValue(
源,
null,
null,
 (x,y,z)=>if x>30 then "优秀" else "合格",
{"数学"})
```

图 15-8 替换数学列

上述代码可以看出,x、y、z 都会被传递到第 4 个参数,但是自定义函数的表达式不一定会用到 x、y、z,示例代码如下:

```
= Table.ReplaceValue(
源,
null,
null,
(x,y,z) => 1,
{"数学"})
```

如果第 4 个参数的结果是 1,数学列的值就被替换为 1,如图 15-9 所示。

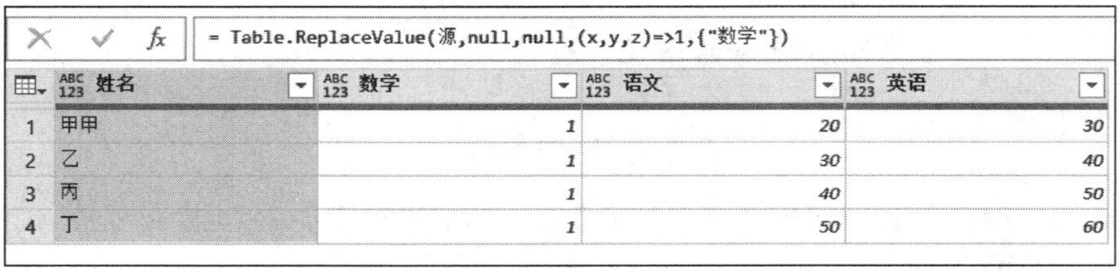

	ABC 123 姓名	ABC 123 数学	ABC 123 语文	ABC 123 英语
1	甲甲	1	20	30
2	乙	1	30	40
3	丙	1	40	50
4	丁	1	50	60

图 15-9　表达式的作用

【例 15-1】 如果语文列的值＞30,则姓名列与"优秀"连接,否则与"良好"连接。姓名列放在第 5 个参数,是被替换的列,如何引用语文列当前行的值?答案是第 2 个参数、第 3 个参数将发挥作用。

Table.ReplaceValue()的第 1 个参数是 table,将 table 转换成每行的 record 形式传递到第 2 个参数、第 3 个参数,当第 2 个参数、第 3 个参数用 function 时,each _ 中的"_"代表当前行的 record 形式,示例代码如下:

```
= Table.ReplaceValue(
源,
each _,
each _,
(x,y,z) => 1,
{"数学"})
```

因为第 4 个参数未用到 x、y、z,所以结果仍然如图 15-9 所示。

第 2 个参数、第 3 个参数的类型是 any,可以是任何类型的值,示例代码如下:

```
= Table.ReplaceValue(源,each 1,each 1,(x,y,z) => 1,{"数学"})
= Table.ReplaceValue(源,1,      1,    (x,y,z) => 1,{"数学"})
= Table.ReplaceValue(源,(n) => 1,(m) => 1,(x,y,z) => 1,{"数学"})
= Table.ReplaceValue(源,1,      null,  (x,y,z) => 1,{"数学"})
```

根据上述原理,第 2 个参数和第 3 个参数不再局限于理解为旧值、新值,而是两个备用值,用来引用其他列的值或其他表的值,并且传递到第 4 个参数。第 2 个参数、第 3 个参数是否起作用,完全看第 4 个参数的表达式。

解决案例需求,使用第 2 个参数或第 3 个参数,效果等同的代码如下:

```
//ch15.1 - 01
方法 1 =
Table.ReplaceValue(
源,
each _[语文],
null,
(x,y,z) => if y > 30 then x&"优秀" else x&"良好",
{"姓名"})

方法 2 =
Table.ReplaceValue(
源,
null,
each _[语文],
(x,y,z) => if z > 30 then x&"优秀" else x&"良好",
{"姓名"})
```

结果如图 15-10 所示。

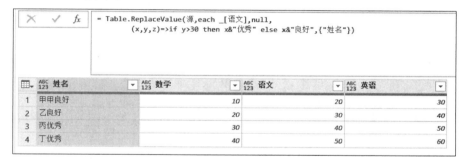

图 15-10　灵活使用第 2 个和第 3 个参数

第 2 个和第 3 个参数的"_"代表 record,当用标题深化时"_"可以省略。

Table.ReplaceValue()的第 2 个参数和第 3 个参数提供了两个可引用其他列或其他表的备用值,函数的灵活度非常高。

同类函数有 List.ReplaceValue()。

15.2　动态求和案例

【例 15-2】　有如图 15-1 所示的数据源,科目列可能增加或减少,如果所有成绩和≥100分,则姓名列连接"/合格",否则连接"/不合格"。

第 5 个参数是姓名列,是呈现结果的列,为参数 x。如果要引用其他列作为判断条件,则可使用第 2 个或第 3 个参数。

当不熟悉如何使用第 2 个参数、第 3 个参数时,可通过添加辅助列理解。

Table.ReplaceValue()的 each _是每行的 record 形式,与 Table.AddColumn()同理,因此,可通过 Table.AddColumn()创建参数 y、z,再复制到 Table.ReplaceValue()中。在讲解 Table.SelectRows()函数时,也可通过辅助列法来理解,可见 M 函数的原理、用法相通。

添加一列，代码如下：

```
= Table.AddColumn(源, "第 2 个或第 3 个参数",
    each List.Sum(List.Skip(Record.ToList(_))))
```

对除了第 1 列以外的所有列求和，结果如图 15-11 所示。

```
= Table.AddColumn(源, "第2个或第3个参数", each List.Sum(List.Skip(Record.ToList(_))))
```

	姓名	数学	语文	英语	第二或第三参数
1	甲甲	10	20	30	60
2	乙	20	30	40	90
3	丙	30	40	50	120
4	丁	40	50	60	150

图 15-11 添加辅助列求和

将 Table.AddColumn()的第 3 个参数复制到 Table.ReplaceValue()的第 2 个参数或者第 3 个参数，代码如下：

```
//ch15.2 - 01
= Table.ReplaceValue(
源,
each List.Sum(List.Skip(Record.ToList(_))),
null,
(x,y,z) = > if y > = 100 then x&"/合格" else x&"/不合格",
{"姓名"})
```

结果如图 15-12 所示。

```
= Table.ReplaceValue(源,
  each List.Sum(List.Skip(Record.ToList(_))),
  null,
 (x,y,z)=>if y>=100 then x&"/合格" else x&"/不合格",
 {"姓名"} )
```

	姓名	数学	语文	英语
1	甲甲/不合格	10	20	30
2	乙/不合格	20	30	40
3	丙/合格	30	40	50
4	丁/合格	40	50	60

图 15-12 替换的结果

15.3 技能等级替换案例

【例 15-3】 现有两张表，第 1 张表存储的是人员技能，第 2 张表存储的是技能描述。需求是，将人员的技能等级数字 1、2、3、4、5 改成文字描述，如图 15-13 所示。

姓名	叉车	天车
甲	1	2
乙	3	4
丙	5	2

(a) 技能源

等级	描述
1	不会
2	理论知识
3	能够上岗
4	经验丰富
5	能够传授

(b) 描述表

图 15-13 数据源技能表和描述表

将两张表导入 PQ 中,如图 15-14 所示。

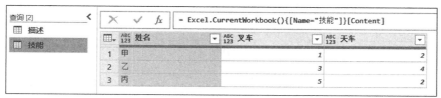

(a)描述表

(b)技能表

图 15-14　将数据源导入 PQ 中

代码如下:

```
//ch15.3 - 01
let
    源 = Excel.CurrentWorkbook(){[Name = "技能"]}[Content],
    替换 = Table.ReplaceValue(
        源,
        描述[等级],
        描述[描述],
        (x,y,z) = > z{List.PositionOf(y,x)},
        List.Skip(Table.ColumnNames(源)))
in
    替换
```

结果如图 15-15 所示。

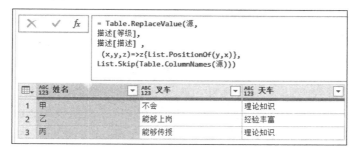

图 15-15　查找索引深化描述

在上述代码中,第 2 个和第 3 个参数用于引用描述表,使第 4 个参数简洁明了。用 List.PositionOf()查找数字等级在描述表等级列的索引,根据索引深化出描述。第 5 个参数用了动态的列名。

15.4 模糊替换案例

【**例 15-4**】 在 9.11 节的多 IF 案例中,用 List.PositionOf()实现了模糊查找,本节用同一思路实现多列的替换,将成绩表的科目成绩替换成描述,数据源如图 15-16 所示。

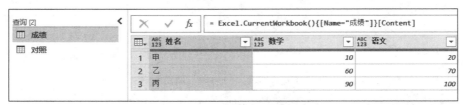

(a) 成绩表

(b) 对照表

图 15-16 数据源成绩表和对照表

在成绩表中,增加替换的步骤,代码如下:

```
//ch15.4 - 01
let
    源 = Excel.CurrentWorkbook(){[Name = "成绩"]}[Content],
    替换 = Table.ReplaceValue(
        源,
        each 对照[描述],
        each 对照[成绩],
        (x,y,z) = > y{List.PositionOf(z,x,0,(a,b) = > b < a)},
        List.Skip(Table.ColumnNames(源)))
in
    替换
```

如果将第 2 个参数、第 3 个参数写为 null,对照表的信息都放在第 4 个参数,则会导致第 4 个参数非常烦琐。第 2 个参数、第 3 个参数分别引入了对照表的成绩列和描述列,使第 4 个参数非常简洁。第 4 个参数的表达式用 List.PositionOf()实现模糊查询,需要用到 List.PositionOf()的第 3 个参数,因此,要区分 x、y、z、a、b 这 5 个参数传递的值。第 5 个参数用了动态标题。

结果如图 15-17 所示。

图 15-17　模糊查找替换的结果

15.5　Table.ReplaceErrorValues()

M 函数中,方法名含有 Error 的函数见表 15-1。

表 15-1　含有 Error 的函数

函 数 名	参 数
Table.ReplaceErrorValues	(table as table,errorReplacement as list) as table
Table.SelectRowsWithErrors	(table as table,optional columns as nullable list) as table
Table.RemoveRowsWithErrors	(table as table,optional columns as nullable list) as table
Error.Record	(reason as text,optional message as nullable text,optional detail as any) as record

选中一列或多列,在 PQ 功能区单击"转换"→"替换值"→"替换错误",在弹出的"替换错误"对话框中输入 null,如图 15-18 所示。

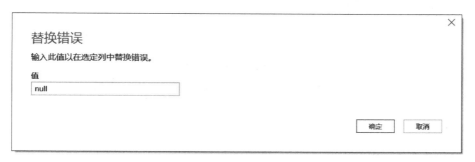

图 15-18　"替换错误"对话框

PQ 自动补全的代码如下:

```
= Table.ReplaceErrorValues(源, {{"姓名", null}})
```

Table.ReplaceErrorValues()的作用是替换表中的 Error。

第 1 个参数是要替换错误的表。

第 2 个参数的类型是 lists as list,结构是{{标题 1,值},{标题 2,值}},如果只替换一列,则最外层的花括号可以省略。

第 2 个参数是必选参数,如果要替换所有列,并且错误值都替换成 null,则可采用 List. Zip() 的技巧,参见 13.18 节。示例代码如下:

```
= Table.ReplaceErrorValues(
源,
List.Zip(
{Table.ColumnNames(源),{}}
))
```

15.6　Table.SelectRowsWithErrors()

选中一列或多列,在 PQ 功能区单击"开始"→"保留行"→"保留错误"。

选中一列或多列,在 PQ 功能区单击"开始"→"删除行"→"删除错误"。

PQ 自动补全的代码如下:

```
= Table.SelectRowsWithErrors(源, {"姓名"})
= Table.RemoveRowsWithErrors(源, {"姓名"})
```

Table.SelectRowsWithErrors() 和 Table.RemoveRowsWithErrors() 的作用是保留/删除含有错误值的行。

第 1 个参数是要处理的表。

第 2 个参数是可选参数,类型是 list,囊括要检查的列,遍历该列的每个值,并保留/删除错误值所在的行。如果省略第 2 个参数,则对表的所有列查找错误值。

15.7　错误值处理

PQ 中有多种产生错误值的方式,例如 Excel 中的错误值,导入 PQ 中成为 Error;步骤计算过程中产生的 Error;外部文件不能被 PQ 正确识别,导入 PQ 中也会成为 Error 值,Excel 数据如图 15-19 所示。

| #DIV/0! |
| #N/A |
| #NAME? |
| #VALUE! |
| #NUM! |
| #REF! |
| #NULL! |

图 15-19　Excel 中的错误值

将数据源导入 PQ 中,结果如图 15-20 所示。

从错误提示中,既能看出错误数据来源于 Excel 单元格,还能明确是哪种错误值。

修正错误,代码如下:

```
= Table.TransformColumns(源,{"列 1",each try _ otherwise null})
= Table.AddColumn(源,"列 2", each try _[列 1] otherwise null)
```

用容错语句 try otherwise 处理错误,结果如图 15-21 所示。

从结果可以看出,try otherwise 在不同的函数内的容错能力并不相同。

替换 Error,用 Table.ReplaceErrorValues() 的示例代码如下:

(a) 错误提示举例1

(b) 错误提示举例2

图 15-20 将数据源中的错误导入 PQ 中

(a) 测试容错语句

(b) 测试容错语句

图 15-21 try otherwise 替换错误值

```
//ch15.7 - 01
= Table.ReplaceErrorValues(源, {{"列 1", null}})
= Table.ReplaceErrorValues(源, {"列 1", null})
//当只有一列时,第 2 个参数最外层的花括号可以省略
= Table.ReplaceErrorValues(源,
    List.Zip({Table.ColumnNames(源),{}}))
//替换所有列的错误值的简易写法
```

表达式在计算过程中产生的 Error,示例代码如下:

```
= List.Select({1..3},each (_ + "A")> 2)
```

结果如图 15-22 所示。

计算过程的容错处理可采用 try otherwise,修改后的代码如下:

```
= List.Select({1..3},each try (_ + "A")> 2 otherwise true)
```

结果如图 15-23 所示。

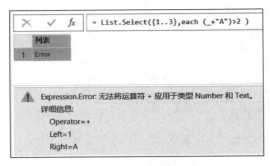

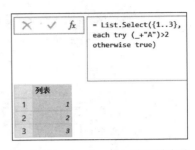

图 15-22　计算过程中产生的 Error　　　　图 15-23　try otherwise 的容错方法

经过实践发现,不同的 Excel 版本,其函数的容错能力也不相同。例如在 Excel 2016 中,上述代码可能仍提示错误,try otherwise 在 List.Select() 的第 2 个参数中无法发挥容错的作用,这是由函数设计决定的,当遇到这种情况时,可将数据源 list 转换为 table,用 Table.ReplaceErrorValues() 替换错误值。

当数据量的行数比较多时,不容易发现错误值在第几行,可以通过以下方法检查。

方法一,用 Table.SelectRowsWithErrors() 筛选出错误行。

方法二,如果在"查询 & 连接"窗口单击"1 个错误",则可将错误行导出为一个新的 PQ 查询,如图 15-24 所示。

当使用函数参数时要注意运算过程产生的错误值会对函数的返回结果产生影响,数据源如图 15-25 所示。

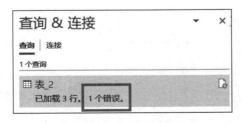

图 15-24　错误行的查询　　　　图 15-25　数据源

筛选供应商列包含"甲"的行,代码如下:

```
= Table.SelectRows(源,each Text.Contains([供应商],"甲"))
```

结果如图 15-26 所示。

图 15-26　筛选行

数据源有的行是数字而不是文本,造成 Text.Contains()的返回结果为 Error,从而导致 Table.SelectRows()返回行中有 Error。

修正错误的方法有两种,一种是将供应商列转换为文本类型,另一种是用容错语句,代码如下:

```
= Table.SelectRows(源,each try
    Text.Contains([供应商],"甲") otherwise false)
```

在实操中,经常会遇到一种情况:步骤提示错误,但仔细检查该步骤代码却没有任何错误,解决此问题的方法是检查前步骤相关的列值是否有 Error,因为 Error 会导致本步骤在引用相关数据的过程中出现问题,举例如图 15-27 所示。

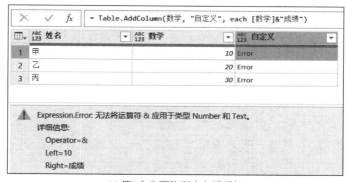

(a) 第1个步骤的列中有错误值

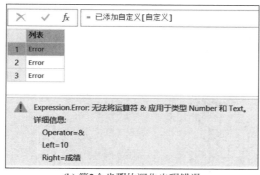

(b) 第2个步骤的深化出现错误

图 15-27　查找错误来源

从图 15-27 中可以看出,深化步骤的错误提示实际上是前步骤的数据问题。

15.8　快速显示错误值

当数据多、列多、错误比较分散时,用筛选错误行的方法也不方便查看错误出现的位置。用界面操作,可集中显示错误位置的方法,步骤如图 15-28 所示。

列1	列2	列3	列4	列5	列6	列7
#DIV/0!	1	1	1	1	#DIV/0!	1
1	1	1	1	1	1	1
1	#DIV/0!	1	1	#DIV/0!	1	1
1	1	1	1	1	#DIV/0!	1
1	1	#DIV/0!	1	1	1	1
1	1	1	1	1	1	#DIV/0!
1	1	1	#DIV/0!	1	1	1
1	1	1	1	1	#DIV/0!	1
1	1	1	1	1	#DIV/0!	1

(a) 错误数据举例

(b) 添加索引列

(c) 以索引列为基准,逆透视其他列

(d) 值列保留错误

图 15-28　显示错误的步骤

= Table.AddColumn(保留的错误, "错误原因", each (try [值])[Error][Message])

	1.2 索引	属性	值	错误原因
1	1	列1	Error	无效的单元值"#DIV/0!"。
2	1	列6	Error	无效的单元值"#DIV/0!"。
3	3	列2	Error	无效的单元值"#DIV/0!"。
4	3	列5	Error	无效的单元值"#DIV/0!"。
5	4	列6	Error	无效的单元值"#DIV/0!"。
6	5	列3	Error	无效的单元值"#DIV/0!"。
7	6	列7	Error	无效的单元值"#DIV/0!"。
8	7	列4	Error	无效的单元值"#DIV/0!"。
9	9	列6	Error	无效的单元值"#DIV/0!"。

(e) 添加错误原因列

图 15-28　（续）

索引列可查看错误出现在第几行，属性列可查看错误所在的列名，PQ 自动补全的代码如下：

```
let
    源 = Excel.CurrentWorkbook(){[Name = "表 1"]}[Content],
    已添加索引 = Table.AddIndexColumn(源, "索引", 1, 1),
    逆透视的其他列 = Table.UnpivotOtherColumns(已添加索引,
        {"索引"}, "属性", "值"),
    保留的错误 = Table.SelectRowsWithErrors(逆透视的其他列, {"值"}),
    已添加自定义 = Table.AddColumn(保留的错误, "错误原因",
        each (try [值])[Error][Message])
in
    已添加自定义
```

当需要判断值是否是 Error 时可使用 try。

15.9　时间参数案例

【例 15-5】 在 11.19 节，列举了 DateTime.ToText()的第 2 个参数的用法，H 代表小时、m 代表分，s 代表秒，是否有其他字母可用？代码如下：

```
//ch15.9 - 01
let
    源 = #datetime(2023, 05, 01, 10, 11, 12),
    遍历 = List.Transform({"a".."z","A".."Z"},
        each {_,DateTime.ToText(源,_)}),
    转表 = Table.FromRows(遍历),
    删除的错误 = Table.RemoveRowsWithErrors(转表, {"Column2"})
in
    删除的错误
```

步骤如图 15-29 所示。

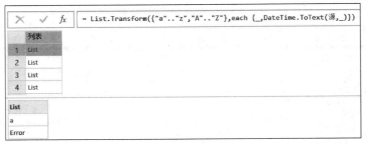

(a) 遍历

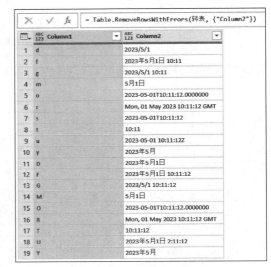

(b) 转表　　　　　　　　　　　　(c) 删除错误行

图 15-29　第 2 个参数可用的字母

示例代码如下：

```
源 = #datetime(2023, 05, 01, 10, 11, 12),
转换 = DateTime.ToText(源,"gyyyy")     //公元 2023
```

15.10　练习

【例 15-6】　将 14.13 节例 14-7 的练习用 Table.ReplaceValue()实现，将法定年假、福利年假修改为年假，参考代码如下：

```
= Table.ReplaceValue(
源,
null,
null,
(x,y,z) => if Text.Contains(x,"年假") then "年假" else x,
{"类型"})
```

【**例 15-7**】 将 14.13 节例 14-8 的练习用 Table.ReplaceValue()实现,在金额列增加单位"万元",参考代码如下:

```
= Table.ReplaceValue(
源,
null,
null,
(x,y,z) => Text.From(x)&"万元",
{"金额"})
```

【**例 15-8**】 第 1 列姓名列不变,对于其他列中的值,如果是 S(不区分大小写),则保留,否则替换为 0,如图 15-30 所示。

姓名	项目1	项目2
甲	A	s
乙	B	S
丙	C	D

姓名	项目1	项目2
甲	0	s
乙	0	S
丙	0	0

图 15-30 数据源和结果

参考代码如下:

```
= Table.ReplaceValue(
源,
null,
null,
(x,y,z) => if List.PositionOf({"s","S"},x)<> - 1 then x else 0,
List.Skip(Table.ColumnNames(源)))
```

第 16 章

透视和分组

透视、逆透视、分组在数据清洗中使用频繁,本章通过这三者的关联与区别讲解函数的用法。

16.1　透视

16.1.1　一维表和二维表

做数据分析时数据源应该是规范的,规范的一个标准是数据布局应是一维表。

二维表如图 16-1 所示。

一维表如图 16-2 所示。

姓名	一月	二月	三月
甲	1	2	3
乙	4	5	6
丙	7	8	9

图 16-1　二维表

姓名	月份	金额
甲	一月	1
甲	二月	2
甲	三月	3
乙	一月	4
乙	二月	5
乙	三月	6
丙	一月	7
丙	二月	8
丙	三月	9

图 16-2　一维表

二维表符合阅读习惯,适合展示分析结果,但是作为数据源进行数据分析时则需要一维表。

一维表的每列是一个维度,列名是该列值的共同属性。一维表的每行是一条独立的记录。

将二维表和一维表分别做成数据透视表,如图 16-3 所示。

一维表的月份字段是一个维度,可以作为切片器拖到数据透视表的区域进行分析;二维表的月份字段是多个维度,不利于做数据分析。

因此,数据分析的思路是将二维表转换成一维表。

为什么叫"数据透视表"?"透视"是将一维表(如图 16-2 所示)转换成二维表(如图 16-1 所示),"逆透视"是将二维表转换成一维表。只有理解了这个原理,才能区分使用 PQ 中的"透视列"还是"逆透视列"功能。

(a) 二维表和一维表的数据透视表字段

(b) 二维表和一维表的数据透视表

图 16-3　二维表和一维表的数据透视表比较

PQ 中的"透视列"功能能否替代数据透视表？

PQ 透视的标题列有且只有一列，而数据透视表能够将多个字段拖曳到列标签，如图 16-4 所示。

因此，在数据分析中，用 PQ 的透视功能还是用 Excel 的数据透视表，还可以从列标签的需求上考虑。

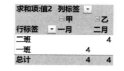

图 16-4　数据透视表实现多字段列标签

根据需求选用 Excel 的数据透视表或 PQ 的透视列功能。当维度转换是清洗过程的一个步骤时，必须在 PQ 中完成；当维度转换是最后呈现的结果且列标签只有一个字段时，可在 PQ 中完成，也可通过 PQ 将数据清洗成一维表后在 Excel 的数据透视表中完成。

16.1.2　Table.Pivot()

Table.Pivot() 的作用是对表进行透视，将表从一维表转换成二维表，参数如下：

```
Table.Pivot(
table as table,
pivotValues as list,
attributeColumn as text,
valueColumn as text,
optional aggregationFunction as nullable function)
as table
```

从 Excel 数据透视表的布局上能更好地理解 PQ 透视列的原理。

将数据源做成数据透视表,数据透视表分为 3 部分,即行标签、列标签、值的聚合区域,如图 16-5 所示。

  (a) 数据源   (b) 透视表的行标签、列标签、值区域   (c) 数据透视表的字段布局

图 16-5 数据透视表

Table.Pivot()的参数比较多,可通过界面操作补全代码,再进一步修改。

透视在 PQ 功能区的操作是先选中要透视的列(要成为列标签的数据列),本例中是科目列,然后单击“转换”→“透视列”,在“透视列”对话框的“值列”下拉列表中选择“成绩”(要拖曳到数据透视表“值”的字段),然后在“高级选项”中选择“求和”(数据透视表“值”区域的求和项),如图 16-6 所示。

图 16-6 “透视列”对话框

PQ 自动补全的代码如下：

```
= Table.Pivot(
源,
List.Distinct(源[科目]),
"科目",
"成绩",
List.Sum)
```

结果如图 16-7 所示。

	ABC 123 姓名	ABC 123 数学	ABC 123 语文	ABC 123 英语	ABC 123 政治
1	乙	null	null	30	40
2	甲	10	20	null	null

fx = Table.Pivot(源, List.Distinct(源[科目]), "科目", "成绩", List.Sum)

图 16-7 透视结果

操作的顺序很重要，必须先选中要透视的列（科目列），在"透视列"对话框中选择要聚合的列（成绩列），因为操作的顺序会匹配到相应的参数中。

第 1 个参数是要透视的表。

第 2 个参数的类型是 list，是横向铺开的字段，list 中有几个元素，则横向平铺几列。本例中将科目列深化成 list，该 list 的元素通常是重复的，例如{"数学","语文","英语","数学","语文"}，因此用 List.Distinct()做去重处理。

第 3 个参数的类型是文本，是列标签的字段。通常第 2 个参数和第 3 个参数指同一个字段。第 2 个参数深化的是列标签的字段，这两个参数似乎有重叠性。将第 2 个字段的 list 展开书写，示例代码如下：

```
= Table.Pivot(
源,
{"数学","a"},
"科目",
"成绩",
List.Sum)
```

结果如图 16-8 所示。

图 16-8 修改第 2 个参数

第 2 个参数未对科目列去重，而是写了固定的字段名，数学是存在于科目列的，但 a 并不存在于科目列，仍会增加一个平铺的字段，不会报错。

这样写第 2 个参数的实际用途并不大，实操中，保留界面操作出来的代码即可。

第 3 个参数的类型是文本,只能写一个字段名,因此,只能将一个字段拖曳到列标签。

第 4 个参数的类型是文本,是要聚合的列,只能写一个字段名,因此,只能聚合一个列。

第 5 个参数的类型是 function,是聚合的方式。修改第 5 个参数,代码如下:

```
 = Table.Pivot(
源,
List.Distinct(源[科目]),
"科目",
"成绩",
each _)
```

结果如图 16-9 所示。

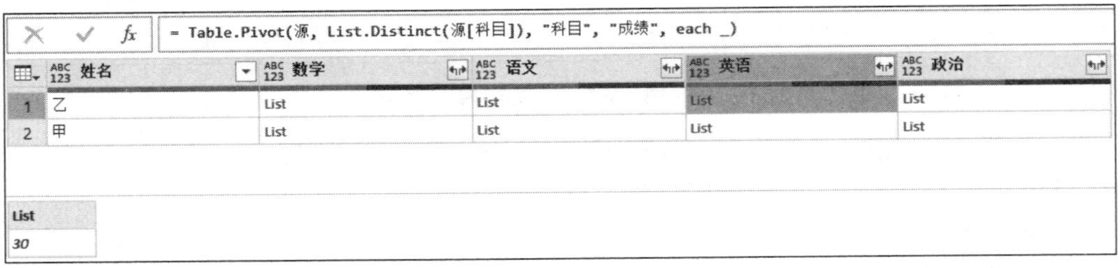

图 16-9　修改第 5 个参数

"_"代表列标签与行标签交叉的所有的值,交叉的值可能没有,也可能超过一个,因此,这些值放在 list 中呈现。

如果理解了第 5 个参数的原理,则可以做各种各样的聚合,示例代码如下:

```
//ch16.1 - 01
 = Table.Pivot(
源,
List.Distinct(源[科目]),
"科目",
"成绩",
each Text.From(List.Count(_))&"个")
```

结果如图 16-10 所示。

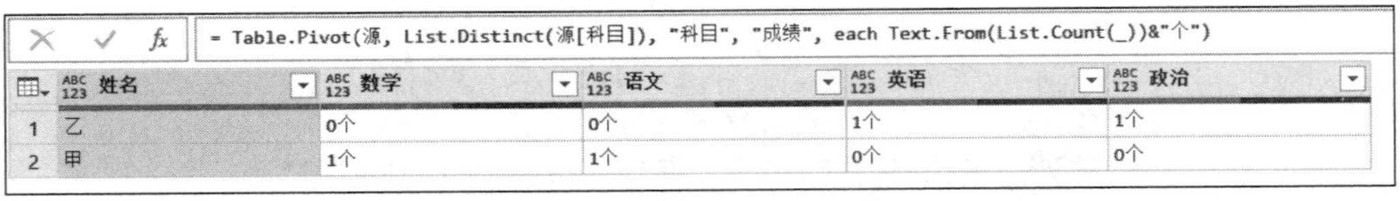

图 16-10　第 5 个参数的灵活应用

可见,通过界面操作出来的第 5 个参数 List.Sum 是 each List.Sum(_)的简写形式。

16.1.3　语法要点

通过 Table.Pivot()的参数可以看出,代码中并未涉及行标签,PQ 将除了列标签和值区域以外的所有列都视为行标签。

行标签可以没有,也可以有多个。没有行标签相当于 Excel 数据透视表未将任何字段拖曳到行标签,而多行标签相当于 Excel 数据透视表将多个字段拖曳到行标签。

透视结果如图 16-11 所示。

科目	成绩
数学	10
语文	20
英语	30
政治	40

(a) 数据源只有两列

(b) 透视科目列的结果

姓名	班级	科目	成绩
甲	一班	数学	10
乙	二班	语文	20
丙	三班	英语	30
丁	三班	政治	40

(c) 数据源多于3列

		f_x	= Table.Pivot(源, List.Distinct(源[科目]), "科目", "成绩", List.Sum)				
	姓名	班级	数学	语文	英语	政治
1	丁	三班	null	null	null	40
2	丙	三班	null	null	30	null
3	乙	二班	null	20	null	null
4	甲	一班	10	null	null	null

(d) 透视科目列的结果

图 16-11   是否有行标签的透视结果

在透视的结果中,第 3 个参数、第 4 个参数涉及的列名消失,未涉及的列名成为行标签并保留。

16.1.4   调查问卷案例

【例 16-1】   一维表转换为二维表,以直观的方式查看每个问题的回答,如图 16-12所示。

问题	回答
问题1	完全同意
问题2	不完全同意
问题3	完全不同意
问题4	完全不同意

(a) 数据源

(b) 数据透视表

(c) 数据透视表字段布局

图 16-12   数据源和透视结果

在 Excel 的数据透视表中可将"回答"字段分别拖曳到列标签和值区域。

1. 修改代码法

数据源只有两列。在 PQ 中,先选中"回答"字段,在"透视列"对话框中无"回答"字段可选,因此,这里选择"问题",结果如图 16-13 所示。

(a) "透视列" 对话框

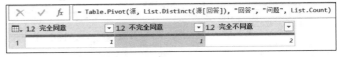

(b) 透视的结果

图 16-13 只有两列时透视的方法

修改第 4 个参数,代码如下:

```
= Table.Pivot(
源,
List.Distinct(源[回答]),
"回答",
"回答",
List.Count)
```

结果如图 16-14 所示。

ABC 123 问题	1.2 完全同意	1.2 不完全同意	1.2 完全不同意
1 问题1	1	0	0
2 问题2	0	1	0
3 问题3	0	0	1
4 问题4	0	0	1

= Table.Pivot(源, List.Distinct(源[回答]), "回答", "回答", List.Count)

图 16-14 透视结果

2. 辅助列法

因为只有两列,所以不能直接通过界面操作实现透视效果,可通过增加值列,在至少有 3 列的情况下,完成界面操作。

本例是计算回答列各选项的个数,因此,添加列,值为 1。在有 3 列的基础上对表进行透视,步骤如图 16-15 所示。

透视的代码如下:

```
已透视列 = Table.Pivot(
辅助列,
List.Distinct(辅助列[回答]),
```

```
= Table.AddColumn(源, "次数", each 1)
```

	问题	回答	次数
1	问题1	完全同意	1
2	问题2	不完全同意	1
3	问题3	完全不同意	1
4	问题4	完全不同意	1

(a) 增加辅助列

```
= Table.Pivot(辅助列, List.Distinct(辅助列[回答]), "回答", "次数", List.Sum)
```

	问题	完全同意	不完全同意	完全不同意
1	问题1	1	null	null
2	问题2	null	1	null
3	问题3	null	null	1
4	问题4	null	null	1

(b) 透视

图 16-15　增加辅助列法

```
"回答",
"次数",
List.Sum)
```

16.1.5 不要聚合

科目列中的“英语”与对应的姓名“乙”是重复数据，如图 16-16 所示。

```
= Excel.CurrentWorkbook(){[Name="表1"]}[Content]
```

	姓名	科目	成绩
1	甲	数学	10
2	甲	语文	20
3	乙	英语	30
4	乙	英语	40

图 16-16　数据源

选中科目列，在“透视列”对话框的“值列”下拉列表中选择“成绩”列，在“聚合值函数”下拉列表中选择“不要聚合”，如图 16-17 所示。

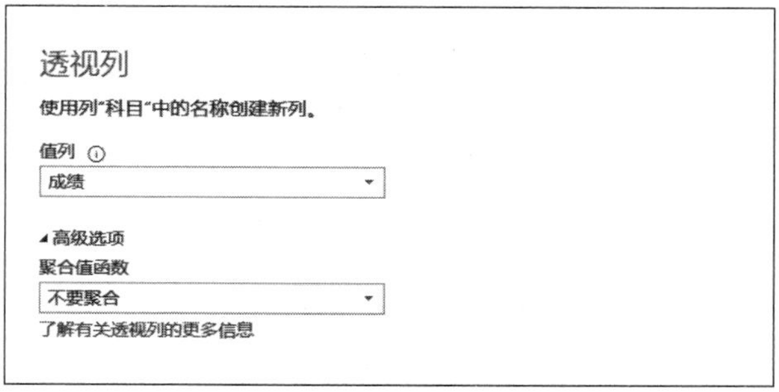

图 16-17　“透视列”对话框

结果如图 16-18 所示。

图 16-18　不要聚合的错误提示

不要聚合的含义是呈现行标签与列标签交叉的值,但不对值做任何聚合运算。

第 5 个参数是聚合的方式,因此,实现不要聚合的方法是省略第 5 个参数。

本例中,姓名乙和科目英语的交叉值有两个,如果没有第 5 个参数,则不能呈现为 list,而两个值不做任何聚合,在不是 list 的情况下无法放在一个值区域中,因此显示为 Error。

16.2　逆透视

透视是将一维表转换为二维表,反之,将二维表转换为一维表称为逆透视。

逆透视是将横向铺开的列标签转换成一个属性列和一个值列。

数据源如图 16-19 所示。

图 16-19　数据源

从数据透视表的角度来看,行标签是姓名列,其他列是列标签(一月、二月、三月)。

行标签有 3 行,列标签有 3 个,在无空值的情况下对列标签进行逆透视,逆透视后呈现 3×3＝9 行,如图 16-20 所示。

图 16-20　逆透视的结果

逆透视在 PQ 功能区的操作是选中一列或几列,单击"转换"→"逆透视列",在下拉菜单中有 3 个项目可选:逆透视列、逆透视其他列、仅逆透视选定列,如图 16-21 所示。

图 16-21　逆透视的 3 种方法

16.2.1　仅逆透视选定列

Table. Unpivot() 的作用是实现逆透视,参数如下:

```
Table.Unpivot(
table as table,
pivotColumns as list,
attributeColumn as text,
valueColumn as text)
as table
```

参数较多,先操作界面,再修改代码。

选择一月到三月这 3 个列,使用"仅逆透视选定列"功能,结果如图 16-22 所示。

	姓名	属性	值
1	甲	一月	1
2	甲	二月	2
3	甲	三月	3
4	乙	一月	4
5	乙	二月	5
6	乙	三月	6
7	丙	一月	7
8	丙	二月	8
9	丙	三月	9

`= Table.Unpivot(源, {"一月", "二月", "三月"}, "属性", "值")`

图 16-22　仅逆透视选定列的结果

PQ 补全的代码如下:

```
= Table.Unpivot(
源,
{"一月", "二月", "三月"},
"属性",
"值")
```

第 1 个参数是要逆透视的表。

第 2 个参数的类型是 list,是逆透视的列,用于将这些列从二维转换成一维。

第 3 个参数的类型是文本。一月、二月、三月这 3 列逆透视后转换为一个列,默认列名为"属性",可修改。

第 4 个参数的类型是文本,值区域逆透视后转换为一个列,默认列名为"值",可修改,如图 16-23 所示。

图 16-23 修改第 3 个和第 4 个参数

执行逆透视操作,只要理解二维表转换成一维表的原理,便可以通过进行界面操作修改字段名,比较简单。

16.2.2 逆透视其他列

Table. UnpivotOtherColumns()的作用是实现逆透视,参数如下:

```
Table.UnpivotOtherColumns(
table as table,
pivotColumns as list,
attributeColumn as text,
valueColumn as text)
as table
```

如果要逆透视的列是固定的,则优先使用"仅逆透视选定列"。

如果要逆透视的列是动态的,则优先使用"逆透视其他列 "。

如图 16-19 所示的数据源,例如,当前是一月、二月、三月,数据源会不断地增加月份,在这种情况下,使用 Table. Unpivot()需随着月份的增加而修改第 2 个参数,而且操作时一次性选择多列,并不方便。实操中,使用"逆透视其他列"的操作频率更高。

选中姓名列,使用"逆透视其他列"功能,结果如图 16-24 所示。

图 16-24 逆透视其他列的结果

PQ 补全的代码如下：

```
= Table.UnpivotOtherColumns(
源,
{"姓名"},
"属性",
"值")
```

与 Table.Unpivot() 的参数用法相似，区别在于，第 2 个参数是将不透视的列呈现在 list 中。所有的参数中并未出现要透视的列，因此，透视列在数据源中可做动态增减。

16.2.3　逆透视列

选中一月到三月这 3 个列，使用"逆透视列"功能，结果如图 16-24 所示。

PQ 补全的代码和逆透视其他列的代码一模一样。尽管选中了 3 个月份，但是代码中并未呈现应逆透视的列，而是用了逆透视其他列的函数。

初学者容易忽略逆透视列的动态性，官方将此操作设置为逆透视其他列的函数，有助于帮助初学者使用灵活性更高的函数。

16.2.4　要点：null

从图 16-24 逆透视的结果可以看出，当需要遍历每个行标签时，先遍历完相对应的列标签（例如，遍历第 1 行甲和列标签一月、二月、三月，再遍历第 2 行乙），再遍历下一个行标签。

逆透视后的总行数＝行标签的行数×列标签的个数－null 的个数，如图 16-25 所示。

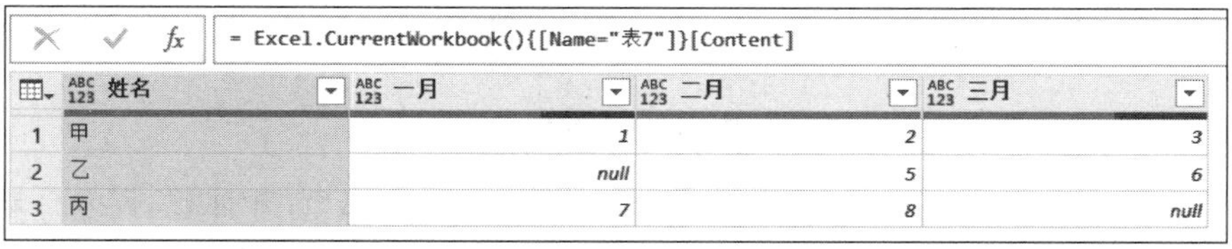

fx	= Excel.CurrentWorkbook(){[Name="表7"]}[Content]			
	ABC 123 姓名	ABC 123 一月	ABC 123 二月	ABC 123 三月
1	甲	1	2	3
2	乙	null	5	6
3	丙	7	8	null

(a) 列标签中有空值

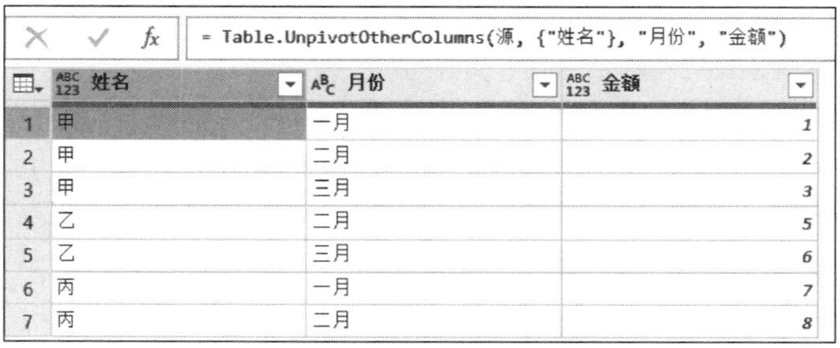

fx	= Table.UnpivotOtherColumns(源, {"姓名"}, "月份", "金额")		
	ABC 123 姓名	ABC 月份	ABC 123 金额
1	甲	一月	1
2	甲	二月	2
3	甲	三月	3
4	乙	二月	5
5	乙	三月	6
6	丙	一月	7
7	丙	二月	8

(b) 逆透视的结果

图 16-25　注意空值的逆透视问题

因此，当数据源中有 null 时，逆透视后的数据数量将少于数据源。解决这个问题的方法是在逆透视前将 null 替换成其他未出现过的数据，逆透视后将数据替换回 null。

16.2.5 要点：重复值

逆透视后的行标签是重复增加的。

对如图16-19所示的数据进行逆透视,逆透视一月、二月,而不逆透视三月,将造成三月的数据重复增加,如果计算三月的金额,则会导致出现错误的结果,如图16-26所示。

	ABC 123 姓名	ABC 123 三月	ABC 月份	ABC 123 金额
		= Table.UnpivotOtherColumns(源, {"姓名", "三月"}, "月份", "金额")		
1	甲	3	一月	1
2	甲	3	二月	2
3	乙	6	一月	4
4	乙	6	二月	5
5	丙	9	一月	7
6	丙	9	二月	8

图16-26 三月的数据重复

16.3 多行标题案例

【例16-2】 生产日报是多行标题,如果做数据透视表,则需将产品行和相关的指标(例如质量、厚度、宽度)从二维转换为一维,如图16-27所示。

日期	班次	产品1			产品2		
		质量	厚度	宽度	质量	厚度	宽度
2023/5/11	早	A	1	2	A	3	4
2023/5/11	中	B	1	2	B	3	4
2023/5/11	晚	C	1	2	C	3	4
2023/5/12	早	D	1	2	D	3	4
2023/5/12	中	A	1	2	A	3	4
2023/5/12	晚	B	1	2	B	3	4

图16-27 数据源

PQ中不能逆透视两行标题,解决思路是转置表、向下填充、合并标题、提升标题等。

向下填充的操作方法是选中要填充的列,在PQ功能区单击"转换"→"填充"→"向下"。

合并列的操作方法是选中要合并的列,在PQ功能区单击"转换"→"合并列"。

界面操作步骤如图16-28所示。

	ABC 123 列1	ABC 123 列2	ABC 123 列3	ABC 123 列4	ABC 123 列5
		= Excel.CurrentWorkbook(){[Name="表1"]}[Content]			
1	null	null	产品1	null	null
2	日期	班次	质量	厚度	宽度
3	2023/5/11 0:00:00	早	A	1	2
4	2023/5/11 0:00:00	中	B	1	2
5	2023/5/11 0:00:00	晚	C	1	2
6	2023/5/12 0:00:00	早	D	1	2
7	2023/5/12 0:00:00	中	A	1	2
8	2023/5/12 0:00:00	晚	B	1	2

(a) 导入数据源

图16-28 双标题逆透视

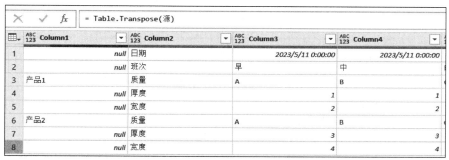

☰	ABC 123 Column1	ABC 123 Column2	ABC 123 Column3	ABC 123 Column4
1	null	日期	2023/5/11 0:00:00	2023/5/11 0:00:00
2	null	班次	早	中
3	产品1	质量	A	B
4	null	厚度	1	1
5	null	宽度	2	2
6	产品2	质量	A	B
7	null	厚度	3	3
8	null	宽度	4	4

(b) 转置

= Table.FillDown(转置表,{"Column1"})

☰	ABC 123 Column1	ABC 123 Column2	ABC 123 Column3	ABC 123 Column4
1	null	日期	2023/5/11 0:00:00	2023/5/11 0:00:00
2	null	班次	早	中
3	产品1	质量	A	B
4	产品1	厚度	1	1
5	产品1	宽度	2	2
6	产品2	质量	A	B
7	产品2	厚度	3	3
8	产品2	宽度	4	4

(c) 向下填充第1列

= Table.CombineColumns(向下填充,{"Column1", "Column2"},
Combiner.CombineTextByDelimiter("-", QuoteStyle.None),"已合并")

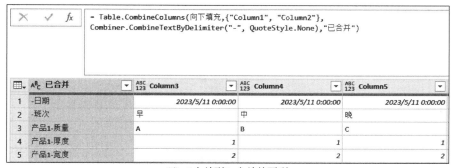

☰	A^B_C 已合并	ABC 123 Column3	ABC 123 Column4	ABC 123 Column5
1	-日期	2023/5/11 0:00:00	2023/5/11 0:00:00	2023/5/11 0:00:00
2	-班次	早	中	晚
3	产品1-质量	A	B	C
4	产品1-厚度	1	1	1
5	产品1-宽度	2	2	2

(d) "合并列" 合并前两列

= Table.Transpose(合并的列)

☰	ABC 123 Column1	ABC 123 Column2	ABC 123 Column3	ABC 123 Column4
1	-日期	-班次	产品1-质量	产品1-厚度
2	2023/5/11 0:00:00	早	A	1
3	2023/5/11 0:00:00	中	B	1
4	2023/5/11 0:00:00	晚	C	1
5	2023/5/12 0:00:00	早	D	1
6	2023/5/12 0:00:00	中	A	1
7	2023/5/12 0:00:00	晚	B	1

(e) 转置

图 16-28 （续）

(f) 提升标题

(g) 逆透视其他列

(h) 拆分属性列

图 16-28 （续）

上述步骤完全使用界面操作完成，在 PQ 补全的代码的基础上优化后的代码如下：

```
//ch16.3-01
let
    源 = Excel.CurrentWorkbook(){[Name="表1"]}[Content],
    转置表 = Table.Transpose(源),
    向下填充 = Table.FillDown(转置表,{"Column1"}),
    合并的列 = Table.CombineColumns(向下填充,
        {"Column1", "Column2"},each Text.Combine(_," - "),"已合并"),
    转置表1 = Table.Transpose(合并的列),
    提升的标题 = Table.PromoteHeaders(转置表1),
    逆透视的其他列 = Table.UnpivotOtherColumns(提升的标题,
        {"日期", "班次"}, "属性", "值"),
    按分隔符拆分列 = Table.SplitColumn(逆透视的其他列, "属性",
        each Text.Split(_," - "), {"产品", "指标"})
in
    按分隔符拆分列
```

在"合并的列"步骤中将 Combiner.CombineTextByDelimiter()替换成了 Text.Combine()，

两个函数的区别参见20.14节。

16.4　Table.Group()

16.4.1　语法

Table.Group()的作用是分组聚合,参数如下:

```
Table.Group(
table as table,
key as any,
aggregatedColumns as list,
optional groupKind as nullable number,
optional comparer as nullable function)
as table
```

参数比较多,先操作界面,再修改代码。

在数据透视表中,将一个或多个字段拖曳到值区域,如图16-29所示。

在PQ中用Table.Group()实现这种数据透视表的效果。

在PQ功能区单击"转换"→"分组依据",在"分组依据"对话框中单击"高级",依次选择或输入数据,如图16-30所示。

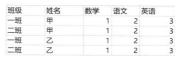

(a) 数据源

行标签	求和项:数学	求和项:语文	求和项:英语
二班	2	4	6
一班	2	4	6
总计	4	8	12

(b) 数据透视表

图 16-29　数据源和数据透视表

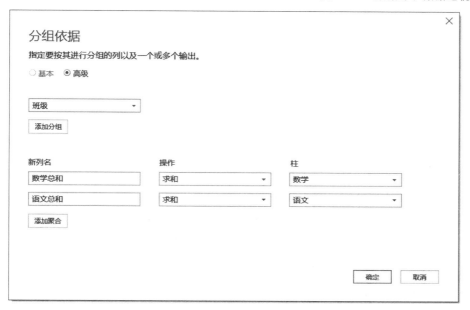

图 16-30　"分组依据"对话框

PQ 补全的代码如下：

```
= Table.Group(
源,
{"班级"},
{{"数学总和", each List.Sum([数学]), type number},
{"语文总和", each List.Sum([语文]), type number}})
```

第 1 个参数是要分组的表。

第 2 个参数的类型是 any，是分组依据，相当于 Excel 数据透视表的行标签。当分组依据只有一列时，此参数可用文本或 list；当分组依据多于一列时，必须用 list。第 2 个参数的示例代码如下：

```
"班级"
{"班级"}
{"班级","姓名"}
```

这种列名的写法在前文讲过的多个函数中通用。

第 3 个参数是 lists as list 的形式，当只有一个 list 时，最外层的花括号可以省略。这种 list 的写法在前文讲过的多个函数中通用。

每个小 list 中先写聚合后的列名，再写聚合的方式，然后是数据类型，格式是{标题，function，type}。通常只写前两项，即{标题，function}。第 3 个参数的示例代码如下：

```
= Table.Group(源, "班级", {"数学总和", each _})
```

结果如图 16-31 所示。

图 16-31 分组的结果

可见，"_"代表的是以行标签为筛选依据，对原表做筛选后的 table。Table.Group() 的灵活性在于此，可在 table 的基础上设计表达式。例如，求各班数学成绩的最高分数，代码如下：

```
= Table.Group(源, "班级", {"数学总和", each List.Max(_[数学])})
```

"_"代表 table，当使用"_[标题]"深化时"_"可以省略，等同的代码如下：

```
= Table.Group(源, "班级", {"数学总和", each List.Max([数学])})
```

第 3 个参数小 list 中的第 3 项是数据类型,例如 type number,最好避免使用。与 Table.TransformColumns() 的参数有同样的问题,当计算结果和类型不匹配时,导出到 Excel 中不显示列数据,如图 16-32 所示。

(a) PQ中的数据   (b) 导入Excel中进行显示

图 16-32 类型参数导致的问题

16.4.2 合并姓名案例

【例 16-3】 按照班级列分组,用"、"合并姓名,数据源如图 16-33 所示。

分组依据是班级列,作为第 2 个参数。第 3 个参数先把 each _ 写出来,代码如下:

```
= Table.Group(源,"班级",{"姓名",each _})
```

"_"代表的是分组后的 table,再深化姓名列,代码如下:

```
= Table.Group(源,"班级",{"姓名",each _[姓名]})
```

步骤如图 16-34 所示。

班级	姓名
1班	甲
1班	乙
2班	丙
2班	丁
3班	戊
3班	己
3班	庚

图 16-33 数据源

(a) 分组   (b) 深化

图 16-34 数据源

下一步,合并文本,最终代码如下:

```
= Table.Group(源,"班级",{"姓名",each Text.Combine(_[姓名],"、")})
```

结果如图 16-35 所示。

16.4.3 转换打印案例

【例 16-4】 如图 16-33 所示的数据源,将班级列转换成二维表用于打印,结果如图 16-36 所示。

图 16-35　合并姓名的结果

图 16-36　打印的样式

1. 透视列法

当需要将一维表转换成二维表时首先想到的思路是透视列,步骤如图 16-37 所示。

（a）透视

（b）转表

图 16-37　透视列的方法

本例利用了 Table.Pivot() 第 5 个参数的原理,最终代码如下:

```
//ch16.4 - 01
let
    源 = Excel.CurrentWorkbook(){[Name = "表1"]}[Content],
    透视 = Table.Pivot(源,
        List.Distinct(源[班级]), "班级", "姓名",each _),
    结果 = Table.FromColumns(
        Table.ToRows(透视){0},Table.ColumnNames(透视))
in
    结果
```

2. 分组法

标题 1 班、2 班通过分组也可以得出，因此，可对原表分组、深化，结果如图 16-34 所示。在图 16-34 中，结果需要的元素均已具备，班级列是结果中的标题，姓名列每行的 list 是结果中的每列，深化姓名列是 lists as list 的结构，想到用 Table.FromColumns()重构表，代码如下：

```
//ch16.4 - 02
let
    源 = Excel.CurrentWorkbook(){[Name = "表 1"]}[Content],
    分组 = Table.Group(源,"班级",{"姓名",each _[姓名]}),
    结果 = Table.FromColumns(分组[姓名],分组[班级])
in
    结果
```

结果如图 16-38 所示。

= Table.FromColumns(分组[姓名],分组[班级])

	1班	2班	3班
1	甲	丙	戊
2	乙	丁	己
3	null	null	庚

图 16-38 重构表的结果

16.4.4 横向转换案例

【例 16-5】 将如图 16-33 所示的姓名横向铺开，结果如图 16-39 所示。

班级	姓名
1班	甲
1班	乙
2班	丙
2班	丁
3班	戊
3班	己
3班	庚

➡

1班	甲	乙	
2班	丙	丁	
3班	戊	己	庚

图 16-39 横向转换的结果

思路一，在如图 16-38 所示的结果的基础上将表降标题、转置。

思路二，步骤如图 16-40 所示。

最终的代码如下：

```
//ch16.4 - 03
let
    源 = Excel.CurrentWorkbook(){[Name = "表 1"]}[Content],
    合并 = Table.Group(源,"班级",{"分组",each {_[班级]{0}} & [姓名]}),
    转表 = Table.Transpose(Table.FromColumns(合并[分组]))
in
    转表
```

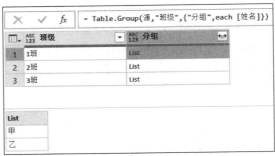

(a) 分组

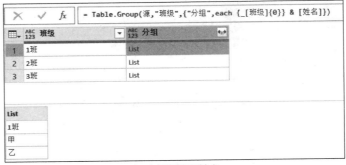

(b) 合并班级和姓名

(c) 转表

图 16-40　横向转换的结果

　　在如图 16-40(b)所示的步骤中,每个 list 是最终结果的每个行,如果用 Table. FromRows()可直接转表,但是列值的数量不对等将出现错误,因此用 Table. FromColumns() + Table. Transpose()替代了 Table. FromRows()。

　　思路三,在如图 16-40(a)所示的结果的基础上用 Table. SplitColumn()对分组字段分列,需要考虑铺开列数的动态性,参见 18.1 节。

班级	姓名	座号
1班	甲	1
1班	乙	2
2班	丙	1
2班	丁	2
3班	戊	1
3班	己	2
3班	庚	3

图 16-41　添加座号后的结果

16.4.5　添加座号案例

　　【例 16-6】　将如图 16-33 所示的数据以班级为单位添加座号,用于打印,结果如图 16-41 所示。

　　将数据源分组、添加索引、深化、合并,步骤如图 16-42 所示。

　　最终的代码如下:

(a) 分组并添加索引

(b) 深化姓名列并合并表

图16-42　添加座号的步骤

```
//ch16.4 - 04
let
    源 = Excel.CurrentWorkbook(){[Name = "表 1"]}[Content],
    分组 = Table.Group(源,"班级",{"姓名",each
Table.AddIndexColumn(_,"座号",1)}),
    结果 = Table.Combine(分组[姓名])
in
    结果
```

16.4.6　添加组号案例

【例16-7】 将如图16-33所示的数据以班级为单位添加组号,结果如图16-43所示。

将数据源分组、添加索引、展开分组的列,步骤如图16-44所示。

最终的代码如下:

班级	姓名	座号
1班	甲	1
1班	乙	1
2班	丙	2
2班	丁	2
3班	戊	3
3班	己	3
3班	庚	3

图16-43　添加组号的结果

```
//ch16.4 - 05
let
    源 = Excel.CurrentWorkbook(){[Name = "表 22"]}[Content],
    分组 = Table.Group(源,"班级",{"姓名",each _}),
    索引 = Table.AddIndexColumn(分组, "组号", 1),
    结果 = Table.ExpandTableColumn(索引, "姓名", {"姓名"})
in
    结果
```

(a) 分组

(b) 添加索引

(c) 展开姓名列

图 16-44   添加组号的步骤

16.4.7   求销售额占比案例

【例 16-8】 以组别为单位,求每个人的销售额占比,结果如图 16-45 所示。

	A	B	C	D	E	F	G
				=C2/SUMIF($A$2:$A$5,A2,$C$2:$C$5)			
1	组别	姓名	销售额	占比			
2	销售1组	甲	1	33%			
3	销售1组	乙	2	67%			
4	销售2组	丙	3	43%			
5	销售2组	丁	4	57%			

图 16-45   数据源

将数据源分组、增加一列占比、合并分组列,最终的代码如下:

```
//ch16.4-06
let
源 = Excel.CurrentWorkbook(){[Name = "表1"]}[Content],
    分组 = Table.Group(
    源,
    "组别",
    {"分组",(x)=>
        Table.AddColumn(x,"占比",
            (y)=>y[销售额]/List.Sum(x[销售额]))}),    //注意传参
    结果 = Table.Combine(分组[分组])
in
    结果
```

步骤如图 16-46 所示。

(a) 添加占比列

(b) 深化分组列且合并表

图 16-46 添加占比的步骤

本例中,每个人的销售额来自 Table.AddColumn() 的传参,每个组的销售额总额来自 Table.Group() 的传参,如果写两个 each _,则 PQ 自动识别的"_"与意图传参的函数不一致,因此使用还原的传参写法:(x)=>、(y)=>。

实操中,经常需要在分组后的表中添加多个步骤,这种情况使用自定义函数的方式可使代码更加简洁。可参见第 22 章自定义函数。

16.5 多字段聚合案例

【例 16-9】 以班级字段为行标签，对所有科目进行求和汇总，数据源如图 16-47 所示。

班级	姓名	数学	语文	英语
一班	甲	1	2	3
一班	乙	1	2	3
二班	丙	1	2	3

图 16-47　数据源

1. 透视法

第 1 步，删除姓名列。

第 2 步，逆透视班级列以外的其他列。

第 3 步，对科目列做透视，汇总分数。

步骤如图 16-48 所示。

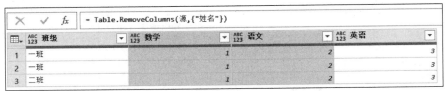

（a）删除姓名列

（b）逆透视班级列以外的其他列

（c）透视科目列

图 16-48　透视法的步骤

最终的代码如下：

```
//ch16.5-01
let
```

```
源 = Excel.CurrentWorkbook(){[Name = "表 1"]}[Content],
删除 = Table.RemoveColumns(源,{"姓名"}),
逆透视 = Table.UnpivotOtherColumns(删除, {"班级"}, "科目", "分数"),
已透视列 = Table.Pivot(逆透视,
    List.Distinct(逆透视[科目]), "科目", "分数", List.Sum)
in
    已透视列
```

本节用的思路是将二维表转换成一维表，用透视的方法聚合值。

2．分组法

Table.Group()可直接对二维表进行聚合，通过界面操作，如图 16-49 所示。

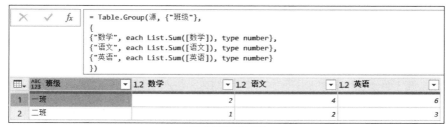

(a) "分组依据" 对话框示例

(b) 分组后的结果

图 16-49　分组的步骤

PQ 自动补全的代码如下：

```
= Table.Group(
源,
{"班级"},
```

```
{
{"数学", each List.Sum([数学]), type number},
{"语文", each List.Sum([语文]), type number},
{"英语", each List.Sum([英语]), type number}
})
```

对比透视法,这种方法的优点是不用删除原表中用不到的列(姓名列)。

Table.Pivot()中的 each _代表的是 list,Table.Group()中的 each _代表的是 table,在 table 的基础上深化可灵活应用的范围更加广泛。

上述代码是硬代码,数据源的科目是动态的,因此,应将 Table.Group()的第 3 个参数修改成动态代码。

第 3 个参数是 lists as list 的形式,每个 list 中第 1 项是聚合后的标题,可用 Table.ColumnNames()取出原标题作为新标题。因为第 2 项是 List.Sum([数学]),[数学]的深化方式,不能用于变量,因此,需要通过 Table.Column()深化出 list。修改代码如下:

```
//ch16.5-02
let
    源 = Excel.CurrentWorkbook(){[Name = "表 1"]}[Content],
    name = List.Skip(Table.ColumnNames(源),2),
    分组 = Table.Group(源, "班级",
        List.Transform(name ,
            (x) => {x,(y) => List.Sum(Table.Column(y,x))}))
in
    分组
```

上述代码要注意两个 each _嵌套的问题,将 Table.Group()和 List.Transform()的第 1 个参数分别传递到 lists as list 的结构中,将两个 each _还原成原始参数形式是最佳实践。

保留两个 each _,错误代码如图 16-50 所示。

图 16-50　错误演示

应至少将其中一个 each _还原成原始的参数形式。

将 List.Transform()参数还原,代码如下:

```
= Table.Group(
源,
"班级",
List.Transform(name ,
    (x) => {x, each List.Sum(Table.Column(_,x))}))
```

将 Table.Group()参数还原,代码如下:

```
= Table.Group(
源,
"班级",
List.Transform(name ,
    each {_,(y) => List.Sum(Table.Column(y,_))}))
```

对标题做动态深化,思路是使用 Table.Column()和 Record.Field()。

16.6 Table.Group()局部分组

Table.Group()有 Excel 数据透视表无可比拟的功能:局部分组。

全局分组是将分组依据列中的所有相同的类别归类,局部分组是对连续的相同类别进行归类,如图 16-51 所示。

(a) 数据源   (b) 全局分组

(c) 局部分组

图 16-51 第 4 个参数举例

姓名列的值 1、2、3、1、2、3 没有连续相同的数字,按照局部分组,分成 6 组。

Table.Group()的第 4 个参数默认为 1,代表全局分组,0 代表局部分组。0 和 1 都是参数化的常量形式，见表 16-1。

<p align="center">表 16-1 第 4 个参数的常量化</p>

第 4 个参数	参数化常量化	作用
GroupKind. Local	0	局部分组
GroupKind. Global	1	全局分组

使局部分组更为强大的是第 5 个参数，第 5 个参数的类型为 function，function 表达式的结果必须是整数。

1．原理

将相邻的数字分成一组，如图 16-52 所示。

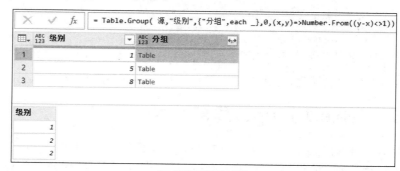

<p>(a) 数据源   (b) 局部分组的结果</p>

<p align="center">图 16-52 第 5 个参数的用法</p>

代码如下：

```
= Table.Group(
源,
"级别",
{"分组",each _},
0,
(x,y) => Number.From((y-x)<>1))
```

第 5 个参数表达式的作用是当 y−x<>1 成立时重新分组。

第 5 个参数 function 有两个参数，不能用参数的简化形式 each _。参数 x、y 都是从分组依据每行的值传递过来的，本例中分组依据只有级别这列，因此，x、y 代表级别列每行的值，运算逻辑见表 16-2。

<p align="center">表 16-2 第 5 个参数的运算逻辑</p>

级别列	参数	（y−x）<>1	运算结果	是否分组
1	x	第 1 个值为 x，成为第 1 组	第 1 个值是第 1 组的起始值	分组
2	y	第 2 个值为 y，进行 y−x 的运算，即 2−1	从第 2 个值开始判断是否需要分组。y−x<>1，结果为 false	不分组

续表

级别列	参数	（y－x）<>1	运算结果	是否分组
2	y	只要上一步的结果不分组，下一个值仍然为 y，则进行 y－x 的运算，即 2－1	y－x<>1，结果为 false。注意 x 并不是上一行的值，而是这个组里的第 1 个值，即 1	不分组
5	y	y－x，即 5－1	y－x<>1，结果为 true	重新分组
	x	重新分组后 y 成为 x		
6	y	y－x，即 6－5	y－x<>1，结果为 false	不分组
6	y	y－x，即 6－5	y－x<>1，结果为 false	不分组
8	y	y－x，即 8－5	y－x<>1，结果为 true。注意 x 并不是上一行的值，而是这个组里的第 1 个值，即 5	重新分组
	x	重新分组后 y 成为 x		
9	y	y－x，即 9－8	y－x<>1，结果为 false	不分组
9	y	y－x，即 9－8	y－x<>1，结果为 false	不分组

理解局部分组原理的要点是分组依据列的第 1 个值是 x，是第 1 组的起始值，从第 2 个值开始为 y，判断 y 是否要分组。y 进行逻辑判断后，如果判断结果为 true，则重新分组，并且 y 变成新的 x。

x 永远是当前组的第 1 个元素，y 是当前组除第 1 个元素以外的所有元素。

第 5 个参数 function 的本质是逻辑判断，结果为 true 和 false。第 2 个参数的列值传递到第 5 个参数 function 进行表达式的计算，当表达式的值为 true 时，重新分组，反之，不分组。

第 5 个参数要求表达式的值是整数，因此，进行逻辑判断后要做数字化转换。

如果不做数字化转换，则错误提示如图 16-53 所示。

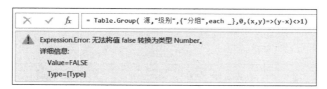

图 16-53 第 5 个参数的错误提示

将布尔值转换为整数可用多种形式，示例代码如下：

```
(x,y) => Number.From((y-x)<>1)
(x,y) => Byte.From((y-x)<>1)
(x,y) => if (y-x)<>1 then 1 else 0
```

数字 0 与布尔值 false 对应，非 0 与布尔值 true 对应。

修改第 5 个参数，代码如下：

```
= Table.Group( 源,"级别",{"分组",each _},0,(x,y) => 155)
```

表达式 155 是结果，相当于 true 的转换，如果第 5 个参数的结果为 true，则分组，因此每行都分组,结果如图 16-54 所示。

(a) 第5个参数的使用

(b) 第5个参数是小数的错误提示

图 16-54　第 5 个参数必须是整数

2. 要点

将第 2 个参数修改成 list,代码如下:

```
= Table.Group(
源,
{"级别"},
{"分组",each _},
0,
(x,y) => Number.From((y - x)<>1))
```

错误提示如图 16-55 所示。

图 16-55　第 5 个参数的错误提示

根据错误提示可以看出,当将第 2 个参数的分组依据放在 list 中时,传递过来的是当前行的 record 形式,因此,深化 x、y 才能获得指定字段的值,修改后的代码如下:

```
= Table.Group(
源,
```

```
{"级别"},
{"分组",each _},
0,
(x,y) => Number.From((y[级别] - x[级别])<>1))
```

第 2 个参数的形式非常重要。当第 2 个参数是文本形式时，表示只有一个字段，传递到第 5 个参数的是该字段每行的值；当第 2 个参数是 list 形式时，表示有一个或者多个字段，传递到第 5 个参数的是分组依据每行的 record 形式，要根据 record 进行下一步的深化或者其他运算。

当第 2 个参数是文本形式时，不能用分组依据字段名进行深化，只有 record 形式可以用字段名称深化，如图 16-56 所示。

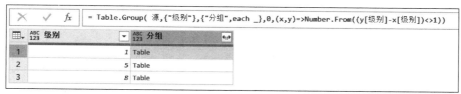

(a) record应深化

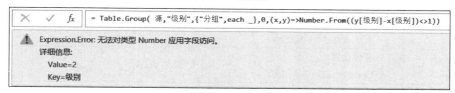

(b) 值不能深化分组依据字段名

图 16-56　第 2 个参数的灵活应用

16.7　单词分组案例

【例 16-10】　从网站获取的数据每个单词以"＋"开头，下一行是解释，对数据进行清洗，如图 16-57 所示。

(a) 数据源　　　　　　　　　　　　　　(b) 分组后的结果

图 16-57　数据源和分组

对数据进行清洗的思路是,如果单词列每行的数据以"+"开头,则重新分组,代码如下:

```
= Table.Group(
源,
"单词",
{"解释",each _},
0,
(x,y)=>Number.From(Text.StartsWith(y,"+")))
```

第 5 个参数 function 的运算逻辑见表 16-3。

表 16-3　第 5 个参数的运算逻辑

单词	参数	Text.StartsWith(y,"+")	运算结果	是否分组
+dog	x	第 1 个值为 x,成为第 1 组	第 1 个值是第 1 组的起始值	分组
狗	y	第 2 个值为 y,进行运算 Text.StartsWith("狗","+")	从第 2 个值开始判断是否需要分组,结果为 false	不分组
犬	y	只要上一步的结果不分组,下一个值仍然为 y,进行运算 Text.StartsWith("犬","+")	结果为 false	不分组
+cat	y	进行运算 Text.StartsWith("+cat","+")	结果为 true	重新分组
	x	重新分组后 y 成为 x		
猫	y	进行运算 Text.StartsWith("猫","+")	结果为 false	不分组

后面的元素不再详细列举运算逻辑

本例中 x 虽然被传递到右边的表达式,但是运算过程中未用到 x。只有当每行的值 y 需要与所在组的第 1 个值 x 进行比较时,运算过程才会用到 x。

当前的运算结果如图 16-58 所示。

图 16-58　第 5 个参数运算后的结果

解释列是 table，在 table 的基础上深化、合并文本，最终的代码如下：

```
//ch16.7 - 01
 = Table.Group(
源,
"单词",
{"解释",each Text.Combine(List.Skip([单词]),"、")},
0,
(x,y) => Number.From(Text.StartsWith(y," + ")))
```

16.8 款项计算案例

【例 16-11】 计算每个部门的款项总和，数据源如图 16-59 所示。

常规思路是先填充空值，然后进行分组计算，代码如下：

图 16-59 数据源

```
//ch16.8 - 01
let
    源 = Excel.CurrentWorkbook(){[Name = "表 1"]}[Content],
    向下填充 = Table.FillDown(源,{"部门"}),
    分组 = Table.Group(向下填充,"部门",
            {"金额",each List.Sum([款项])})
in
    分组
```

如果使用局部分组，则不用向下填充。

解决问题的思路是，当每行的值不等于 null 时，重新分组，代码如下：

```
//ch16.8 - 02
 = Table.Group(
源,
"部门",
{"金额",
each List.Sum([款项])},
0,
(x,y) => Number.From(y <> null))
```

结果如图 16-60 所示。

图 16-60 局部分组的结果

16.9 Table.Group()的特别用法

代码如下：

```
= Table.Group(源,{},{})
= Table.Group(源,{},{"a",each _})
```

对如图 16-60 所示的表进行分组,结果如图 16-61 所示。

(a) 第2个和第3个参数为空列表　　(b) 第2个参数为空列表

图 16-61　特别用法

可以看出,即使第 2 个和第 3 个参数是空列表,也不会报错。

16.10　出现次数案例

【例 16-12】　计算每行的姓名是第几次出现的,结果如图 16-62 所示。

图 16-62　计算出现次数的结果

1. 位置法

计算出现的次数,遍历数据源的每行时都要考虑前面所有的行,因此,添加索引,思路与 5.9 节求累计金额的案例相同,代码如下：

```
//ch16.10 - 01
let
    源 = Excel.CurrentWorkbook(){[Name = "表1"]}[Content],
```

```
    加索引 = Table.AddIndexColumn(源, "索引", 1, 1, Int64.Type),
    结果 = Table.AddColumn(加索引, "次数", each [
a = List.FirstN(源[姓名],[索引]),
b = List.PositionOf(a,[姓名],2),
c = List.Count(b)
][c])
in
    结果
```

结果如图 16-63 所示。

	ABC 123 姓名	1.2 索引	ABC 123 次数
1	甲	1	1
2	乙	2	1
3	甲	3	2
4	乙	4	2
5	丙	5	1
6	甲	6	3
7	乙	7	3

图 16-63　计算出现次数的结果

List.PositionOf()的用途非常广泛。

2. 分组法

分组聚合不限于实现数据透视表的功能,应用场合非常多。

代码如下:

```
//ch16.10 - 02
let
    源 = Excel.CurrentWorkbook(){[Name = "表1"]}[Content],
    索引 = Table.AddIndexColumn(源, "索引", 1),
    分组的行 = Table.Group(索引, "姓名",
        {"计数", each Table.AddIndexColumn(_,"次数",1)}),
    合并 = Table.Combine(分组的行[计数]),
    排序 = Table.Sort(合并,{"索引",0})
in
    排序
```

第 1 步,添加索引,用于分组、展开后重新排序。

第 2 步,以姓名列为分组依据。使用 Table.Group()遍历每行进行分组,分组后不会打乱原有的排序,每个姓名出现的次数的顺序不会改变,因此在分组后的 table 上添加索引就是出现的次数。

第 3 步,深化、合并计数列。

第 4 步,排序索引列。

步骤如图 16-64 所示。

(a) 添加索引

(b) 分组后添加索引

= Table.Combine(分组的行[计数])

	ABC 123 姓名	1.2 索引	1.2 次数
1	甲	1	1
2	甲	3	2
3	甲	6	3
4	乙	2	1
5	乙	4	2
6	乙	7	3
7	丙	5	1

(c) 深化计数列且合并表

= Table.Sort(合并,{"索引", 0})

	ABC 123 姓名	1.2 索引	1.2 次数
1	甲	1	1
2	乙	2	1
3	甲	3	2
4	乙	4	2
5	丙	5	1
6	甲	6	3
7	乙	7	3

(d) 排序索引列

图 16-64 分组法计算次数的步骤

16.11 Buffer 类

PQ 处理多大的数据量会卡顿？这与所使用的函数、是否反复调用同一个 table/list、数据量等因素都有关系。

List.Buffer()/Table.Buffer()的作用是将 list/table 放在缓存中，用来提高读取速度，参数如下：

```
List.Buffer(list as list) as list
Table.Buffer(table as table) as table
```

在 6.10 节的 ch16.10-01 代码中，在添加列的步骤中，遍历每行时都要读取同一个 list，将这个 list 放在缓存中，再被反复调用时，能够提高读取速度，代码如下：

```
//ch16.11 - 01
let
    源 = Excel.CurrentWorkbook(){[Name = "表 1"]}[Content],
    Buffer = List.Buffer(源[姓名]),                    //增加一步
    加索引 = Table.AddIndexColumn(源, "索引", 1, 1),
    结果 = Table.AddColumn(加索引, "次数", each
[
a = List.FirstN(Buffer,[索引]),                    //引用 Buffer
b = List.PositionOf(a,[姓名],2),
c = List.Count(b)][c]
)
in
    结果
```

使用 Buffer 类函数的关键点是将缓存的 table 或 list 单独作为一个步骤，示例代码如下：

```
Buffer = List.Buffer(源[姓名])
```

如果将 Buffer 类函数嵌套到 Table.AddColumn()中，则相当于每行遍历时都要缓存一遍，从而造成速度变得更慢，错误代码示例如下：

```
= Table.AddColumn(加索引, "次数", each
    List.FirstN(List.Buffer(源[姓名]),[索引]))
```

使用 Buffer 类函数可能提高速度，但并非百试百灵。在一些情况下会造成查询更加缓慢，官方解释如图 16-65 所示。

PQ 处理数据量是有瓶颈的，在代码简洁、优化的情况下，如果运算时仍然卡顿，则可结合使用其他的数据处理工具，例如 Pandas。PQ 是可视化的数据清洗分析工具，简单易学，将数据量适合 PQ 处理的用 PQ 操作，将超过 PQ 瓶颈的需求放在 Pandas 中处理。

> **Table.Buffer**
>
> 在内存中缓冲表,在评估期间将其与外部更改隔离。 缓冲较浅。它强制计算所有标量单元值,但保留非标量值(记录、列表以及表等)不变。
>
> 请注意,使用此函数可能会也可能不会加快查询运行。在一些情况下,它可能会使查询的运行速度变慢,这是因为读取所有数据并将其存储在内存中增加了成本,且存在缓冲阻止下游折叠这一事实。如果数据不需要 缓冲,而你只想防止下游折叠,请改为使用 `Table.StopFolding`。

图 16-65 Table.Buffer()函数的说明

16.12 排名案例

排名分为中式排名和美式排名,例如,分数为 30、20、20、10,中式排名为 1、2、2、3,美式排名为 1、2、2、4。假设 100 个人参加比赛,99 个人得分都是 100 分,1 个人得 1 分,按照中式排名,最后一名的名次是第 2 名,按照美式排名,最后一名的名次是第 100 名。

【例 16-13】 对成绩进行美式排名,数据源如图 16-66 所示。

将成绩列深化、排序,用 List.PositionOf() 返回的索引位置即排名,代码如下:

姓名	成绩
甲	30
乙	50
丙	20
丁	80
戊	90
己	90
庚	80
辛	10
壬	60

图 16-66 数据源

```
//ch16.12 - 01
let
    源 = Excel.CurrentWorkbook(){[Name = "表1"]}[Content],
    Buffer = List.Buffer(List.Sort(源[成绩],1)),
    排名 = Table.AddColumn(源, "排名",
            each List.PositionOf(Buffer,[成绩]) + 1)
in
    排名
```

结果如图 16-67 所示。

	ABC 123 姓名	ABC 123 成绩	ABC 123 排名
1	甲	30	7
2	乙	50	6
3	丙	20	8
4	丁	80	3
5	戊	90	1
6	己	90	1
7	庚	80	3
8	辛	10	9
9	壬	60	5

图 16-67 添加美式排名的结果

在添加排名列的步骤中,如果不将索引位置 +1,则结果如图 16-68 所示。索引位置从 0 开始,排名从 1 开始。

	ABC 123 姓名	▼	ABC 123 成绩	▼	ABC 123 排名	▼
1	甲			30		6
2	乙			50		5
3	丙			20		7
4	丁			80		2
5	戊			90		0
6	己			90		0
7	庚			80		2
8	辛			10		8
9	壬			60		4

图 16-68 中间代码演示

【例 16-14】 对成绩进行中式排名,数据源如图 16-66 所示。

实现中式排名的方法是将所有的成绩去重再比较,对 list 去重的函数是 List.Distinct(),代码如下:

```
//ch16.12 - 02
let
    源 = Excel.CurrentWorkbook(){[Name = "表1"]}[Content],
    Buffer = List.Buffer(List.Sort(List.Distinct(源[成绩]),1)),
    排名 = Table.AddColumn(源, "排名",
            each List.PositionOf(Buffer,[成绩]) + 1)
in
    排名
```

和美式排名代码的区别是在第 2 步 Buffer 加了去重函数。

中式排名也可以用界面操作实现。

第 1 步,添加索引列。

第 2 步,以成绩列为分组依据进行分组,其作用是对成绩去重。

第 3 步,对成绩列进行排序,并添加索引作为中式排名。

第 4 步,将分组列展开,再用第 1 步建立的索引返回原始的行顺序。

步骤如图 16-69 所示。

✕ ✓ fx	= Table.AddIndexColumn(源, "索引", 1, 1)			
	ABC 123 姓名	▼	ABC 123 成绩	▼	1.2 索引	▼
1	甲			30		1
2	乙			50		2
3	丙			20		3
4	丁			80		4
5	戊			90		5
6	己			90		6
7	庚			80		7
8	辛			10		8
9	壬			60		9

(a) 添加索引列

图 16-69 中式排名的步骤

(b) 以成绩列为分组依据分组

(c) 对成绩列排序

(d) 添加索引作为中式排名

(e) 展开分组

图 16-69 （续）

(f)排序行

图 16-69 （续）

最终的代码如下：

```
//ch16.12 - 03
let
    源 = Excel.CurrentWorkbook(){[Name = "表1"]}[Content],
    索引 = Table.AddIndexColumn(源, "索引", 1, 1),
    分组 = Table.Group(索引, {"成绩"}, {"分组", each _}),
    排序 = Table.Sort(分组,{"成绩", 1}),
    排名 = Table.AddIndexColumn(排序, "排名", 1, 1),
    展开 = Table.ExpandTableColumn(排名, "分组", {"姓名", "索引"}),
    排序行 = Table.Sort(展开,{"索引", 0}),
    排序列 = Table.ReorderColumns(排序行,
            {"姓名", "成绩", "索引", "排名"})
in
    排序列
```

16.13 Table.AddRankColumn()

Table.AddRankColumn()是 Excel 365 版本的函数，其作用是实现排名，参数如下：

```
Table.AddRankColumn(
table as table,
newColumnName as text,
comparisonCriteria as any,
optional options as nullable record)
as table
```

第 1 个参数是要排名的表。

第 2 个参数是添加的列名。

第 3 个参数的格式是{排序的列名，升序/降序}。

第 4 个参数是可选参数，类型是 record，用于美式排名、中式排名、混合式排名。

对成绩列排名，参数演示如图 16-70 所示。

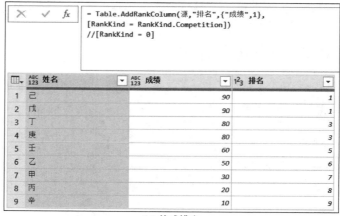

(a) 对成绩列先升序再排名

(b) 对成绩列先降序再排名

(c) 美式排名

图16-70 各种排名的比较

(d) 中式排名

(e) 混合式排名

图 16-70 （续）

第 3 个参数可用于升序、降序，和 Table. Sort()一样，可以用 Order. Ascending、Order. Descending 表示，也可以用数字 0、1 表示。

当第 4 个参数省略时，返回美式排名。美式排名、中式排名、混合式排名可分别用 RankKind. Competition、RankKind. Dense、RankKind. Ordinal 表示，也可用 0、1、2 表示，例如［RankKind＝RankKind. Competition］或［RankKind ＝ 0］。对于混合式排名的方式，如果成绩是 30、20、20、10，则混合排名是 1、2、3、4，即使是并列的成绩，也依次排名。

Table. AddRankColumn()是先将行排序再排名，如果要保持原表的行排序，则先对原表添加索引列，排序后，再通过索引列返回原表的行排序。

第三篇
函　数　篇

第 17 章 Table 类函数 1

本章以 Table 类函数为主线，讲解相关函数。

17.1 Table.ReverseRows()

Table.ReverseRows()的作用是对 table 的行序进行反转，使第 1 行成为最后一行，使最后一行成为第 1 行，参数如下：

```
Table.ReverseRows(table as table) as table
```

此函数简单，只有一个参数，是要反转的表，反转的结果如图 17-1 所示。

序号	姓名
1	甲
2	乙
3	丙
4	丁
5	戊

➡

序号	姓名
5	戊
4	丁
3	丙
2	乙
1	甲

图 17-1　数据源和反转的结果

反转行在 PQ 功能区的操作是单击"开始"→"转换"→"反转行"，代码如下：

```
= Table.ReverseRows(源)
```

17.2 List.Reverse()

List.Reverse()的作用是对 list 的元素按照索引进行反转，使第 1 个元素成为最后一个元素，使最后一个元素成为第 1 个元素，参数如下：

```
List.Reverse(list as list) as list
```

示例代码如下：

```
= List.Reverse({1..5})
```

结果如图 17-2 所示。

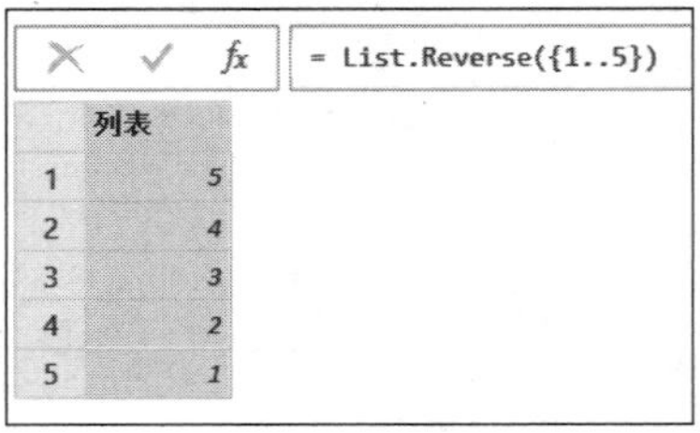

图 17-2　list 反转

17.3　Text.Reverse()

Text.Reverse()的作用是反转字符,参数如下:

```
Text.Reverse(text as nullable text) as nullable text
```

此函数简单,只有一个参数,是要反转的文本,示例代码如下:

```
= Text.Reverse("123")      //"321"
```

与 Text.Reverse()作用等同的代码如下:

```
= Text.Combine(List.Reverse(Text.ToList("123")))    //321
```

17.4　Table.Distinct()

Table.Distinct()的作用是删除表中重复的行,在重复的行中保留第 1 行,参数如下:

```
Table.Distinct(
table as table,
optional equationCriteria as any)
as table
```

第 1 个参数是要去重的表。

第 2 个参数是可选参数,用于对指定列进行重复测试。

重复测试用于判断两行是否相等。行是 record,即判断每行的 record 形式是否相等。

将数据源导入 PQ 中,该表的特点是序号列每行不重复,但姓名列有重复值,并且有大小写的区分,如图 17-3 所示。

Table.Distinct()在 PQ 功能区的操作是先选中整表,然后单击"开始"→"删除行"→"删除重复项",代码如下:

序号	姓名
1	A
2	B
3	a
4	b
5	A
6	B

图 17-3　数据源

```
= Table.Distinct(源)
```

当只有一个参数时,对所有列进行重复测试。例如,测试第 1 行[序号=1,姓名="A"]与第 2 行[序号=2,姓名="B"]是否相等,因为每个 record 都互不相等,所以没有重复行,结果如图 17-4 所示。

当第 2 个参数为空列表时,返回表的第 1 行,代码如下:

```
= Table.Distinct(源,{})
```

结果如图 17-5 所示。

当第 2 个参数只有一列时,可省略花括号,等同的代码如下:

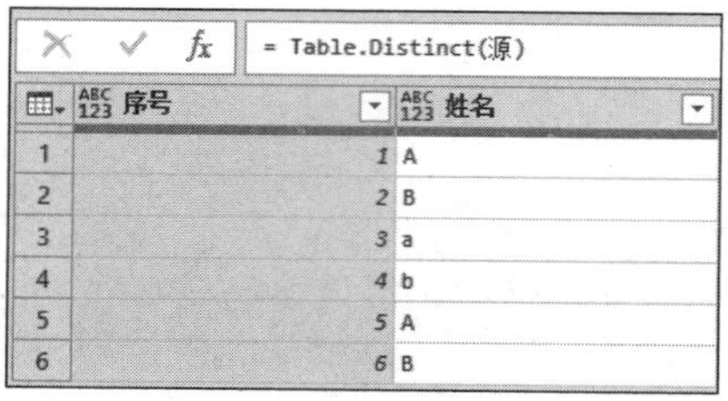

图 17-4　去重结果

图 17-5　第 2 个参数为空列表

```
= Table.Distinct(源,{"姓名"})
= Table.Distinct(源,"姓名")
```

例如,判断第 1 行与第 5 行是否重复,相当于判断第 1 行的[姓名＝"A"]与第 5 行[姓名＝"A"]是否相等。record 中只测试指定字段的值。

大写 A 和小写 a 是不同的值,因此,值是 a 的行不被认为是重复的行,结果如图 17-6 所示。

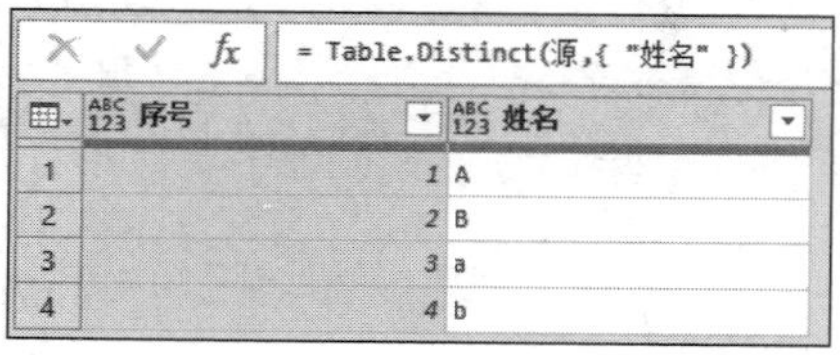

图 17-6　大小写敏感

Table.Distinct()默认区分大小写,可在第 2 个参数加上比较器,用于不区分大小写的重复测试,代码如下:

```
= Table.Distinct(源,{"姓名", Comparer.OrdinalIgnoreCase})
```

结果如图 17-7 所示。

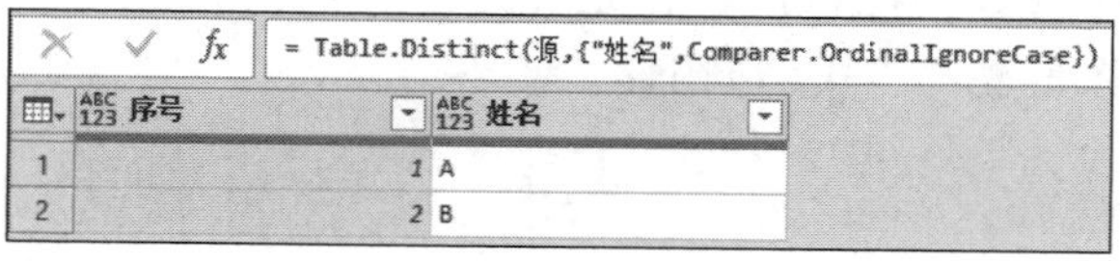

图 17-7　指定大小写不敏感

17.5　List.Distinct()

List.Distinct()的作用是删除 list 中重复的元素,重复的元素只保留第 1 个,参数如下:

```
List.Distinct(
list as list,
optional equationCriteria as any)
as list
```

第1个参数是list。示例代码如下：

```
= List.Distinct({1,1,2,2,3,3})       //{1,2,3}
```

第2个参数是可选参数，是比较条件，可用自定义函数，将第1个参数传递到自定义函数的表达式再进行比较，示例代码如下：

```
= List.Distinct({1..5},each _ > 3)        //{1,4}
```

运算逻辑见表17-1。

表 17-1　List. Distinct()的第 2 个参数的运算逻辑

第 1 个参数	第 2 个参数 each _>3	结 果
1	1>3	false
2	2>3	false
3	3>3	false
4	4>3	true
5	5>3	true

false 和 false 去重，true 和 true 去重，只留下第 1 个 true 和 false 对应的值，即{1,4}。

17.6　List. IsDistinct()

List. IsDistinct()的作用是判断 list 中的元素是否唯一，返回布尔值，参数如下：

```
List.IsDistinct(
list as list,
optional equationCriteria as any)
as logical
```

示例代码如下：

```
= List.IsDistinct({1,2,3,3,4}) //false
```

List. IsDistinct()的第 2 个参数的用法与 List. Distinct()的第 2 个参数的用法相同。示例代码如下：

```
= List.IsDistinct({1,2,3,4,5})            //true
= List.IsDistinct({1,2,3,4,5},each _<5)   //false
```

同类函数还有 Table. IsDistinct()，参数如下：

```
Table.IsDistinct(
table as table,
optional comparisonCriteria as any)
as logical
```

订单号	客户
A001	甲1
A002	甲2
A003	甲3
A004	甲4
A005	甲5
A006	甲6
A007	甲7

图 17-8　数据源

17.7　判断是否有重复行案例

【**例 17-1**】　一张表里有几千行,第 1 列是订单号,第 2 列是客户名称,判断是否有重复行,数据源如图 17-8 所示。

由于用 Table.Distinct() 只能保留不重复的行,无法判断所有的行是否重复,因此,使用 Table.IsDistinct(),代码如下:

```
= Table.IsDistinct(源)
```

17.8　排序的不稳定性

Table.Sort() 具有不稳定性,先排序再进行去重或其他操作,可能产生不可预知的结果,数据源如图 17-9 所示。

对姓名列进行排序,结果如图 17-10 所示。

姓名	序号
乙	1
甲	2
甲	3
戊	4
丙	5

图 17-9　数据源

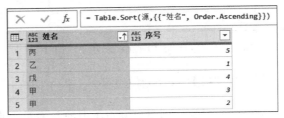

图 17-10　姓名列排序

对姓名列进行去重,按照 Table.Distinct() 的原理,应保留第 1 次出现的甲,即[姓名=
"甲",序号= 3],实际结果如图 17-11 所示。

图 17-11　排序后去重的结果

Table.Sort() 排序后的结果非所见即所得,是缓存产生的一个临时表。可采用两种方法解决排序不稳定的问题。

1. Buffer 法

在前文讲解了 Buffer 类函数,可用 Buffer 类的函数来解决排序不稳定问题,代码如下:

```
let
    源 = Excel.CurrentWorkbook(){[Name = "表 1"]}[Content],
```

```
        排序的行 = Table.Buffer(Table.Sort(源,{{"姓名", Order.Ascending}})),
        删除的副本 = Table.Distinct(排序的行, {"姓名"})
    in
        删除的副本
```

结果如图 17-12 所示。

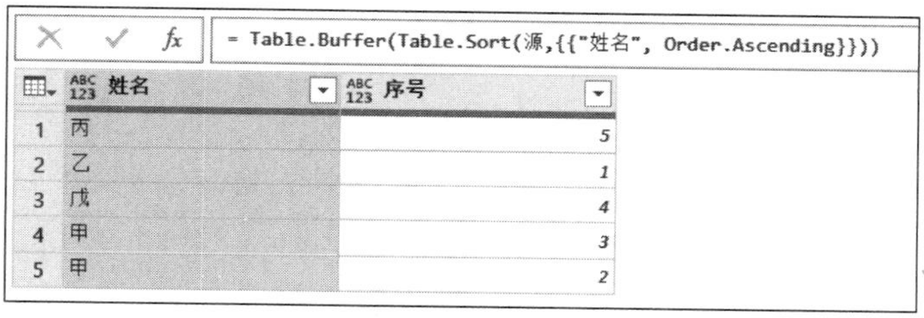

(a) 缓存排序的表

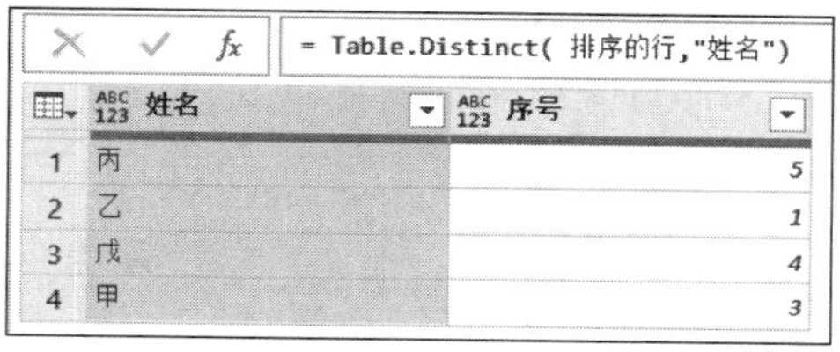

(b) 去重

图 17-12 先缓存排序再去重

在 Table.Sort()的步骤嵌套 Table.Buffer()，在 List.Sort()的步骤嵌套 List.Buffer()是比较稳妥的做法。

2. 反转法

Reverse 类的函数具有稳定性。如果升序后去重，则降序、反转、去重；如果降序后去重，则升序、反转、去重。示例代码如下：

```
let
    源 = Excel.CurrentWorkbook(){[Name = "表 1"]}[Content],
    排序的行 = Table.Sort(源,{{"姓名", Order.Descending}}),
    逆序的行 = Table.ReverseRows(排序的行),
    删除的副本 = Table.Distinct(逆序的行, {"姓名"})
in
    删除的副本
```

17.9 Table.DuplicateColumn()

Table.DuplicateColumn()的作用是重复选定的列，参数如下：

```
Table.DuplicateColumn(
table as table,
```

```
columnName as text,
newColumnName as text,
optional columnType as nullable type)
as table
```

第 1 个参数是表。

第 2 个参数是要重复的列，只能重复一列。

第 3 个参数是添加的列名。

第 4 个参数是可选参数，是添加列的数据类型。

Table. DuplicateColumn()在 PQ 功能区的操作是先选定某列，然后单击“添加列”→“重复列”，PQ 补全的代码如下：

```
= Table.DuplicateColumn(源, "序号", "序号 - 复制")
```

第 3 个参数可修改为新列名。

复制出来的列值是结果，不能复制原始列的代码，如图 17-13 所示。

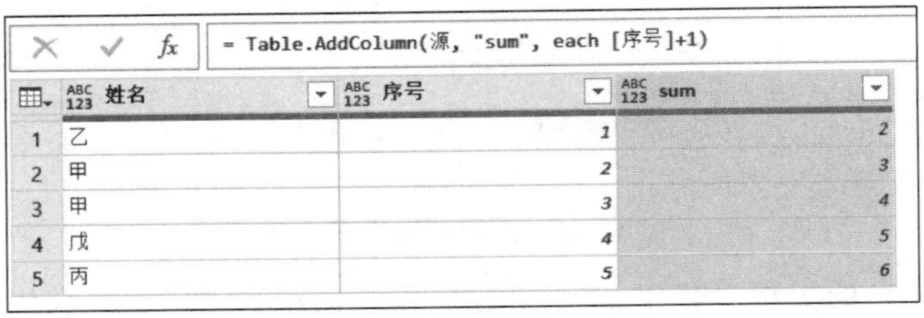

= Table.AddColumn(源, "sum", each [序号]+1)

	姓名	序号	sum
1	乙	1	2
2	甲	2	3
3	甲	3	4
4	戊	4	5
5	丙	5	6

(a) 添加列的结果

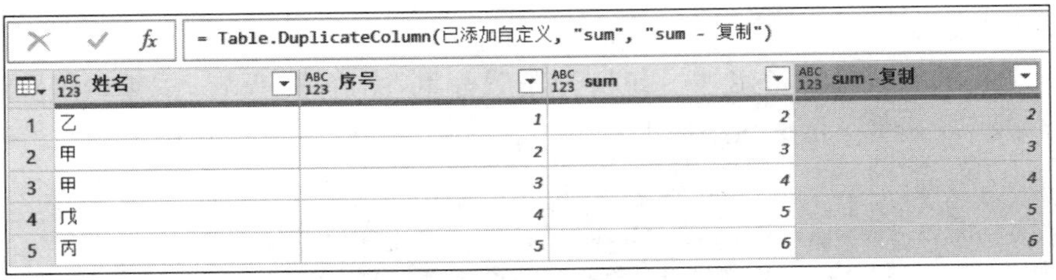

= Table.DuplicateColumn(已添加自定义, "sum", "sum - 复制")

	姓名	序号	sum	sum - 复制
1	乙	1	2	2
2	甲	2	3	3
3	甲	3	4	4
4	戊	4	5	5
5	丙	5	6	6

(b) 复制列的结果

图 17-13 区分添加列和复制列

17.10 Table. FindText()

Table. FindText()的作用是返回包含符合条件的文本所在的行，参数如下：

```
Table.FindText(
table as table,
text as text)
as table
```

第1个参数是要查找文本的表。

第2个参数是要查找的文本。如果未找到文本,则返回空表。

该函数只能查找文本,是模糊查找,区分大小写,返回文本所在的行组成的表,示例代码如下:

```
= Table.FindText(源,"A")
```

举例如图17-14所示。

(a) 数据源

(b) 支持模糊查找

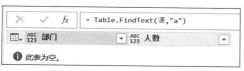

(c) 区分大小写

(d) 只能查找文本

图17-14　查找的结果

查找的文本不仅限于文本类型,包含该文本值的list、record都能被筛选出来,示例代码如下:

```
源 = Table.FromValue({"我","你",[a = "我"]}),
结果 = Table.FindText(源,"我")      //筛选出第1行和第3行
```

同类函数有List.FindText()。

17.11　Table.FirstValue()

Table.FirstValue()的作用是返回table的第1个值,参数如下:

```
Table.FirstValue(
table as table,
optional default as any)
as any
```

Table.FirstValue()用于返回table的第1个值。深化的方式也可以获得table的第1个值:table[第1列标题]{0},但深化要考虑标题的动态性,针对获得第1个值的需求,用Table.FirstValue()更加灵活。只需第1个参数,即要取值的表。

table的第1个值的类型是返回值的类型,因此,该函数的返回值类型为any。

【例17-2】　每天一张生产报表,提取报表的日期,如图17-15所示。

如果要查找值的表为空表,则返回第2个参数的指定值,示例代码如下:

(a) 数据源   (b) 获取第1个值

图 17-15 获取 table 的第 1 个值

```
= Table.FirstValue(空表)        //null
= Table.FirstValue(空表,1)      //1
```

17.12 Table.HasColumns()

Table.HasColumns()的作用是检查 table 中是否包含查找的列名,返回布尔值,参数如下:

```
Table.HasColumns(
table as table,
columns as any)
as logical
```

第 1 个参数是要检查的表。

第 2 个参数的类型是 any,是要检查的列名,如果检查单列,则可用文本或 list;如果要检查多列,则可用 list,举例如图 17-16 所示。

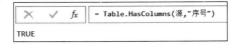

图 17-16 判断 table 中是否有某列

只有第 2 个参数中所有的列名都能在 table 中找到时,才返回 true,相当于 List.ContainsAll()的效果,等效的代码如下:

```
= Table.HasColumns(源,"序号")
= Table.HasColumns(源,{"序号"})
= List.ContainsAll(Table.ColumnNames(源),{"序号"})
```

17.13 Table.RowCount()/Table.ColumnCount()

这两个函数的作用是计算 table 的行数/列数,参数如下:

```
Table.RowCount/ Table.ColumnCount(
table as table)
as number
```

这两个函数比较简单,只有一个参数,是要计算的表。虽然表的行数、列数≥0,但此函数名中并不带有s。

Table.RowCount()在PQ功能区的操作是单击"转换"→"对行进行计数"。

对如图17-15(a)所示的数据源统计行数、列数,代码如下:

```
= Table.RowCount(源)             //5
= Table.ColumnCount(源)          //2
```

17.14 Table.FillDown()/Table.FillUp()

这两个函数的作用是向下/向上填充表中的null,参数如下:

```
Table.FillDown/Table.FillUp(
table as table,
columns as list)
as table
```

第1个参数是要填充的表。

第2个参数的类型是list,是要填充的列名。

函数比较简单,关键点是理解填充的逻辑。

数据源中含有合并单元格,如图17-17所示。

在Excel中将合并单元格导入PQ中,此时会出现null。Table.FillDown()和Table.FillUp()只对null填充,而对空文本等不做处理。

填充在PQ功能区的操作是单击"转换"→"填充"→"向下"或"向上",

姓名	科目
甲	数学
	语文
乙	英语
	物理
丙	化学

图 17-17 数据源

示例代码如下:

```
= Table.FillDown(源,{"姓名"})
```

向下填充是从第1行开始向下查找,找到不为null的值,往下填充。向上填充是从最后一行开始向上查找,找到不为null的值,往上填充,如图17-18所示。

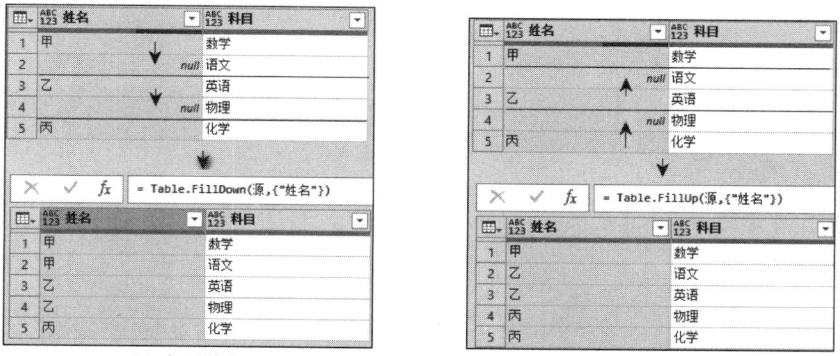

(a) 向下填充 (b) 向上填充

图 17-18 填充演示

第 2 个参数是必选参数,缺省时会报错。

对表的所有列进行填充,代码如下:

```
= Table.FillUp (源,Table.ColumnNames(源))
= Table.FillDown(源,Table.ColumnNames(源))
```

如果需要填充的值为空文本,则应先用 Table.ReplaceValue()将空文本替换为 null,再填充。示例代码如下:

```
替换的值 = Table.ReplaceValue(源,"",null,
            Replacer.ReplaceValue,{"列 1"}),
填充 = Table.FillDown(替换的值,{"列 1"})
```

第 18 章

Table 类函数 2

18.1　Table.SplitColumn()

根据分隔符拆分文本,横向扩展,数据源如图 18-1 所示。

选中姓名列,在 PQ 功能区单击"转换"→"拆分列"→"按分隔符",弹出的"按分隔符拆分列"对话框如图 18-2 所示。

姓名
甲,苹果
乙,橘子,香蕉
丙,苹果,橘子,香蕉

图 18-1　数据源

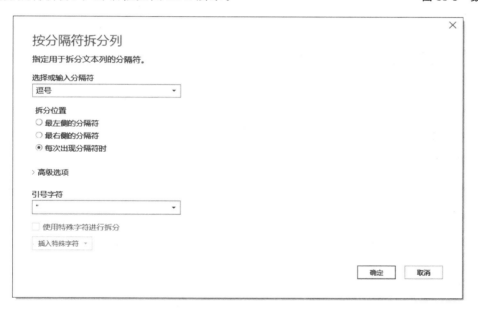

图 18-2　"按分隔符拆分列"对话框

"拆分位置"有 3 个选项,"最左侧的分隔符"是从第 1 个字符开始查找第 1 个分隔符,只拆分一次。PQ 自动补全的代码如下:

```
 = Table.SplitColumn(
源,
"姓名",
```

```
Splitter.SplitTextByEachDelimiter(
{","},QuoteStyle.Csv, false),      //参数变化
{"姓名.1", "姓名.2"})
```

"最右侧的分隔符"是从最后一个字符向左侧开始查找第 1 个分隔符,只拆分一次。PQ 自动补全的代码如下:

```
= Table.SplitColumn(
源,
"姓名",
Splitter.SplitTextByEachDelimiter(
{","},QuoteStyle.Csv, true),      //参数变化
{"姓名.1", "姓名.2"})
```

对比上述两段代码发现,嵌套的拆分器函数用的都是 Splitter.SplitTextByEachDelimiter(),区别在于这个函数的参数,一个是 false,另一个是 true,分别代表从左侧和从右侧。

"每次出现分隔符时"是查找所有的分隔符,有几个分隔符则拆分几次。PQ 自动补全的代码如下:

```
= Table.SplitColumn(源,
"姓名",
Splitter.SplitTextByDelimiter          //函数变化
(",", QuoteStyle.Csv),
{"姓名.1", "姓名.2", "姓名.3", "姓名.4"})
```

从上述代码可以看出,拆分器函数用的是 Splitter.SplitTextByDelimiter(),函数名发生了变化,方法名中少了 Each。

这 3 个选项用的 M 函数都是 Table.SplitColumn()。

Table.SplitColumn() 的作用是将当前列拆分成多列,参数如下:

```
Table.SplitColumn(
table as table,
sourceColumn as text,
splitter as function,
optional columnNamesOrNumber as any,
optional default as any,
optional extraColumns as any)
as table
```

Table.SplitColumn() 中的 Column 是单数,一次只能选中一列进行拆分。

第 1 个参数是要拆分的表。

第 2 个参数的类型是文本,是要拆分的列名,只能拆分一列。

第 3 个参数是拆分器,类型是 function。

前 3 个参数是必选参数。示例代码如下:

```
= Table.SplitColumn(源,"姓名",each _)
```

结果如图 18-3 所示。

图 18-3 拆分列参数

第 3 个参数 function 的表达式的运算结果必须是 list，格式代码如下：

```
= Table.SplitColumn(源,"姓名",each list)
```

举例如图 18-4 所示。

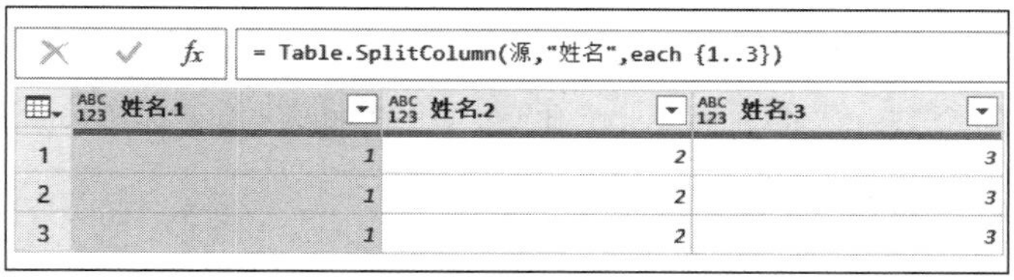

图 18-4 第 3 个参数的要求

修改第 3 个参数，代码如下：

```
= Table.SplitColumn(源,"姓名",each Text.Split(_,","))
```

第 3 个参数的"each _"遍历的是第 2 个参数的列的当前行的值。

当省略第 4 个参数时，列数以第 1 行的值分列后的列数为准，如图 18-5 所示。

图 18-5 省略第 4 个参数

第 4 个参数是可选参数，可以用表示列数的数字、囊括列名的列表，如果列数或列名少于实际数量，则显示不全；如果多于实际数量，则出现空列，结果如图 18-6 所示。

如果不加以判断，则无法得知数据源分列后会有几列，使用 Table.SplitColumn() 的局限较大。

假设分列后的列名为 1、2、3、……，先判断分列后最大的列数 n，代码如下：

```
//ch18.1 - 01
n = List.Max(
List.Transform(源[姓名],each
List.Count(Text.Split(_,","))))
```

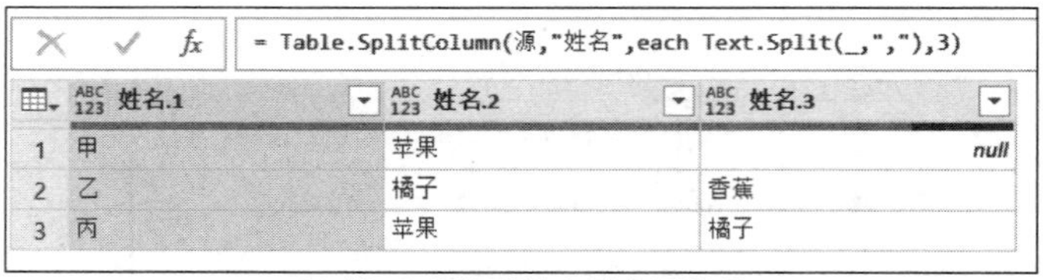

= Table.SplitColumn(源,"姓名",each Text.Split(_,","),3)

	姓名.1	姓名.2	姓名.3
1	甲	苹果	null
2	乙	橘子	香蕉
3	丙	苹果	橘子

(a) 第4个参数列数少于实际数量

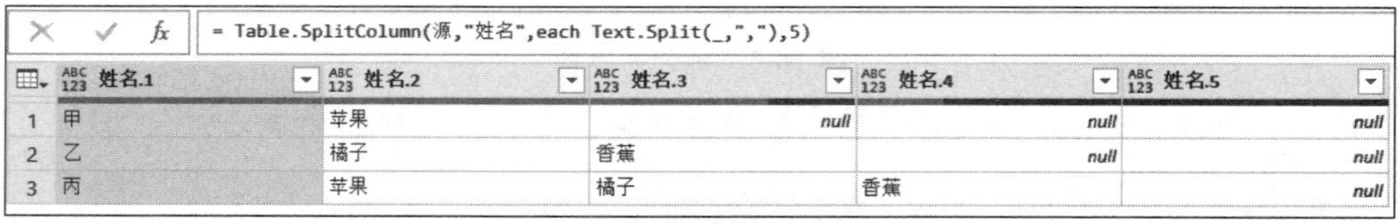

= Table.SplitColumn(源,"姓名",each Text.Split(_,","),5)

	姓名.1	姓名.2	姓名.3	姓名.4	姓名.5
1	甲	苹果	null	null	null
2	乙	橘子	香蕉	null	null
3	丙	苹果	橘子	香蕉	null

(b) 第4个参数列数多于实际数量

图 18-6 第 4 个参数的使用

在上述代码中，将姓名列深化成 list，对 list 的每个元素进行拆分，计算拆分后的元素个数，最后返回最多的个数 n。将 n 代入，优化后的代码如下：

```
= Table.SplitColumn(源,"姓名",each Text.Split(_,","),
    List.Transform({1..n},Text.From))
```

第 5 个参数是可选参数，是 null 的替换值。

第 6 个参数是可选参数，是对溢出的处理。

Table.SplitColumn()和 Table.FromList()的参数的用法有相似之处，拆分器的函数结果必须是 list、倒数第 2 个参数是 null 的替代值、最后一个参数是对溢出的处理。

Table.SplitColumn()分列后不能保留原始列，如果要保留原始列，则需要先复制列再拆分列。

Table.SplitColumn()每次只能拆分一个列，如果需要拆分多列，则应先将多列合并成一列，再拆分。

18.2 横向分列案例

【例 18-1】 18.1 节用 Table.SplitColumn()对列拆分以进行横向扩展，本节用 record 的方法实现横向扩展。仍然使用 18.1 节的数据和计算出的最大的列数 n(代码 ch18.1-01)。

第 1 步，添加一列，对姓名列的文本进行拆分，如图 18-7 所示。

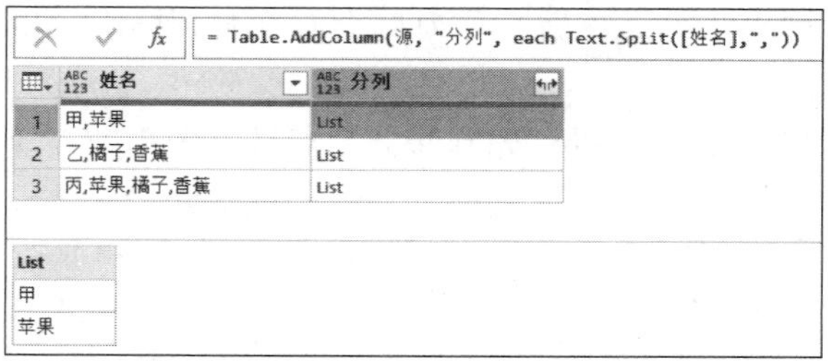

= Table.AddColumn(源, "分列", each Text.Split([姓名],","))

	姓名	分列
1	甲,苹果	List
2	乙,橘子,香蕉	List
3	丙,苹果,橘子,香蕉	List

List
甲
苹果

图 18-7 添加列并按分隔符拆分

第 2 步，将 list 转换成 record，进行横向扩展，函数是 Record. FromList（）。由于
Record. FromList（）对列名的个数有严格的要求，因此，需要对姓名列当前行的值进行拆分
以计算列数，代码如下：

```
= Table.AddColumn(源, "分列", each
    [
a = Text.Split([姓名],","),
b = List.Count(a),
c = List.Transform({1..b},Text.From),
d = Record.FromList(a,c)]
    [d])
```

结果如图 18-8 所示。

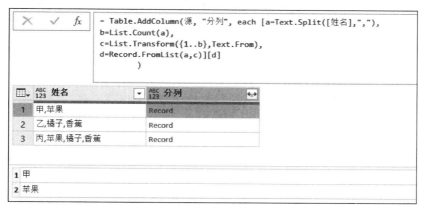

图 18-8　list 转换成 record

第 3 步，对 record 进行扩展，如图 18-9 所示。

图 18-9　扩展 record

第 4 步，扩展后的列名仍然是硬代码，修改代码后的结果如图 18-10 所示。

图 18-10　修改扩展代码

最终的代码如下：

```
//ch18.2-01
let
    源 = Excel.CurrentWorkbook(){[Name="表1"]}[Content],
    n = List.Max(List.Transform(源[姓名],each
        List.Count(Text.Split(_,",")))),
    记录列 = Table.AddColumn(源,"分列",each
[
a=Text.Split([姓名],","),
b=List.Count(a),
c=List.Transform({1..b},Text.From),
d=Record.FromList(a,c)
][d]),
    结果 = Table.ExpandRecordColumn(记录列,"分列",
            List.Transform({1..n},Text.From))
in
    结果
```

从两种解题方法可以看出，不管是 Table.SplitColumn()，还是 Record.FromList()，对列名的个数都有严格的要求，做动态的列名是解决本案例的关键。

18.3　Table.CombineColumns()

Table.CombineColumns()的作用是用分隔符合并多列。

数据源有的列是文本类型，有的列是数字类型，如图 18-11 所示。

▦ ▾	ABC 123 姓名	▾	ABC 123 成绩	▾
1	丁			1
2	乙			2
3	庚			3

图 18-11　数据源

选中两列或多列，在 PQ 功能区单击"转换"→"合并列"，在"合并列"对话框的"分隔符"下拉列表中选择一个分隔符，如图 18-12 所示。

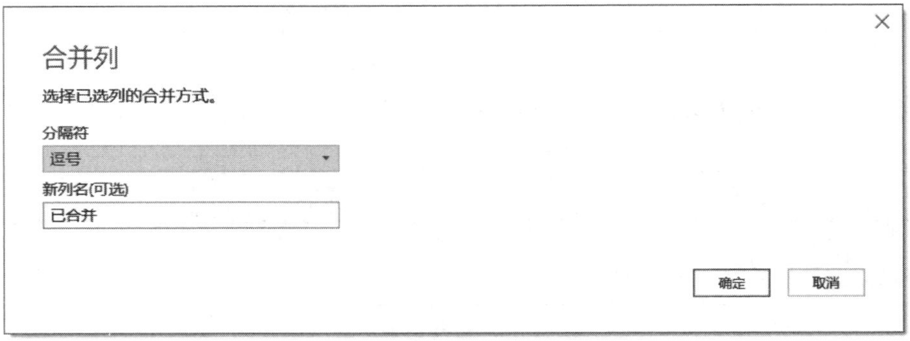

合并列

选择已选列的合并方式。

分隔符
逗号　　　　　　　　　　　▾

新列名(可选)
已合并

确定　　取消

图 18-12　"合并列"对话框

PQ 自动补全的代码如下：

```
= Table.CombineColumns(
Table.TransformColumnTypes(源,{{"成绩", type text}},"zh-CN"),
{"姓名", "成绩"},
Combiner.CombineTextByDelimiter("", QuoteStyle.None),
"已合并")
```

Table.CombineColumns()的参数如下：

```
Table.CombineColumns(
table as table,
sourceColumns as list,
combiner as function,
column as text)
as table
```

第 1 个参数是要合并的表，PQ 自动生成的代码是将表的非文本列转换为文本类型，以便传递到第 3 个参数进行文本合并。

第 2 个参数是要合并的列，囊括在 list 中。

第 3 个参数的类型是 function，是合并器。

第 4 个参数是合并后的新列名。

示例代码如下：

```
= Table.CombineColumns(源, {"姓名","成绩"}, each _, "合并后")
```

结果如图 18-13 所示。

图 18-13　合并列的第 3 个参数

可以看出，"each _"代表的是第 2 个参数的列的当前行的 list 形式。数据源中有数字列，如果直接用 Text.Combine()合并 list，则会出现错误，因此，可先将值遍历成文本再合并，代码如下：

```
//ch18.3-01
= Table.CombineColumns(
源,
{"姓名","成绩"},
each Text.Combine(
List.Transform(_,Text.From),","),
"合并后")
```

结果如图 18-14 所示。

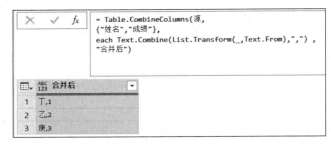

图 18-14　合并列

姓名	数学	语文	英语
甲	1	2	3
乙	4	5	6
丙	7	8	9

图 18-15　数据源

只有理解了第 3 个参数 each _传递的值，才能够完成任意的运算，不仅限于 Text. Combine()。

【**例 18-2**】　不保留原始的科目列，计算所有成绩列的总和，数据源如图 18-15 所示。

代码如下：

```
//ch18.3 - 02
 = Table.CombineColumns(
源,
List.Skip(Table.ColumnNames(源)),
List.Sum,
"成绩总计")
```

结果如图 18-16 所示。

图 18-16　合并列求和

Table. CombineColumns()合并后原始列消失，如果要保留原始列，则用添加列的方式求和。

18.4　Table. NestedJoin()

1. 语法结构

Table. NestedJoin()的作用是通过公共字段横向连接两张表，是比 Excel 的 VLOOKUP()更强大的查询方式。

Table.NestedJoin()用于对表进行横向扩展,Table.Combine()用于对表进行纵向扩展。

Table.NestedJoin()的参数如下:

```
Table.NestedJoin(
table1 as table,
key1 as any,
table2 as any,
key2 as any,
newColumnName as text,
optional joinKind as nullable number,
optional keyEqualityComparers as nullable list)
as table
```

函数的参数非常多,实操中,可用界面操作 PQ 自动补全代码。

在 Excel 中有两个超级表,第 1 张是信息表,第 2 张是成绩表,如图 18-17 所示。

姓名	性别
甲	男
乙	女
丙	男

姓名	成绩
丁	1
乙	2
庚	3

图 18-17 数据源信息表和成绩表

这两张表有相同的姓名,也有不同的姓名。

将两张表导入 PQ 中,在信息表中单击"主页"→"合并查询"→"合并查询",在"合并"对话框中选择两张表的姓名列,如图 18-18 所示。

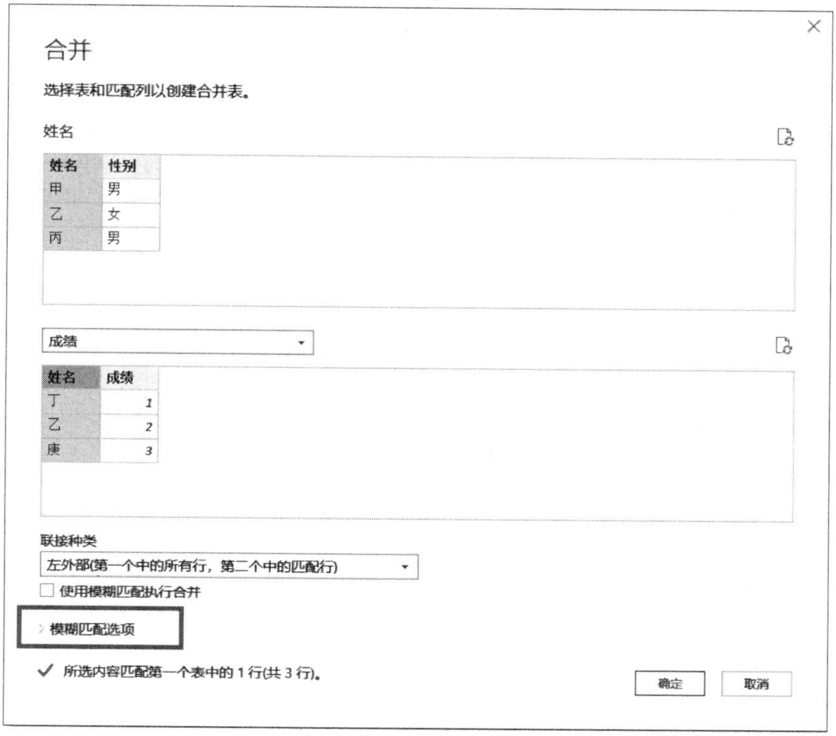

图 18-18 "合并"对话框

图 18-19 多列合并依据

如果查询所依据的列名有多个,则按 Ctrl 键或 Shift 键进行选择,如图 18-19 所示。

对于合并查询,两张表查询的列名可以相同,也可以不同。

"模糊匹配选项"对应的函数是 Table.FuzzyNestedJoin(),是 Excel 365 版本的函数。

在"连接种类"下拉菜单中选择第 1 项"左外部"是最常用的。

PQ 自动补全的代码如下:

```
= Table.NestedJoin(
源,
{"姓名"},
成绩,
{"姓名"},
"成绩",
JoinKind.LeftOuter)
```

在本例中,姓名表是表 1,成绩表是表 2。

第 1 个参数是表 1。

第 2 个参数的类型是 any,是表 1 匹配的列名。如果列名只有一个,则类型可以是文本或 list;如果列名多于一个,则类型是 list。

第 3 个参数是表 2。

第 4 个参数的类型是 any,是表 2 匹配的列名,如果列名只有一个,则类型可以是文本或 list;如果列名多于一个,则类型是 list。

如果查询的列名多于一个,则第 2 个参数和第 4 个参数的列名顺序应当对等。对等的顺序对应着如图 18-19 所示的 1、2,因此,相匹配的列是用顺序对等的,而不要求列名相同。

第 5 个参数是合并查询后的列名。

第 6 个参数是可选参数,是连接种类,默认值为 1,见表 18-1。

第 7 个参数,函数说明中声明为仅供内部使用。

表 18-1　连接种类

第 6 个参数	常量化参数	连接种类	集合图示
JoinKind.Inner	0	内部(两张表中的匹配行)	表1 表2
JoinKind.LeftOuter	1	左外部(第 1 个表中的所有行,第 2 个表中的匹配行)	表1 表2
JoinKind.RightOuter	2	右外部(第 2 个表中的所有行,第 1 个表中的匹配行)	表1 表2

续表

第6个参数	常量化参数	连接种类	集合图示
JoinKind.FullOuter	3	完全外部（两张表中的所有行）	表1 表2
JoinKind.LeftAnti	4	左反（第1个表中仅有的行）	表1 表2
JoinKind.RightAnti	5	右反（第2个表中仅有的行）	表1 表2

合并查询比 Excel 的 VLOOKUP() 强大的方面如下：

（1）查询的字段可以是单列或多列。

（2）查询出来的结果是 table，可以实现一对多的查询，即查询出来的 table 可能有一行或多行。

两张表中共同的姓名是"乙"，合并查询的结果如图 18-20 所示。

图 18-20　连接种类演示

(e) 内部连接

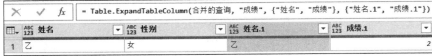

(f) 内部连接展开

(g) 完全外部连接

(h) 完全外部连接展开

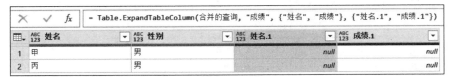

(i) 左反连接

(j) 左反连接展开

(k) 右反连接

图 18-20 （续）

（l）右反连接展开

图 18-20 （续）

需要注意的是，如果 PQ 产生卡顿，则应检查是否多个步骤使用了合并查询，从而造成效率问题。

2．查询展开

合并查询的结果是 table，从 Table.NestedJoin() 的参数可以看出，table 不是以 function 形式显示的，无法直接在此基础上对 table 进行处理，如图 18-20 所示。

有多种方法对 table 进行处理。

方法一，单击 ⬇⬇ 按钮，用函数 Table.ExpandTableColumn() 直接展开，原表的行顺序可能发生改变。如果要保留原来的行顺序，则可在展开前添加索引，展开后再用索引排序。

方法二，添加一列，深化 table 取值。

方法三，用 Table.TransformColumns() 对该列的值进行运算。

3．大小写敏感

在 Excel 中，VLOOKUP() 对大小写不敏感，如图 18-21 所示。

图 18-21 VLOOKUP()演示

在 M 函数中，识别文本默认为对大小写敏感，有的 M 函数中有忽略大小写的参数。Table.NestedJoin() 中没有忽略大小写的参数，合并查询的结果如图 18-22 所示。

```
= Table.NestedJoin(源,
    {"表1姓名"},
    表2,
    {"表2姓名"},
    "表2",
    JoinKind.LeftOuter)
```

图 18-22 大小写敏感

如果忽略大小写进行合并查询，则应先将表 1、表 2 的文本列进行 Text.Upper()、Text.Proper()、Text.Lower() 之类的处理。

同理,实操中需要注意的是和在 Excel 中使用 VLOOKUP()一样,使用合并查询前后最好检查一下合并依据列的格式是否一致。例如,是否表1有前导空格,而表2没有? 是否表1是数字,而表2是文本型数字? 只有相等的值才能正确地查询出结果。

18.5　Table.Join()

Table.Join()的作用是通过公共的字段横向连接两张表,连接后不用展开,参数如下:

```
Table.Join(
table1 as table,
key1 as any,
table2 as table,
key2 as any,
optional joinKind as nullable number,
optional joinAlgorithm as nullable number,
optional keyEqualityComparers as nullable list)
as table
```

Table.Join()的第5个参数默认的连接种类是内部连接。数据源如图18-17所示,将两张表合并查询后的代码如下:

```
= Table.Join(信息,"姓名",成绩,"姓名",0)
```

结果如图18-23所示。

图 18-23　合并查询后不用展开

Table.Join()合并后直接展开表,展开后表2的列名可能与表1的列名重复,Table.Join()不具备重命名的能力,因此,对两表的列名有严格的要求,如图18-24所示。

图 18-24　展开后重复列名的错误

第6个参数是算法连接方式,见表18-2。

第7个参数仅供官方内部使用。

其他参数与 Table.NestedJoin()的使用方法相同。

Table.Join()使用列名的局限性使该函数的使用频率比 Table.NestedJoin()低。

表 18-2　第 6 个参数算法

参　　数	常量化	参　　数	常量化
JoinAlgorithm. Dynamic	0	JoinAlgorithm. RightHash	4
JoinAlgorithm. PairwiseHash	1	JoinAlgorithm. LeftIndex	5
JoinAlgorithm. SortMerge	2	JoinAlgorithm. RightIndex	6
JoinAlgorithm. LeftHash	3		

18.6　Table.FuzzyNestedJoin()

Table.FuzzyNestedJoin()的作用是基于公共字段的相似性横向连接两张表,有模糊查询的参数,参数如下:

```
Table.FuzzyNestedJoin (
table1 as table,
key1 as any,
table2 as table,
key2 as any,
newColumnName as text,
optional joinKind as nullable number,
optional joinOptions as nullable record)
as table
```

第 6 个参数默认的是左外部连接。

第 7 个参数用于控制模糊查询,类型是 record,参数说明如图 18-25 所示。

ConcurrentRequests:一个介于 1 至 8 之间的数字,用于指定模糊匹配要使用的并行线程数。默认值为 1。
Culture:允许根据区域性特定的规则匹配记录。它可以是任何有效的区域性名称。例如,"ja-JP" 的区域性选项基于日语区域性来匹配记录。默认值为 "",它基于固定英语区域性进行匹配。
IgnoreCase:一个逻辑(true/false)值,它允许不区分大小写的键匹配。例如,如果为 true,则 "Grapes" 与 "grapes" 匹配。默认值为 true。
IgnoreSpace:一个逻辑(true/false)值,它允许组合文本部分来查找匹配项。例如,如果为 true,则 "Gra pes" 与 "Grapes" 匹配。默认值为 true。
NumberOfMatches:一个整数,用于指定可为每个输入行返回的匹配行的最大数目。例如,如果值为 1,则每个输入行最多返回 1 个匹配行。如果未提供此选项,则返回所有匹配的行。
SimilarityColumnName:列的名称,该名称显示输入值与该输入的代表值之间的相似之处。默认值为 null,在这种情况下,将不会添加用于相似性的新列。
Threshold:一个介于 0.00 和 1.00 之间的数字,用于指定匹配两个值所依据的相似度分数。例如,"Grapes" 和 "Graes" (缺少 "p") 仅当此选项设置为小于 0.90 时才匹配。阈值 1.00 的效果与指定精确匹配条件的效果相同。默认值为 0.80。
TransformationTable:允许根据自定义值映射来匹配记录的表。它应包含 "从" 和 "到" 列。例如,如果提供了一个转换表,表中有包含 "Grapes" 的 "从" 列和包含 "Raisins" 的 "到" 列,则 "Grapes" 与 "Raisins" 匹配。请注意,转换将应用于转换表中所有出现该文本的位置。通过上述转换表,"Grapes are sweet" 也将与 "Raisins are sweet" 匹配。

图 18-25　第 7 个参数的使用

多个参数可通过"合并"对话框来操作,如图 18-26 所示。

图 18-26 "合并"对话框的模糊匹配选项

使用模糊查询,必须保证表 2 匹配的列的数据类型是明确的文本类型,如图 18-27 所示。

```
= Table.FuzzyNestedJoin(源, {"姓名"},
成绩, {"姓名"},
"成绩",
JoinKind.LeftOuter,
[IgnoreCase=true, IgnoreSpace=true])
```

姓名	性别	成绩
甲	男	Error
乙	女	Error
丙	男	Error

⚠ Expression.Error: 仅支持用于模糊连接操作的文本列。列"姓名"不是文本类型。

(a) 表1提示错误

```
= Excel.CurrentWorkbook(){[Name="成绩"]}[Content]
```

姓名	成绩
丁	1
乙	2
庚	3

(b) 表2姓名列的数据类型不明确

```
= Table.TransformColumnTypes(源,{{"姓名", type text}})
```

姓名	成绩
丁	1
乙	2
庚	3

(c) 表2设置姓名列的数据类型

图 18-27 模糊匹配的错误提示

(d) 表1模糊匹配成功

图 18-27　（续）

示例代码如下：

```
 = Table.FuzzyNestedJoin(
源,
{"姓名"},
成绩,
{"姓名"},
"成绩",
JoinKind.LeftOuter,
[IgnoreCase = true, IgnoreSpace = true])
```

Excel 2016 版本中并未出现含有 Fuzzy 的函数。在 Excel 365 版本中，含有 Fuzzy 的函数还有 Table. AddFuzzyClusterColumn( )、Table. FuzzyGroup( )、Table. FuzzyJoin( )。

替代模糊查询的方法是提前对两张表进行清洗及匹配字段的对照表。

18.7　Table. RemoveMatchingRows( )

Table. RemoveMatchingRows( )的作用是以表 1 为基准，删除表 1 中与表 2 匹配的行，可用于比较两表的异同，参数如下：

```
Table. RemoveMatchingRows (
table as table,
rows as list,
optional equationCriteria as any)
as table
```

数据源是两张表，即表 1 和表 2。表 1、表 2 中有相同的姓名和不同的姓名，对应的工资、补贴的金额也有异同，表 2 中有重复的行（甲）。将两张表导入 PQ 中，查询两表的异同，如图 18-28 所示。

当需要在 Excel 中比较两表数据的异同时，可通过 VLOOKUP( )先将表 2 要比较的列引用过来，再做减法或逻辑判断，以便对比列值的异同，比较烦琐。在 PQ 中有多种思路对比两表的异同。

图 18-28　数据源表 1 和表 2

Table.RemoveMatchingRows()能够用简洁的代码删除表 1 中与表 2 中相同的行,保留不相同的行,代码如下:

```
= Table.RemoveMatchingRows(表1,表2)
```

结果如图 18-29 所示。

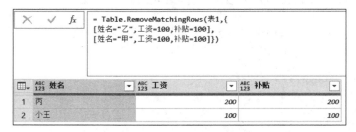

图 18-29　错误提示

第 1 个参数是表 1。

第 2 个参数需将表 2 转换成 records as list 的结构,示例代码如下:

```
= Table.RemoveMatchingRows(表1,{
        [姓名 = "乙",工资 = 100,补贴 = 100],
        [姓名 = "甲",工资 = 100,补贴 = 100]})
```

以表 1 为基准,第 2 个参数中每个 record 与表 1 的每行作对比,如果相同,则删除表 1 中匹配的行,结果如图 18-30 所示。

```
= Table.RemoveMatchingRows(表1,{
[姓名="乙",工资=100,补贴=100],
[姓名="甲",工资=100,补贴=100]})
```

	ABC 123 姓名	ABC 123 工资	ABC 123 补贴
1	丙	200	200
2	小王	100	100

图 18-30　删除表 1 匹配的行

示例代码如下:

```
= Table.RemoveMatchingRows(表2,{
        [姓名 = "乙",工资 = 100,补贴 = 100],
        [姓名 = "甲",工资 = 100,补贴 = 100]})
```

上述代码以表 2 为基准,表 2 的每行与第 2 个参数的每个 record 进行对比,如果相同,则删除表2相应的行，由于表2中有两个重复的"甲"行，与第2个参数的一个record匹配，所以表2中的"甲"行均被删除，结果如图18-31所示。

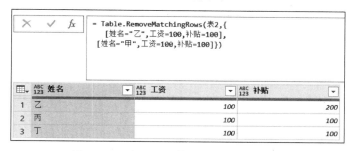

图18-31 表2匹配的重复的行都被删除

在对比两表时，应当提前考虑结果是否需要保留重复行。

实操中，用函数将第2个参数的表转换成records as list的形式，示例代码如下：

```
= Table.RemoveMatchingRows(表2,
    Table.ToRecords(表1))
```

表2中的每行与表1中的每行对比，结果如图18-32所示。

图18-32 两表对比的结果

第3个参数在缺省的情况下，对两表的所有列进行对比。如果仅对比指定列，则使用第3个参数。第3个参数的类型是any，当只有一个列名时，可用文本或list；当有一个或多个列名时，类型为list。示例代码如下：

```
= Table.RemoveMatchingRows(表2,
    Table.ToRecords(表1),{"姓名","工资"})
```

结果如图18-33所示。

图18-33 匹配指定的行

以表2为基准，仅对比姓名、工资列。与Table.Distinct()使用第2个参数指定列名做重复测试的用法相似。

找出表1和表2的不同,以及表2和表1的不同,代码如下:

```
= Table.RemoveMatchingRows(表1,Table.ToRecords(表2))
&
Table.RemoveMatchingRows(表2,Table.ToRecords(表1))
```

18.8 两表找不同案例

【例18-3】 表1是工资系统导出的工资表,表2是从自然人电子税务局软件导出的个税表,找出两表的不同,数据源如图18-34所示。

姓名	累计子女教育支出扣除	累计继续教育支出扣除
甲	1000	1000
乙	1000	1000
丙	1000	1000

姓名	累计子女教育支出扣除	累计继续教育支出扣除
甲	2000	1000
乙	1000	1000
丙	1000	1000

图18-34　数据源表1和表2

1. 删除匹配法

将两张表导入PQ中,新增一列,区分工资表和个税表,如图18-35所示。

图18-35　数据源增加来源列

对比两表的不同,代码如下:

```
= Table.RemoveMatchingRows(表1,Table.ToRecords(表2))
&
Table.RemoveMatchingRows(表2,Table.ToRecords(表1))
```

两张表的来源列的内容均不相同,结果如图18-36所示。

增加第3个参数,修改后的代码如下:

```
//ch18.8 - 01
let
```

```
= Table.RemoveMatchingRows(表1,Table.ToRecords(表2))&
            Table.RemoveMatchingRows(表2,Table.ToRecords(表1))
```

	ABC 123 姓名	ABC 123 累计子女教育支出...	ABC 123 累计继续教育支出...	ABC 123 来源
1	甲	1000	1000	工资表
2	乙	1000	1000	工资表
3	丙	1000	1000	工资表
4	甲	2000	1000	个税表
5	乙	1000	1000	个税表
6	丙	1000	1000	个税表

图 18-36　两表对比所有字段

```
name = List.RemoveLastN(Table.ColumnNames(表 1)),
结果 =
    Table.RemoveMatchingRows(表 1,
        Table.ToRecords(表 2),name)
    &
    Table.RemoveMatchingRows(表 2,
        Table.ToRecords(表 1),name)
in
    结果
```

结果如图 18-37 所示。

```
= Table.RemoveMatchingRows(表1,
Table.ToRecords(表2),name)
&
Table.RemoveMatchingRows(表2,
Table.ToRecords(表1),name)
```

	ABC 123 姓名	ABC 123 累计子女教育支出...	ABC 123 累计继续教育支出...	ABC 123 来源
1	甲	1000	1000	工资表
2	甲	2000	1000	个税表

图 18-37　两表对比的结果

2．合并查询法

对表 1 进行合并查询，用左反连接，得出表 1 和表 2 的不同，如图 18-38 所示。

再对表 2 进行合并查询，用左反连接，得出表 2 和表 1 的不同。最终优化后的代码如下：

```
//ch18.8 - 02
let
    name = Table.ColumnNames(表 1),
    a = Table.NestedJoin(表 1,name,表 2,name,"表 2",JoinKind.LeftAnti),
    b = Table.NestedJoin(表 2,name,表 1,name,"表 2",JoinKind.LeftAnti),
    结果 = Table.Combine({a,b},name)     //第 2 个参数是 356 版本增加的
in
    结果
```

(a) 合并查询设置

(b) 合并查询的结果

图 18-38　合并查询

结果如图 18-39 所示。

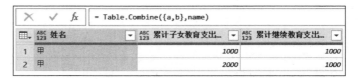

图 18-39　两表不同的结果

3. 逆透视法

以上两种方法得出的结果是整行的对比，累计专项附加扣除一般有多列，不能一目了然地检查出是哪个值不相同。可在对比数据之前，将两表分别以姓名为基准，逆透视其他列，最终的代码如下：

```
//ch18.8 - 03
let
    表 11 = Table.UnpivotOtherColumns(表 1, {"姓名"}, "属性", "值"),
    表 22 = Table.UnpivotOtherColumns(表 2, {"姓名"}, "属性", "值"),
    name = Table.ColumnNames(表 11),
    a = Table.NestedJoin(表 11,name,表 22,name,"表",JoinKind.LeftAnti),
    b = Table.NestedJoin(表 22,name,表 11,name, "表",JoinKind.LeftAnti),
    结果 = Table.Combine({a,b},name)
in
    结果
```

结果如图 18-40(c)所示。

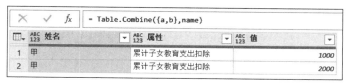

(a) 表1逆透视的结果

(b) 表1合并查询的结果

(c) 合并

(d) 透视属性列

图 18-40　逆透视法去重

根据需求,进一步对比金额差,可在如图18-40(c)的基础上透视属性列,结果如图18-40(d)所示。由于工资表和个税表的姓名可能不对等,因此需要考虑容错问题,代码如下:

```
//ch18.8 - 04
已透视列 = Table.Pivot(
结果,
List.Distinct(结果[属性]),
"属性",
"值",
each try List.Sum({_{0}, - _{1}}) otherwise _{0})
```

18.9 保留重复项

Table.RemoveMatchingRows()用于删除重复的行,如何保留重复行?数据源如图18-41所示。

在 PQ 功能区,单击"主页"→"保留行"→"保留重复项",结果如图 18-42 所示。

图 18-41 数据源

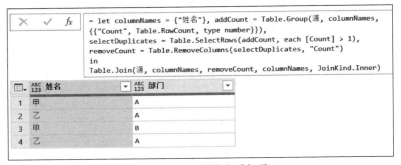

(a) 选中姓名列并保留重复项

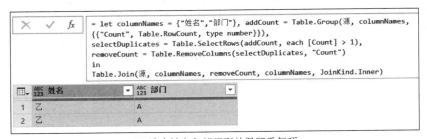

(b) 选中姓名和部门列并保留重复项

图 18-42 保留重复行的结果

从结果可以看出,在 PQ 自动补全的代码中修改 columnNames 的步骤可以指定测试列。如果要保留两张表的重复行,则应先合并两张表,再用界面操作保留重复项。

18.10 两表找相同案例

【例 18-4】 以 18.8 节个税案例为例,保留两表的相同项。

1. 界面法

第 1 步,合并两表。

第 2 步,在 PQ 功能区选择"主页"→"保留行"→"保留重复项",将 columnNames 的值修改为所有列名。

第 3 步,在 PQ 功能区选择"主页"→"删除行"→"删除重复项"。

步骤如图 18-43 所示。

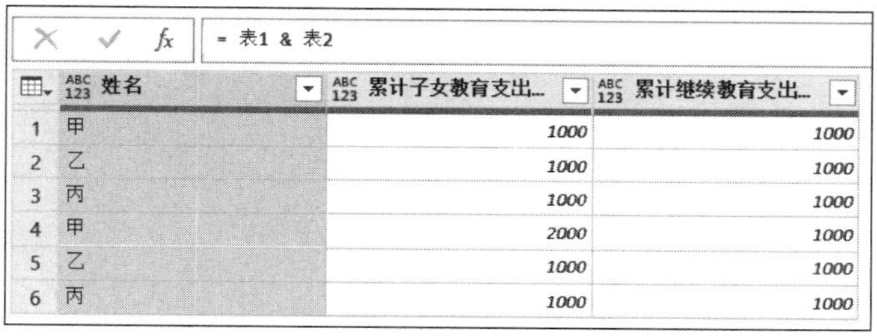

```
= 表1 & 表2
```

	姓名	累计子女教育支出...	累计继续教育支出...
1	甲	1000	1000
2	乙	1000	1000
3	丙	1000	1000
4	甲	2000	1000
5	乙	1000	1000
6	丙	1000	1000

(a) 合并两表

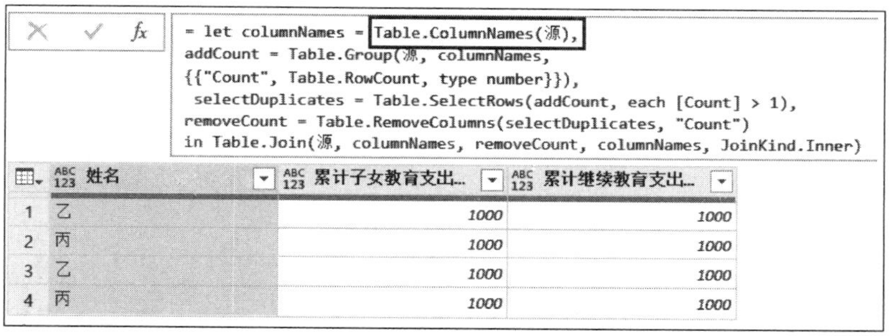

```
= let columnNames = Table.ColumnNames(源),
addCount = Table.Group(源, columnNames,
{{"Count", Table.RowCount, type number}}),
 selectDuplicates = Table.SelectRows(addCount, each [Count] > 1),
removeCount = Table.RemoveColumns(selectDuplicates, "Count")
in Table.Join(源, columnNames, removeCount, columnNames, JoinKind.Inner)
```

	姓名	累计子女教育支出...	累计继续教育支出...
1	乙	1000	1000
2	丙	1000	1000
3	乙	1000	1000
4	丙	1000	1000

(b) 保留重复项

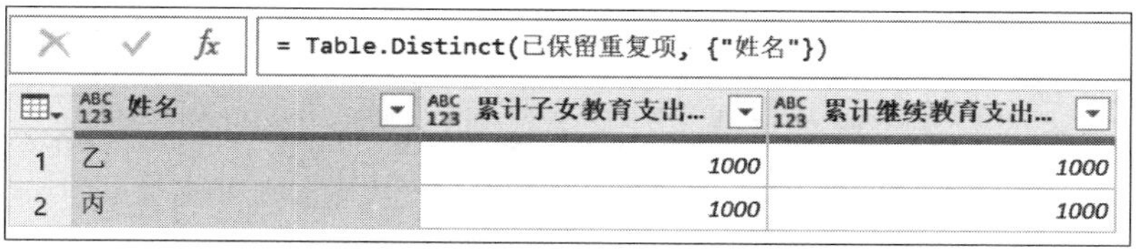

```
= Table.Distinct(已保留重复项, {"姓名"})
```

	姓名	累计子女教育支出...	累计继续教育支出...
1	乙	1000	1000
2	丙	1000	1000

(c) 删除重复项

图 18-43 保留重复行的结果

2. 删除匹配法

Table. RemoveMatchingRows()也可以实现两张表保留重复行,代码如下:

```
[
a = Table.RemoveMatchingRows(表 1,Table.ToRecords(表 2)),
b = Table.RemoveMatchingRows(表 1,Table.ToRecords(a))
][b]
```

字段 a 用于保留表 1 与表 2 中不相同的行,字段 b 用于删除表 1 与表 2 不相同的行。

3. 合并查询法

表 1 和表 2 进行合并查询，用内部连接，如图 18-44 所示。

(a) 合并设置

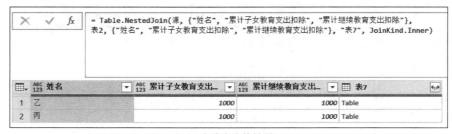

(b) 合并查询的结果

图 18-44　合并查询

18.11　排除时间案例

【例 18-5】　第 1 张是销售表，第 2 张是对照表，根据对照表日期列排除销售表对应的行，数据源如图 18-45 所示。

日期	销售额
2023/6/1	1
2023/6/2	2
2023/6/3	3
2023/6/4	4
2023/6/1	5
2023/6/2	6
2023/6/3	7
2023/6/4	8
2023/6/9	9
2023/6/10	10

日期
2023/6/1
2023/6/2
2023/6/3

图18-45　数据源销售表和对照表

1. 筛选法

最直接的思路是在销售表筛选日期列，代码如下：

```
= Table.SelectRows(更改的类型,each not List.Contains(对照[日期],[日期]))
```

结果如图18-46所示。

(a) 销售表

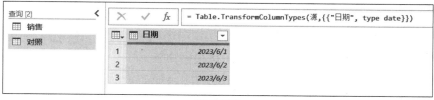

(b) 对照表

(c) 在销售表中排除对照表的日期

图18-46　筛选法排除日期

如果对照表的日期多,则遍历的次数多,效率可能低。

2．去重法

用两表去重的思路排除日期,新增 1 个查询,代码如下:

```
= Table.RemoveMatchingRows(销售,Table.ToRecords(对照),"日期")
```

在数据量大的情况下,去重法比筛选法的效率更高。

3．合并查询法

用合并查询的左反连接新增 1 个查询,代码如下:

```
= Table.NestedJoin(
销售, {"日期"},
对照, {"日期"},
"对照", JoinKind.LeftAnti)
```

18.12　? 和 ?? 的用法

each _是一个参数传参的简写形式,称为语法糖。深化容错也有简写形式,示例代码如下:

```
= {1,2}{2}                          //Error
= try {1,2}{2} otherwise null       //null
= {1,2}{2}?                         //null
```

上述 list 中只有两个元素,如果深化索引 2,则必然会出错,应使用容错语句。

? 是 PQ 中的标点符号之一,其作用是当用方括号和花括号深化的结果为 Error 时返回 null,相当于 try otherwise 的作用。示例代码如下:

```
= [a = 1, b = 2][c]? //null
```

将 18.8 节 ch18.8-04 代码中的 try otherwise 修改成语法糖的形式,代码如下:

```
原始 = try List.Sum({_{0}, - _{1}}) otherwise _{0}
简化 = List.Sum({_{0}, - _{1}?})
```

?? 是 Excel 365 版本增加的标点符号,示例代码如下:

```
= {1,2,3,null}{2}??"花园"          //3
= {1,2,3,null}{3}??"花园"          //"花园"
```

?? 的作用相当于 if else then。如果深化的结果是 null,则返回 ?? 后面的值,否则返回深化的值。

?? 没有容错的作用,示例代码如下:

```
= {1,2,3,null}{8}??0        //Error
```

18.13　... 的用法

在 3.6 节介绍过 if 条件语句,有双分支和多分支两种用法,不能实现单分支,示例代码如下:

```
= if 成绩> = 60 then "合格"        //Error
```

有 if 必有 else，上述代码将返回语法错误，修改后的代码如下：

```
= if 成绩> = 60 then "合格"
else ...
```

结果如图 18-47 所示。

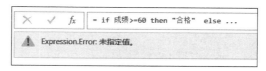

图 18-47　返回错误提示

"…"是标点符号之一，可用作 error 的快捷键，等同的代码如下：

```
= if 成绩> = 60 then "合格"
else error Error.Record("Expression.Error","未指定值")
//或 else error "未指定值"
```

18.14　PQ 技巧

18.14.1　拆分为行

在如图 18-2 所示的"按分隔符拆分列"的对话框中打开"高级选项"，单击拆分为"行"，结果如图 18-48 所示。

图 18-48　高级选项

在高级选项中,默认拆分为"列",自动补全的函数是 Table.SplitColumn(),如果拆分为"行",则自动补全的函数是 Table.ExpandListColumn()。

18.14.2　删除重复项

18.9 节讲解了保留重复项的界面操作,PQ 自动补全的代码如下:

```
let
    源 = Excel.CurrentWorkbook(){[Name = "表1"]}[Content],

    已保留重复项 =
        let
            columnNames = {"姓名"},
            addCount = Table.Group(源, columnNames,
                {{"Count", Table.RowCount}}),
            selectDuplicates = Table.SelectRows(addCount, each [Count] > 1),
            removeCount = Table.RemoveColumns(selectDuplicates, "Count")
        in
            Table.Join(源, columnNames, removeCount,
                columnNames, JoinKind.Inner)

in
    已保留重复项
```

将 selectDuplicates 步骤的[Count]＞1 修改成[Count]＝1,结果如图 18-49 所示。

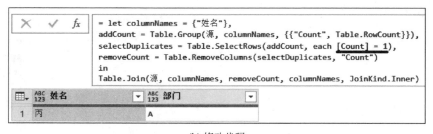

(a) 数据源

(b) 修改代码

图 18-49　删除重复项

可见,修改后实现了完全删除重复项的效果,这种方法也可以用于两表找不同。

与 Table.Distinct()实现的结果对比,如图 18-50 所示。

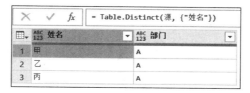

图 18-50　删除重复项

18.15　练习

【例 18-6】　实现效果如图 18-51 所示。

公司	部门	人员
甲	物流, 生产, HR	A, B, C
乙	HR, 物流, 生产	D, E, F
丙	HR, 物流, 生产	G, H, I

➡

公司	部门	人员
甲	物流	A
甲	生产	B
甲	HR	C
乙	HR	D
乙	物流	E
乙	生产	F
丙	HR	G
丙	物流	H
丙	生产	I

图 18-51　数据源和结果

参考代码如下:

```
//ch18.15 - 01
let
    源 = Excel.CurrentWorkbook(){[Name = "表 1"]}[Content],
    name = {"部门","人员"},
    合并 = Table.CombineColumns(源, name ,
        each List.Zip(List.Transform(_,(x) => Text.Split(x,","))),"合并"),
    展开 = Table.ExpandListColumn(合并, "合并"),
    结果 = Table.SplitColumn(展开,"合并",each _,name)
in
    结果
```

第 19 章

Text 类函数 1

19.1　Text.At()

Text.At()的作用是返回指定索引位置的字符,参数如下:

```
Text.At(
text as nullable text,
index as number)
as nullable text
```

第 1 个参数是文本。

第 2 个参数是索引,索引从 0 开始。示例代码如下:

```
= Text.At("我们的祖国是花园",0)        //"我"
```

19.2　Text.Start()/Text.End()

Text.Start()和 Text.End()的作用是返回文本最前面/最后面的 n 个字符,参数如下:

```
Text.Start/Text.End(
text as nullable text,
count as number)
as nullable text
```

第 1 个参数是文本。

第 2 个参数是数字。文本的字符从 1 开始数,示例代码如下:

```
= Text.Start("我们的祖国是花园",0)        //""
= Text.Start("我们的祖国是花园",2)        //"我们"
= Text.End("我们的祖国是花园",2)          //"花园"
```

这两个 M 函数对应的 Excel 函数是 LEFT() 和 RIGHT(),对于 Excel 中的 LEFTB() 和 RIGHTB()没有相对应的 PQ 函数。

19.3　Text.Length()

Text.Length()的作用是计算文本中字符的长度,参数如下:

```
Text.Length(
text as nullable text)
as nullable number
```

Text.Length()只有一个参数,是要计算长度的文本。示例代码如下:

```
= Text.Length("我们的祖国是花园")       //8
```

Text.Length()与Excel对应的函数是LEN()。同样,对于Excel中的LENB()没有相对应的PQ函数。

以上函数通过界面操作的方法是先选中文本列,然后在PQ功能区单击"转换"或"添加列"→"提取"。

19.4　Text.Middle()

Text.Middle()的作用是从第 n 个字符(第2个参数)开始,返回 m 个字符(第3个参数),参数如下:

```
Text. Middle(
text as nullable text,
start as number,
optional count as nullable number)
as nullable text
```

第1个参数是文本。

第2个参数是索引,从0开始数。

第3个参数是可选参数,是返回的字符的个数,如果第3个参数省略,则返回从索引开始的所有字符;如果数字超过剩余字符串的总长度,则与第3个参数省略返回的结果相同。示例代码如下:

```
= Text.Middle("我们的祖国是花园",1,1)        //"们"
= Text.Middle("我们的祖国是花园",1)          //"们的祖国是花园"
= Text.Middle("我们的祖国是花园",1,20)       //"们的祖国是花园"
```

Text.Middle()与Excel对应的函数是MID()。同样,对于Excel中的MIDB()没有相对应的PQ函数。

19.5　Text.Range()

Text.Range()的作用与Text.Middle()相同,参数如下:

```
Text.Range(
text as nullable text,
offset as number,
optional count as nullable number)
as nullable text
```

Text.Range()与Text.Middle()的区别是当第3个参数的数字超过剩余字符串的总长度时返回语法错误，如图19-1所示。

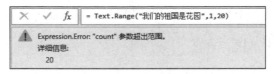

图19-1　语法错误提示

19.6　Text.RemoveRange()

Text.RemoveRange()的作用是删除从指定索引开始的字符数，参数如下：

```
Text.RemoveRange(
text as nullable text,
offset as number,
optional count as nullable number)
as nullable text
```

第1个参数是文本。

第2个参数是索引或偏移量。

第3个参数是可选参数，是删除的字符数，默认值为1。

示例代码如下：

```
= Text.RemoveRange("我们的祖国是花园",1,2)        //"我祖国是花园"
= Text.RemoveRange("我们的祖国是花园",1)          //"我的祖国是花园"
```

如果将第2个参数理解为索引，则上述代码可解释为从索引1开始删除两个字符；如果将第2个参数理解为偏移量，则上述代码可解释为偏移最前面1个字符，从下一个字符开始删除两个字符。

和Text.Range()的特性一样，当第3个参数的数字超过剩余字符串的总长度时返回语法错误，如图19-2所示。

图19-2　错误提示

19.7　Text.ReplaceRange()

Text.ReplaceRange()的作用是替换从指定索引开始的字符数,参数如下:

```
Text.ReplaceRange(
text as nullable text,
offset as number,
count as number,
newText as text)
as nullable text
```

第1个参数是文本。

第2个参数是索引或偏移量。

第3个参数是替换的字符数。

第4个参数是替换的文本。

示例代码如下:

```
= Text.ReplaceRange("我们的祖国是花园",1,2,"de")
//"我 de 祖国是花园"
```

当第3个参数的数字超过剩余字符串的总长度时,Text.ReplaceRange()具有容错能力,如图19-3所示。

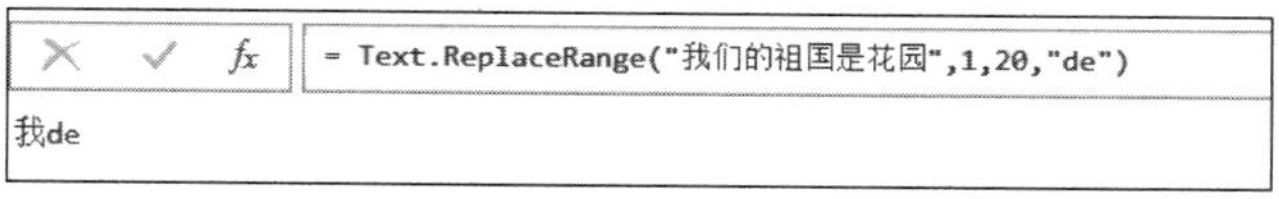

```
✕   ✓   fx   = Text.ReplaceRange("我们的祖国是花园",1,20,"de")

我de
```

图19-3　替换字符串的结果

当第4个参数的值是空文本时,Text.ReplaceRange()可实现删除字符的效果,示例代码如下:

```
= Text.ReplaceRange("我们的祖国是花园",1,2,"")      //"我祖国是花园"
```

因此,Text.ReplaceRange()可以替代 Text.RemoveRange()。

19.8　List.Range()

List.Range()的作用是从 list 的第 n 个元素(第2个参数)开始,返回 m 个元素(第3个参数),参数如下:

```
List.Range(
list as list,
offset as number,
optional count as nullable number)
as list
```

第 1 个参数是 list。

第 2 个参数是索引或偏移量。

第 3 个参数是可选参数，从索引开始，指定返回的元素的个数。如果第 3 个参数省略，则返回从索引开始的所有元素；如果超过元素的总个数，则能够容错。示例代码如下：

```
= List.Range({0..10},1)          //{1..10}
= List.Range({0..10},1,2)        //{1,2}
= List.Range({0..10},1,20)       //{1..10}
```

方法名含有 Range 的 M 函数，见表 19-1。

表 19-1　方法名含有 Range 的 M 函数

函 数 名	参 数
Text. Range	(text as nullable text，offset as number，optional count as nullable number) as nullable text
List. Range	(list as list，offset as number，optional count as nullable number) as list
Table. Range	(table as table，offset as number，optional count as nullable number) as table
Text. RemoveRange	(text as nullable text，offset as number，optional count as nullable number) as nullable text
Text. ReplaceRange	(text as nullable text，offset as number，count as number，newText as text) as nullable text
List. RemoveRange	(list as list，index as number，optional count as nullable number) as list
List. ReplaceRange	(list as list，index as number，count as number，replaceWith as list) as list
List. InsertRange	(list as list，index as number，values as list) as list

Table. Range() 与 List. Range() 的用法相同，List. Range() 用于返回指定索引范围的元素，Table. Range() 用于返回指定范围的行。等效的代码如下：

```
= Table.Range(源,2,1)
= Table.FirstN(Table.Skip(源,2),1)
```

19.9　Text. Insert()

Text. Insert() 的作用是在指定的位置插入字符串，参数如下：

```
Text.Insert(
text as nullable text,
offset as number,
newText as text)
as nullable text
```

第 1 个参数是文本。

第 2 个参数是索引或偏移量。

第 3 个参数是插入的新字符串。

示例代码如下:

```
= Text.Insert("我们的祖国是花园",1,"men")
//"我 men 们的祖国是花园"
```

如果第 2 个参数的数值超过剩余字符的总数,则返回语法错误,如图 19-4 所示。

图 19-4　语法错误

方法名含有 Insert 的函数还有 List. InsertRange()、Table. InsertRows()。示例代码如下:

```
= List.InsertRange({1,2,3},0,{8,9,10})      //{8,9,10,1,2,3}
```

19.10　Text.Replace()

Text. Replace()的作用是替换指定位置的字符串,参数如下:

```
Text.Replace(
text as nullable text,
oldText as text,
newText as text)
as nullable text
```

第 1 个参数是文本。

第 2 个参数是原文本中将被替换的部分。

第 3 个参数是将呈现在结果中的文本。

示例代码如下:

```
= Text.Replace("我们的我们的祖国是花园","我们","wo")
//"wo 的 wo 的祖国是花园"
```

第 2 个参数和第 3 个参数是文本类型,不是 list,一次只能替换一个文本,如果多次替换文本,则可嵌套迭代函数进行替换,参见 21.12 节。

方法名含有 Replace 的函数较多。

19.11　Text.PadStart()/Text.PadEnd()

这两个函数的作用是在原文本最前面/最后面填充字符,以使字符串达到指定的长度,参数如下:

```
Text.PadStart/Text.PadEnd(
text as nullable text,
```

```
count as number,
optional character as nullable text)
as nullable text
```

第 1 个参数是文本。

第 2 个参数是最终的字符串长度。

第 3 个参数是可选参数,是填充的字符,如果省略,则默认为空格。

示例代码如下:

```
= Text.PadStart("123",10)          //"       123"
= Text.PadStart("123",10,"0")      //"0000000123"
= Text.PadEnd("123",10,"0")        //"1230000000"
```

如果第 2 个参数指定的长度小于原字符串的长度,则结果不发生变化,示例代码如下:

```
= Text.PadStart("123",1)       //"123"
```

19.12 提取身份证号信息案例

ID
370101198001011234
37010119800102124X
370101198001031254
370101198001041264

【例 19-1】 根据身份证号,检查位数、提取生日、性别,数据源如图 19-5 所示。

图 19-5 数据源

代码如下:

```
//ch19.12 - 01
检查长度 =
Table.AddColumn(源, "位数", each Text.Length([ID]))

生日 =
Table.AddColumn(源, "生日", each Date.From(Text.Range([ID],6,8)))

性别 =
Table.AddColumn(源, "性别", each
if Number.IsOdd(Number.From(Text.At([ID],16)))
then "男"
else "女")
```

结果如图 19-6 所示。

(a) 计算位数

图 19-6 提取信息

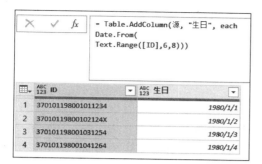

(b) 计算生日

(c) 计算性别

图 19-6　（续）

当需要计算文本字符串的总长度时可使用 Text.Length()，当需要提取字符串的区间时可使用 Text.Range() 或 Text.Middle()，身份证号倒数第 2 位的奇偶性代表性别，提取函数可以用 Text.At()、Text.Range() 或 Text.Middle()。

注意，字符串的索引从 0 开始数。从文本提取出的文本型数字仍是文本。

19.13　文本转日期和时间案例

【例 19-2】　代码如下：

```
源 = "20230102030405",
结果 = DateTime.FromText(源)        //Error
```

结果如图 19-7 所示。

DateTime.FromText() 的函数示例说明如图 19-8 所示。

图 19-7　日期和时间的转换

图 19-8　函数说明示例

应在日期和钟点之间增加 T，修改后的代码如下：

```
let
    源 = "20230102030405",
    转换 = Text.Insert(源,8,"T"),
    结果 = DateTime.FromText(转换)     //2023/1/2 3:04:05
in
    结果
```

19.14　双引号

双引号用于引起一段文本,当文本中用双引号表示引用语时,代码将变得难以阅读,示例代码如下:

```
a = "她说他的英语很好,我觉得他很厉害"
b = "她说:""他的英语很好"",我觉得他很厉害"
```

可见,文本内层的每个双引号需要再套双引号,书写这段代码变得有难度。

代码如图 19-9 所示。

从图 19-9 中可以看出,当 fx 编辑栏的第 1 个字符不是＝,而是空格时,空格是文本字符,此时 PQ 会将这段代码解释为文本,即 fx 编辑栏中不是必须写表达式。

在 fx 编辑栏中直接输入文本,高级编辑器会帮助用户自动转换,如图 19-10 所示。

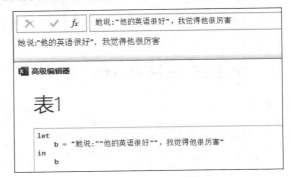

图 19-9　fx 编辑栏对代码的解释　　　　图 19-10　高级编辑器自动转换

在 fx 编辑栏中直接输入日期、文本、数字等,高级编辑器都能够对它们进行自动转换,如图 19-11 所示。

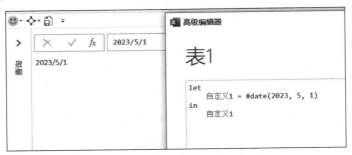

图 19-11　各种数据类型的转换

应用举例如图 19-12 所示。

在 Python 中,引用一段文本可以用单引号、双引号、三引号。在 PQ 中,只能用双引号,对文字的引用有不便之处。

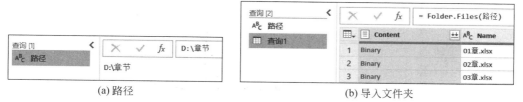

(a) 路径　　　　　　　　　　(b) 导入文件夹

图 19-12　省略引号的路径用法

19.15　双开 PQ 编辑器

当用户打开 PQ 编辑器后,Excel 工作簿界面是冻结的,无法操作。

解决方法是先激活一个 Excel 工作簿(无论是在 Excel 界面,还是在 PQ 编辑器界面),然后找到 Excel 图标,以下方法任选。

(1) 在 Windows 的任务栏,在 Excel 工作簿上右击,将看到 Excel 图标。

(2) 在 Windows 开始菜单中,将看到 Excel 图标,如图 19-13 所示。

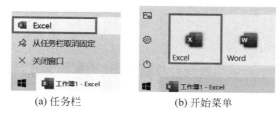

(a) 任务栏　　　　　　　　(b) 开始菜单

图 19-13　Excel 图标

在按住 Alt 键不放的前提下,单击 Excel 图标,等待弹出"是否启动新的 Excel 实例"对话框,单击"是"按钮将打开一个新的空白工作簿,这个工作簿的内容是可编辑的,如图 19-14 所示。

图 19-14　打开新的 Excel 实例

第 20 章

Text 类函数 2

20.1 Character.FromNumber()

M 函数的字符是 Unicode 编码，称为万国码。每个字符有等效的数字编码。
Character.FromNumber() 的作用是返回数字对应的字符，参数如下：

```
Character.FromNumber(
number as nullable number)
as nullable text
```

Character.FromNumber() 函数很简单，只有一个参数，是要转换的数字。示例代码如下：

```
= Character.FromNumber(97)      //"a"
```

在 3.5.1 节讲解了创建连续的列表，是基于 Unicode 的编码表，示例代码如下：

```
= List.Transform({1..128},Character.FromNumber)
```

最前面的 32 个字符是不可见字符，数字编码 32 是空格，如图 20-1 所示。
在创建文本型数字时，只能创建 0～9，数字编码为 48～57，如图 20-2 所示。

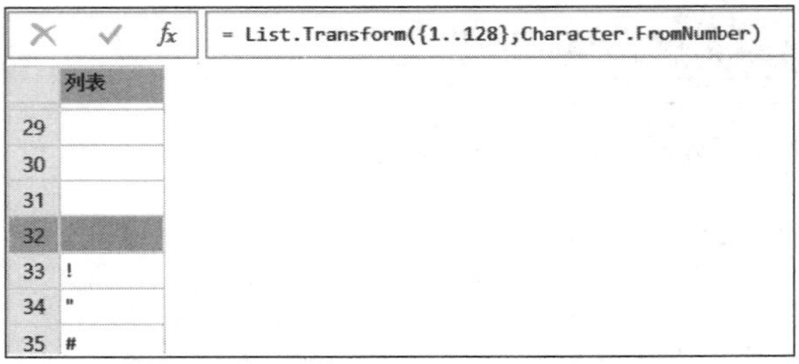

	列表		列表
	`= List.Transform({1..128},Character.FromNumber)`	47	/
		48	0
		49	1
29		50	2
30		51	3
31		52	4
32		53	5
33	!	54	6
34	"	55	7
35	#	56	8
		57	9
		58	:

图 20-1　数字转换为字符 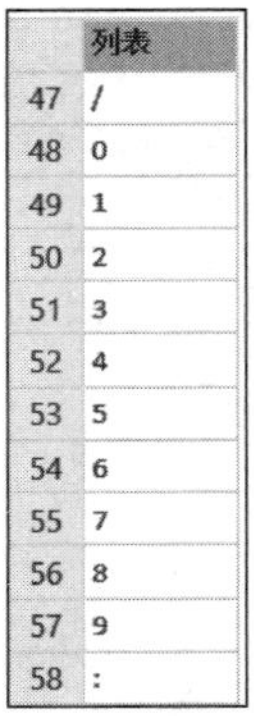　　　　　图 20-2　文本型数字

多字符的数字型文本用循环遍历来创建,代码如下:

```
= {"0".."9"}
= List.Transform({1..128},Text.From)
```

英文大写字母在小写字母前面,大写和小写的中间间隔其他标点,数字编码为 91~96,如图 20-3 所示。

因此,在创建所有英文字母的列表时,应分开书写大小写,代码如下:

```
= {"a".."z"}                //创建小写字母列表
= {"A".."Z"}                //创建大写字母列表
= {"A".."Z","a".."z"}        //创建大小写字母列表,用逗号分开列表元素
```

在 Unicode 编码表中,"一"是第 1 个汉字,如图 20-4 所示。

图 20-3　大小写字母　　　　　　　　　　图 20-4　汉字

实操中,一般写"一"到"龟",囊括了常用的汉字,代码如下:

```
= {"一".."龟"}
```

文本的比较,示例代码如下:

```
= "1" > "01"            //true
= "龟" > "一"           //true
= "abc" > "ab"          //true
```

20.2　Character.ToNumber()

Character.ToNumber()的作用是返回字符对应的数字,参数如下:

```
Character.ToNumber(
character as nullable text)
as nullable number
```

Character.ToNumber()函数很简单,只有一个参数,是要转换的字符。示例代码如下:

```
= Character.ToNumber("a")          //97
```

在3.12节,讲解了♯的用法之一,即表示特殊字符。例如,♯(lf)表示换行符;♯(cr)表示回车符,♯(tab)表示制表符。(lf)表示多个字符,经过♯转义后,代表一个单字符,查看这几个字符的数字编码,代码如下:

```
//ch20.2-01
= List.Transform({"♯(lf)","♯(cr)","♯(tab)"},
    Character.ToNumber)
```

结果如图20-5所示。

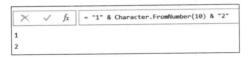

图 20-5 转义字符

换行符举例如图20-6所示。

图 20-6 换行符的显示

利用M函数字符采用Unicode编码的特性,可以在M函数中使用各种各样的符号。

在Excel的功能区,选择"插入"→"符号",在弹出的"符号"对话框中双击一个字符,将字符插入Excel单元格,再将之复制到PQ中使用。例如★,如图20-7所示。

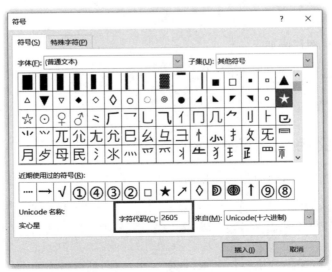

图 20-7 "符号"对话框

字符还可以用♯转义的4位或8位的十六进制编码表示。在如图20-7所示的"符号"对话框中,★的字符代码显示为2605,代码如下:

```
= "♯(2605)"
```

结果如图20-8所示。

2605是十六进制数,对应的十进制是9733,反向验证了该字符是否为★,代码如下:

```
= Character.FromNumber(9733)
```

十进制转十六进制的代码如下:

```
= Number.ToText(9733,"X")        //2605
```

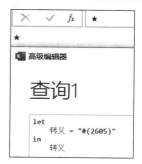

图20-8 4位十六进制数

在网络上搜索到的Unicode字符集,可以将字符复制到PQ中使用,也可以用函数进行转换使用,如图20-9所示。

```
= List.Transform({128512..129000},Character.FromNumber)
```

图20-9 Unicode字符集

20.3 Text.ToList()

Text.ToList()的作用是将文本按照字符拆分成list的每个元素,参数如下:

```
Text.ToList(text as text) as list
```

参数比较简单,只有一个参数,类型是文本,示例代码如下:

```
= Text.ToList("白日依山尽")
```

结果如图20-10所示。

图20-10 text转换成list

如果需要对文本的每个字符做运算,则可使用 Text.ToList()。

20.4　半角全角案例

【例 20-1】　将全角数字转换为半角数字,数据源代码如下:

```
//ch20.4-01
出差 627 电话费 43
```

在文本中的全角数字本质上是字符,复制一个全角数字,返回其数字编码,代码如下:

```
= Character.ToNumber("２")      //65298
```

得出全角数字 0~9 的数字编码是 65296~65296+9,如图 20-11 所示。

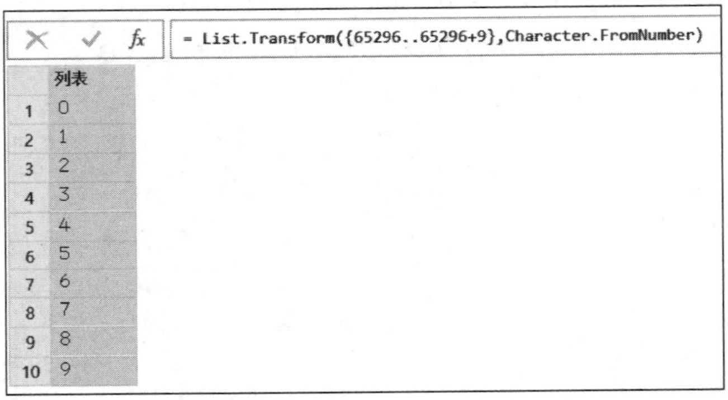

图 20-11　全角数字

同理,半角数字 0~9 的文本型数字编码是 48~48+9,如图 20-2 所示。

用 Text.ToList()将原文本转换为 list,对每个字符进行全角和半角的转换。

第 1 步,为了方便观察,可先将字符串拆分成 list,再转换成 table。

第 2 步,用 Character.ToNumber()将字符转换成数字编码。

第 3 步,判断字符是否属于全角数字的区间,如果是,则进一步转换,如果不是,则返回原字符。

第 4 步,深化转换后的列,再将字符合并成文本。

步骤如图 20-12 所示。

最终的代码如下:

```
//ch20.4-02
let
    源 = "出差 627 电话费 43",
    转表 = Table.FromValue(Text.ToList(源)),
    转编码 = Table.AddColumn(转表, "数字编码", each
            Character.ToNumber([Value])),
    转字符 = Table.AddColumn(转编码, "转换", each
```

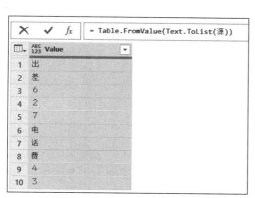

(a) 将字符串转换成list再转换成table　　　　(b) 将字符转换成数字编码

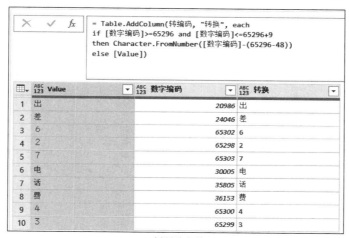

(c) 判断数字编码区间

图 20-12　全角半角的转换

```
        if [数字编码]> = 65296 and [数字编码]< = 65296 + 9
        then Character.FromNumber([数字编码] - (65296 - 48))
        else [Value]),
    结果 = Text.Combine(转字符[转换])
in
    结果
```

通过 Character 类函数能够扩展字符处理的思路。

20.5　清除不可见字符案例

【例 20-2】　在 Excel 单元格中貌似有空格，但是无法用 TRIM()函数清除，如图 20-13 所示。

图 20-13　TRIM( )的结果

将数据导入 PQ 中,用 Text.Trim( )能够清除不可见字符,结果如图 20-14 所示。

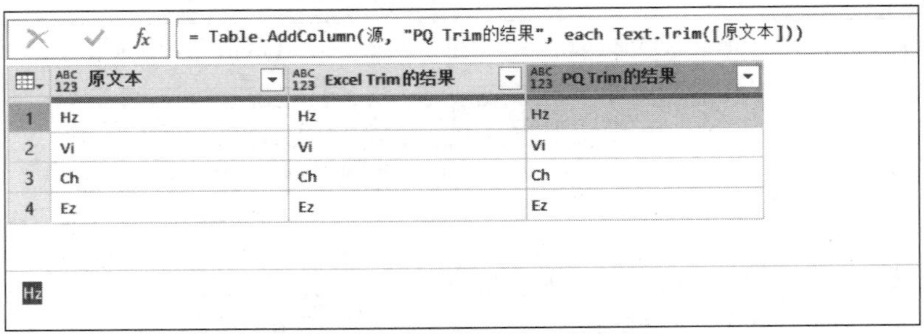

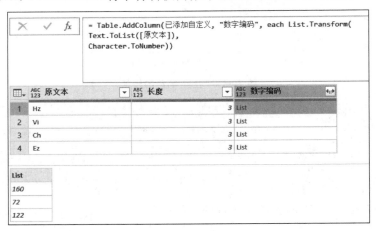

图 20-14　PQ 中 Text.Trim( )的结果

检查不可见字符,可采用两种方法,一种是用 Text.Length( )检查字符的总长度,另一种是用 Character.ToNumber( )将字符转换为数字编码,如图 20-15 所示。

图 20-15　检测不可见字符

可见,原文本中的不可见字符不是空格,空格的数字编码是 32,160 是不间断空格,Excel 中的 TRIM( )只能处理空格,PQ 中的 Text.Trim( )可以处理空格和不间断空格。

在 Excel 帮助中，查看 TRIM()的解释，如图 20-16 所示。

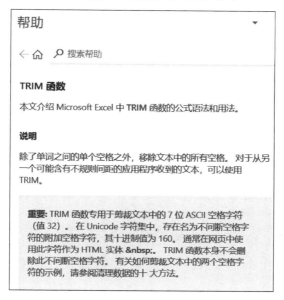

图 20-16　TRIM()的使用说明

在"按分隔符拆分列""替换值"等对话框中，"插入特殊字符"下拉列表中也有不间断空格的选项，如图 20-17 所示。

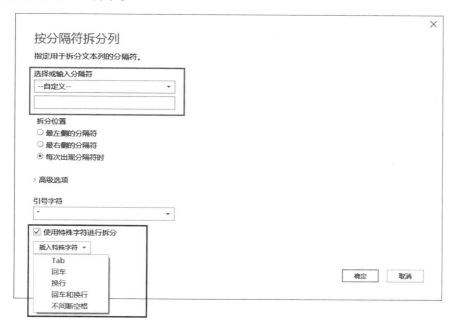

图 20-17　插入特殊字符

从系统导出或者从别处复制粘贴的数据中可能存在不可见字符,对于难以清除的不可见字符,方法是用 Character 类函数返回不可见字符的数字编码,然后用 Text. Trim()或 Text. Remove()删除。以清除不间断空格为例,示例代码如下:

```
= Number.ToText(160,"X")                //00A0
= Text.Trim(" test ","#(00A0)")
= Text.Remove(" test ","#(00A0)")
= Text.Trim(" test ",Character.FromNumber(160))
= Text.Remove(" test ",Character.FromNumber(160))
```

20.6　Text. Repeat()

Text. Repeat()的作用是按照指定次数重复文本,返回一个新的文本,参数如下:

```
Text.Repeat(
text as nullable text,
count as number).
as nullable text
```

示例代码如下:

```
= Text.Repeat("★",5)          //"★★★★★"
= Text.Repeat("重复",2)        //"重复重复"
```

20.7　List. Repeat()

List. Repeat()的作用是按照指定次数重复 list,返回一个新的 list,参数如下:

```
List.Repeat(
list as list,
count as number)
as list
```

示例代码如下:

```
= List.Repeat({1,2},2)         //{1,2,1,2}
= List.Repeat({},2)            //{}
```

20.8　Table. Repeat()

Table. Repeat()的作用是按照指定次数重复 table,返回一个新的 table,参数如下:

```
Table.Repeat(
table as table,
count as number)
as table
```

示例代码如下：

```
= Table.Repeat(表,2)
```

Table.Repeat()的结果相当于对多个相同的表进行 Table.Combine()的纵向合并。

20.9 Text.Select()

Text.Select()的作用是提取字符串中指定的单字符，参数如下：

```
Text.Select(
text as nullable text,
selectChars as any)
as nullable text
```

Text.Select()使用频繁。

第1个参数是文本。

第2个参数是筛选的字符，必须是单字符。当只有一个筛选字符时，类型可以是文本或 list，示例代码如下：

```
= Text.Select("我们的 our 祖国 motherland 是 is 花园 garden.","a")
= Text.Select("我们的 our 祖国 motherland 是 is 花园 garden.",{"a"})
```

结果如图 20-18 所示。

图 20-18　提取字符

当有多个单字符时，第2个参数的类型是 list，示例代码如下：

```
= Text.Select("我们的 our 祖国 motherland 是 is 花园 garden.",
    {"a".."z"," "})
```

结果如图 20-19 所示。

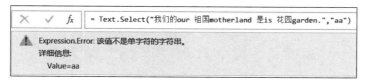

图 20-19　提取多个单字符

第2个参数不能容纳多字符，如图 20-20 所示。

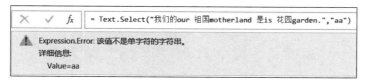

图 20-20　只能提取单字符

20.10　Text.Remove()

Text.Remove()的作用是删除字符串中指定的单字符,参数如下:

```
Text.Remove(
text as nullable text,
removeChars as any)
as nullable text
```

Text.Remove()使用频繁,和 Text.Select()的用法一样,第 2 个参数只能是单字符。

20.11　提取中文案例

【例 20-3】 提取文本列的中文,数据源如图 20-21 所示。

有两种提取方法,等同的代码如下:

```
方法 1 =
Table.AddColumn(源, "中文", each
    Text.Remove([中英文],{"a".."z","A".."Z"}))

方法 2 =
Table.AddColumn(源, "中文", each
    Text.Select([中英文],{"一".."龟"}))
```

结果如图 20-22 所示。

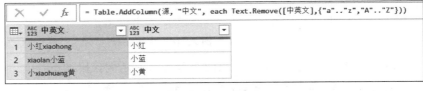

图 20-21　数据源　　　　　　　　　　图 20-22　提取中文文本的结果

在做字符选择或者删除的操作时,优先选择、删除英文字符,因为中文字符的个数太多,在数据量大的情况下,遍历中文字符的效率可能较低。

20.12　Text.BeforeDelimiter()

Text.BeforeDelimiter()的作用是提取指定分隔符前的字符串,参数如下:

```
Text.BeforeDelimiter(
text as nullable text,
delimiter as text,
optional index as any)
as any
```

第 1 个参数是文本。

第 2 个参数的类型是文本,用作分隔符,可以是一个字符串。

第 3 个参数是可选参数,默认为 0,是分隔符的位置索引,示例代码如下:

```
= Text.BeforeDelimiter("我们的祖国是花园,花园的花朵真鲜艳","花园",0)
//我们的祖国是

= Text.BeforeDelimiter("我们的祖国是花园,花园的花朵真鲜艳","花园")
//我们的祖国是

= Text.BeforeDelimiter("我们的祖国是花园,花园的花朵真鲜艳","花园",1)
//我们的祖国是花园
```

在上述代码中有两个"花园",如果第 3 个参数指定索引 0,则返回第 1 个花园前的文本;如果指定索引 1,则返回第 2 个花园前的文本,省略第 3 个参数,默认为 0。

第 3 个参数还可以用函数表示,示例代码如下:

```
举例 1 = Text.BeforeDelimiter("111 - 222 - 333", " - ",
{1, RelativePosition.FromEnd})
//"111" 返回从末尾开始数的第 2 个分隔符前面的部分

举例 2 = Text.BeforeDelimiter("111 - 222 - 333", " - ",
{1,RelativePosition.FromStart})
//"111 - 222" 返回从开头开始数的第 2 个分隔符前面的部分
```

同类的函数见表 20-1。

表 20-1　同类的函数

函 数 名	参 数
Text.AfterDelimiter	(text as nullable text,delimiter as text,optional index as any) as any
Text.BeforeDelimiter	(text as nullable text,delimiter as text,optional index as any) as any
Text.BetweenDelimiters	(text as nullable text,startDelimiter as text,endDelimiter as text,optional startIndex as any,optional endIndex as any) as any

20.13　Splitter 类

通过 PQ 界面操作出来的代码多能见到类名是 Splitter、Combiner、Replacer 的函数,函数名较长。在 Text.Split()、Text.Combine()、Text.Replace()不能满足使用需求时,这三类函数可满足对文本处理的需求。

在 PQ 功能区选择"转换"→"拆分列",如图 20-23 所示。

单击任意项目,PQ 将自动补全 Splitter 类的函数。

Splitter 类的函数见表 20-2。

图 20-23　拆分列

表 20-2　Splitter 类的函数

函　数　名	参　　数
Splitter. SplitByNothing	() as function
Splitter. SplitTextByWhitespace	(optional quoteStyle as nullable number) as function
Splitter. SplitTextByAnyDelimiter	(delimiters as list，optional quoteStyle as nullable number，optional startAtEnd as nullable logical) as function
Splitter. SplitTextByDelimiter	(delimiter as text，optional quoteStyle as nullable number) as function
Splitter. SplitTextByEachDelimiter	(delimiters as list，optional quoteStyle as nullable number，optional startAtEnd as nullable logical) as function
Splitter. SplitTextByLengths	(lengths as list, optional startAtEnd as nullable logical)as function
Splitter. SplitTextByRepeatedLengths	(length as number，optional startAtEnd as nullable logical) as function
Splitter. SplitTextByPositions	(positions as list，optional startAtEnd as nullable logical) as function
Splitter. SplitTextByRanges	(ranges as list，optional startAtEnd as nullable logical)as function
Splitter. SplitTextByCharacterTransition	(before as anynonnull，after as anynonnull) as function

由于此类函数返回的类型是 function，参数中并没有原文本，只有分隔符，所以拆分文本的格式是 Splitter. XXX(拆分条件)(原文本)，示例代码如下：

```
= Splitter.SplitTextByDelimiter(",")("a,b,c,d")
//{"a","b","c","d"}
```

20.14　Combiner 类

Combiner 类的函数见表 20-3。

表 20-3　Combiner 类的函数

函　数　名	参　　数
Combiner. CombineTextByDelimiter	(delimiter as text，optional quoteStyle as nullable number) as function
Combiner. CombineTextByEachDelimiter	(delimiters as list，optional quoteStyle as nullable number) as function
Combiner. CombineTextByLengths	(lengths as list, optional template as nullable text) as function
Combiner. CombineTextByPositions	(positions as list，optional template as nullable text) as function
Combiner. CombineTextByRanges	(ranges as list, optional template as nullable text) as function

示例代码如下：

```
= Combiner.CombineTextByDelimiter(";")({"a", "b", "c"}) //"a;b;c"
```

Text.Combine()和 Combiner.CombineTextByDelimiter()的作用相同,但是对 null 的
处理不相同,对比结果如图 20-24 所示。

(a) Combiner.CombineTextByDelimiter()

(b) Text.Combine()

图 20-24　对比合并的结果

20.15　Text.Format()

Text.Format()的作用是格式化文本的连接,参数如下:

```
Text.Format(
formatString as text,
arguments as any,
optional culture as nullable text)
as text
```

第 1 个参数是文本连接的格式化形式。

第 2 个参数是取值范围,可以是 list 或 record。

第 3 个参数是可选参数,是区域设置。

示例代码如下:

```
= Text.Format(
"#{0}的#{1}考得#{2},得了#{3}分",
{"小明","数学","不错",100}
)
```

结果如图 20-25 所示。

第 1 个参数是引号引出的文本形式,#代表第 2 个参数,第 2 个参数是 list,则用#{索
引}深化出值。虽然第 2 个参数的元素中有数字,但是连接在第 1 个参数中也没有报错,这
说明 Text.Format()带有 Text.From()的功能。

示例代码如下：

```
= Text.Format(
"#[姓名]的#[科目]考得#[评价],得了#[成绩]分",
[姓名 = "小明",科目 = "数学",评价 = "不错",成绩 = 100]
)
```

结果如图 20-26 所示。

图 20-25　第 2 个参数是 list

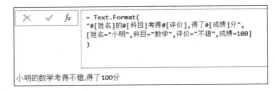

图 20-26　第 2 个参数是 record

如果第 2 个参数是 record，则用 #[标题]深化出值。只要理解 # 是从第 2 个参数传递过来的，就可灵活地变通。

第 2 个参数的类型只支持 list 或 record，如图 20-27 所示。

图 20-27　第 2 个参数的类型

当需要连接多个文本时，可使用 Text.Format()、Text.Combine()、&。

20.16　整数值序列

PQ 中数字序列的最大值如图 20-28 所示。

(a) 序列的最大值

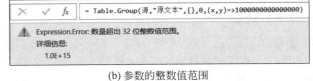

(b) 参数的整数值范围

图 20-28　整数值范围

代码如下：

```
= {1..Number.Power(2,31) - 1}        //2147483647
= {1..Number.Power(2,31)}            //Error
```

第 21 章

List 类函数

21.1 List. Difference()

List. Difference()的作用是返回 list1 与 list2 中元素的差集,参数如下:

```
List.Difference (
list1 as list,
list2 as list,
optional equationCriteria as any)
as list
```

第 1 个参数、第 2 个参数的类型是 list,示例代码如下:

```
= List.Difference({1,2,3,3},{2,3,4,4}) //{1,3}
```

差集的运算方式是以 list1 为基准对比值和个数,删除与 list2 相同的元素,返回 list1 的元素,如图 21-1 所示。

图 21-1   差集的运算方式

第 3 个参数的类型是 function,each _ 中的"_"代表第 1 个参数和第 2 个参数的每个元素遍历,经过表达式的运算后,返回 list1 中有差异的原值,示例代码如下:

```
= List.Difference({1,"2","3"},{2,3,4},each Number.From(_)) //{1}
```

M 函数中,参数类型是 function 的参数传参方式有多种形式,根据函数的不同,要记住不同的参数传递方式。

21.2 List. Union()

List. Union()的作用是返回小 list 的并集,参数如下:

```
List.Union(
lists as list,
optional equationCriteria as any)
as list
```

示例代码如下：

```
= List.Union({{2,3,3,3},{3,2},{2,2,2,4}})
```

并集的运算方式是以 list1 为基准对比值和个数，将其他与小 list 不同的元素增加到 list1 中，结果如图 21-2 所示。

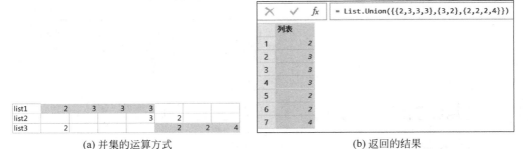

(a) 并集的运算方式   (b) 返回的结果

图 21-2　并集的结果

第 3 个参数是 function，经过表达式的运算后返回并集。

比较 List.Union() 和 List.Combine() 的区别，如图 21-3 所示。

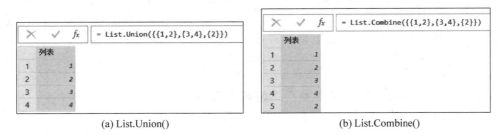

(a) List.Union()   (b) List.Combine()

图 21-3　比较两个函数的区别

21.3　List.Intersect()

List.Intersect() 的作用是返回各小 list 元素的交集，参数如下：

```
List.Intersect(
lists as list,
optional equationCriteria as any)
as list
```

示例代码如下：

```
= List.Intersect({{1,2,2},{2},{2,2,2,2,4}}) //{2}
```

21.4　列排序案例

【**例 21-1**】　姓名、部门是根据员工号合并查询展开的，因此排在最后几列，需要将员工信息的列排序到表的最前列，数据源如图 21-4 所示。

员工号	1月	2月	3月	姓名	部门
A1	1	2	3	甲	生产部
A2	4	5	6	乙	质量部

图 21-4　数据源

代码如下：

```
//ch21.4 - 01
= Table.ReorderColumns(源,
    List.Union({{"员工号", "姓名", "部门"},
        Table.ColumnNames(源)}))
```

结果如图 21-5 所示。

= Table.ReorderColumns(源,List.Union({{"员工号", "姓名", "部门"},Table.ColumnNames(源)}))

	员工号	姓名	部门	1月	2月	3月
1	A1	甲	生产部	1	2	3
2	A2	乙	质量部	4	5	6

图 21-5　列排序

月份是动态的列，员工信息是静态的列，将静态的列放在 List. Union()的第 1 个参数的第 1 个小 list 中，达到了动静结合的列排序效果。

21.5　List.RemoveNulls()

List. RemoveNulls()的作用是删除 list 中的 null，参数如下：

```
List.RemoveNulls (list as list) as list
```

示例代码如下：

```
= List.RemoveNulls({1,2,null,null,3})      //{1,2,3}
```

21.6　List.RemoveItems()

List. RemoveItems()的作用是删除 list1 中指定的元素，参数如下：

```
List.RemoveItems (
list1 as list,
list2 as list)
as list
```

示例代码如下：

```
= List.RemoveItems({1,2,null,null,3},{null})              //{1,2,3}
= List.RemoveItems({1,2,null,null,3},{null,1})            //{2,3}
```

List. RemoveItems()可替代 List. RemoveNulls()。

21.7 List.RemoveMatchingItems()

List.RemoveMatchingItems()的作用是删除 list1 中匹配的元素,参数如下:

```
List.RemoveMatchingItems (
list1 as list,
list2 as list,
optional equationCriteria as any)
as list
```

示例代码如下:

```
= List.RemoveMatchingItems({1,2,null,null,3},{null})          //{1,2,3}
= List.RemoveMatchingItems({1,2,null,null,3},{null,1})        //{2,3}
```

List.RemoveMatchingItems()是 List.RemoveItems()的升级版。

List.RemoveMatchingItems()的第 3 个参数是 function,将第 1 个参数、第 2 个参数的值遍历后再比较,示例代码如下:

```
= List.RemoveMatchingItems({1..10},{1},Number.IsEven)
```

第 1 个参数和第 2 个参数遍历后的结果如下:

```
{false,true,false,true,false,true,false,true,false,true},
{false}
```

第 2 个参数遍历后的结果是 false,从而删除第 1 个参数中的 false,保留 true 对应的元素,结果如图 21-6 所示。

图 21-6　删除匹配的元素

示例代码如下:

```
= List.RemoveMatchingItems({1..10},{1,2},Number.IsEven)
```

第 1 个参数和第 2 个参数遍历后的结果如下:

```
{false,true,false,true,false,true,false,true,false,true },
{false,true}
```

结果为空列表,如图 21-7 所示。

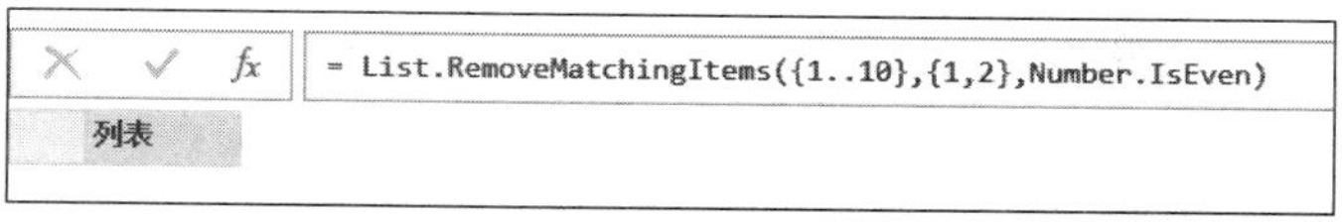

图 21-7 删除匹配的元素

删除奇偶数，也可以用 List.Select() 实现，示例代码如下：

```
= List.Select({1..10},Number.IsEven)
```

21.8 List.IsEmpty()/Table.IsEmpty()

List.IsEmpty() 的作用是判断 list 是否为空 list，参数如下：

```
List.IsEmpty(list as list) as logical
```

示例代码如下：

```
= List.IsEmpty({})              //true
= List.IsEmpty({1,2})           //false
= List.IsEmpty({null,null})     //false
```

同类函数是 Table.IsEmpty()，参数如下：

```
Table.IsEmpty(table as table) as logical
```

示例代码如下：

```
= Table.IsEmpty(表)
```

官方将空行、空行空列的表定义为空表，但空列的表不被认为是空表。

表 1 是一张多行多列的表，示例代码如下：

```
//ch21.8 - 01
let
    源 = Excel.CurrentWorkbook(){[Name = "表1"]}[Content],
    表2 = Table.SelectColumns(源,{}),           //不是空表
    表3 = Table.SelectRows(源,each null),        //是空表
    表4 = Table.Skip(源,Table.RowCount(源)),      //是空表
    表5 = #table({},{}),                        //是空表
    表6 = #table({},{1}),                       //不是空表
    表7 = #table(1,{})                          //是空表
in
    表7
```

21.9 删除空行案例

【例 21-2】 删除表中的空行，当一行中的值只有空文本或空格时也算空行，数据源如

图 21-8 所示。

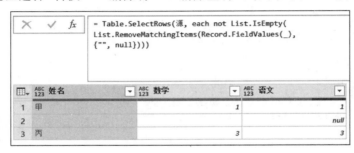

图 21-8　数据源

由于第 2 行的第 1 个值是空格,第 2 个值是空文本,第 3 个值是真空 null,因此,应删除第 2 行。

在 PQ 功能区选择"转换"→"删除行"→"删除空行",结果如图 21-9 所示。

图 21-9　删除空行

PQ 补全的代码如下:

```
= Table.SelectRows(源, each not
    List.IsEmpty(
        List.RemoveMatchingItems(
        Record.FieldValues(_),
        {"", null})))
```

从代码中可以看出,其原理是遍历当前行的 list,在删除空文本、null、只有空格的值后,判断结果是否为空列表。本例中有一个值是空格,优化后的代码如下:

```
= Table.SelectRows(源, each not
    List.IsEmpty(
        List.RemoveMatchingItems(
            Record.FieldValues(_),
            {"", null, " "})))        //修改最后一个参数,增加了空格
```

21.10　删除空列案例

【例 21-3】　删除表中的空列,当一列中的值只有空文本或空格时也算空列,数据源如图 21-10 所示。

图 21-10　数据源

1. 转置法

将表降标题→转置→删除空行→转置→提升标题,通过界面操作,代码如下:

```
//ch21.10 - 01
let
    源 = Excel.CurrentWorkbook(){[Name = "表1"]}[Content],
    降标题 = Table.DemoteHeaders(源),
    转置表 = Table.Transpose(降标题),
    删除空行 = Table.SelectRows(转置表, each not
        List.IsEmpty(
            List.RemoveMatchingItems(
                List.Skip(        //忽略标题
                    Record.FieldValues(_)),
                {"", null," "}))),
        转置表1 = Table.Transpose(删除空行),
        升标题 = Table.PromoteHeaders(转置表1)
in
    升标题
```

思路与删除空行相似,不同的是当判断当前行是否为空时需要忽略第1列标题。

2. 列名法

遍历每列,如果列的每个值符合空的条件,则删除该列名。

第1步,遍历列名,代码如下:

```
= List.Transform(Table.ColumnNames(源),each _)
```

第2步,深化表的列名,返回 list,修改后的代码如下:

```
= List.Transform(Table.ColumnNames(源),each Table.Column(源,_))
```

结果如图 21-11 所示。

第3步,删除每个 list 的空值元素,修改后的代码如下:

```
= List.Transform(Table.ColumnNames(源),
    each List.RemoveItems(
        Table.Column(源,_),
        {"",null," "}))
```

第4步,和删除空行的思路相似,判断 list 是否为空,修改后的代码如下:

图 21-11　深化 table

```
= List.Transform(Table.ColumnNames(源),
    each List.IsEmpty(        //判断 list 是否为空
        List.RemoveItems(
            Table.Column(源,_),
        {"",null," "}))))
```

结果如图 21-12 所示。

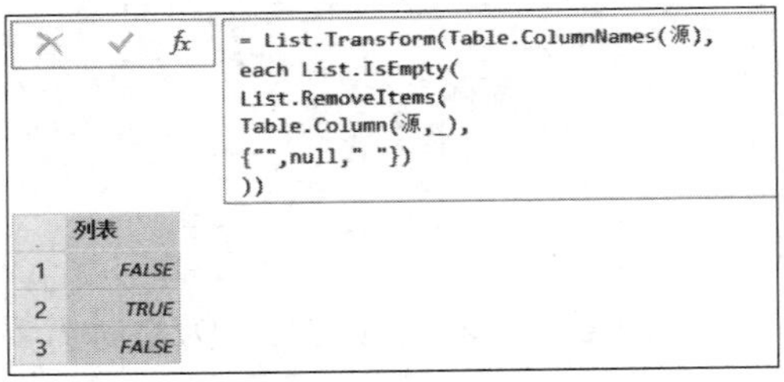

图 21-12　判断是否为空列

第 5 步,选择列为空的列名,修改后的代码如下:

```
= List.Select(            //换函数
Table.ColumnNames(源),
each List.IsEmpty(
List.RemoveItems(
Table.Column(源,_),
{"",null," "})))
```

通过 List.Transform() 观看过程,通过 List.Select() 筛选列名,结果如图 21-13 所示。

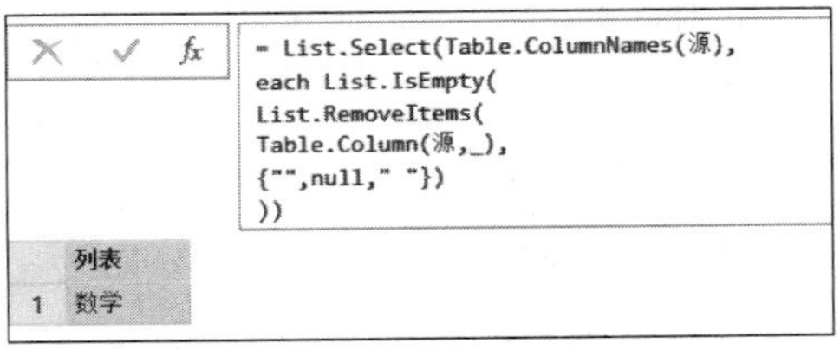

图 21-13　筛选列名

第6步，根据列名，删除列，最终的代码如下：

```
//ch21.10 - 02
let
    源 = Excel.CurrentWorkbook(){[Name = "表 1"]}[Content],
    删除的列名 = List.Select(
    Table.ColumnNames(源),
        each List.IsEmpty(
            List.RemoveItems(
                Table.Column(源,_),
                {"",null," "}))),
    结果 = Table.RemoveColumns(源,删除的列名)
in
    结果
```

如果考虑文本内有多个空格及不可打印字符的情况，则可提前对表的值通过 Text. Trim()和 Text.Clean()进行处理。

21.11　List.Alternate()

List.Alternate()的作用是按照偏移量、指定跳过的元素的个数返回新的 list，参数如下：

```
List.Alternate(
list as list,
count as number,
optional repeatInterval as nullable number,
optional offset as nullable number)
as list
```

第1个参数是要处理的 list。
第2个参数是每次跳过的元素的个数。
第3个参数是可选参数，是跳过后保留的元素的个数。
第4个参数是可选参数，是从头开始保留的元素的个数。
格式示例代码如下：

```
= List.Alternate({1..20},2,3,1)

= List.Alternate(
①原 list,
③每次跳过的元素个数,
④保留的元素个数,
②保留最前面的元素)
```

上述代码的运算顺序是，②保留最前面一个元素→③每次跳过两个元素→④保留 3 个元素→③→④，以此类推，结果如图 21-14 所示。
同类函数还有 Table.AlternateRows()。

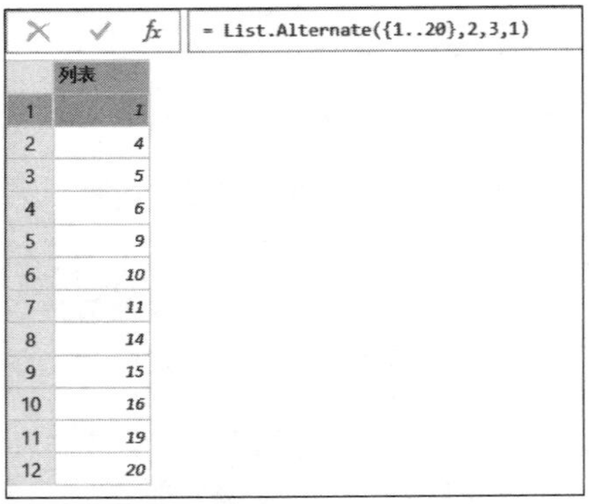

图 21-14 列表切片的结果

21.12 List.Accumulate()

21.12.1 语法

List.Accumulate()是迭代函数,将当次循环遍历的表达式结果作为下一次遍历的初始值,结果返回累积值,参数如下:

```
List.Accumulate(
list as list,
seed as any,
accumulator as function)
as any
```

List.Accumulate()是 List 类中较难理解的函数,但是它是一个强大的应用场景较多的函数。示例代码如下:

```
= List.Accumulate({1..5},0,(x,y) => x + y)        //15
```

第 1 个参数的类型是 list。

第 2 个参数的类型是 any,是初始值。

第 3 个参数是迭代器,类型是 function。(x,y)=>中的 x 是由初始值传递过来的,即第 2 个参数,y 是由第 1 个参数传递过来,迭代的顺序见表 21-1。

表 21-1 迭代的逻辑

第 1 个参数 y	第 2 个参数新的 x	第 3 个参数 x + y	结果
1	0	0 + 1	1
2	1	1 + 2	3
3	3	3 + 3	6
4	6	6 + 4	10
5	10	10 + 5	15

从表 21-1 迭代的逻辑可知,第 1 个参数按照索引遍历,依次传递到第 3 个参数的 y。x

21.12.4 奇偶分组

【**例21-6**】 将奇数、偶数分到两个list中,代码如下:

图 21-19 奇偶数分组的结果

```
//ch21.12 - 03
 = List.Accumulate(
{1..10},
{{},{}},
(x,y) = > if Number.IsOdd(y)
        then {x{0}&{y},x{1}}
        else {x{0},x{1}&{y}})
```

将初始值(第2个参数)设为lists as list,是盛放结果的容器。用list合并的特性将每次遍历的值叠加到第2个参数x。

此思路的特点:第3个参数表达式结果的形式和第2个参数的形式一致,都是 lists as list,结果如图21-19所示。

21.12.5 批量添加列

【**例21-7**】 List. Accumulate()的第2个参数是初始值,可以是任何类型。Table. AddColumn()是在table的基础上添加列,添加后的结果仍然是table,然后在结果的基础上继续添加列,是一个迭代的过程,因此,可用List. Accumulate()批量添加列。

姓名
甲
乙
丙

图 21-20 数据源

添加数学、语文、英语列,列值为null,数据源如图21-20所示。

代码如下:

```
//ch21.12 - 04
 = List.Accumulate(
{"数学","语文","英语"},
源 ,
(x,y) = > Table.AddColumn(x,y,each null))
```

结果如图21-21所示。

图 21-21 批量添加列

21.12.6   总结

假设 List.Accumulate() 的第 1 个参数 list 中的元素是 y0、y1、y2，第 2 个参数为 x0，每次迭代的结果是 x1、x2、x3，最终输出的结果是 x3，迭代的逻辑如图 21-22 所示。

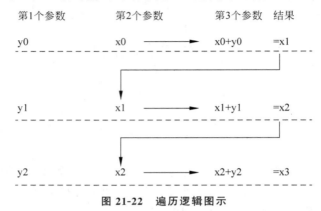

图 21-22   遍历逻辑图示

Excel 365 的函数 REDUCE() 和 SCAN() 的运算逻辑与 List.Accumulate() 相似。

21.13   List.Generate()

21.13.1   语法

List.Generate() 的作用是将初始值循环遍历到第 2 个参数以进行逻辑判断，当不符合条件时跳出循环，返回符合条件的值列表。List.Generate() 也是迭代函数，参数如下：

```
List.Generate(
initial as function,
condition as function,
next as function,
optional selector as nullable function)
as list
```

示例代码如下：

```
 = List.Generate(
() = > 10,
each _ > 7,
each _ - 1,
each _ + 100)
```

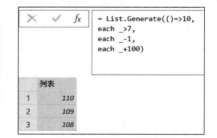

图 21-23   迭代的结果

结果如图 21-23 所示。

List.Generate() 遍历的逻辑顺序较难记住。

第 1 个参数的类型是 function，是初始值。初始值是指定的，而不是从其他参数传递过来的，"()＝＞值"是无参数的函数形式。

其他参数的类型都是 function，只有一个参数传递，可以使用 each _。迭代逻辑见表 21-4。

表 21-4　迭代的逻辑

第 1 个参数 （ ）=>10	第 3 个参数 each _ -1	第 2 个参数 each _>7	第 4 个参数 each _ +100	有第 4 个参数 的输出结果	没有第 4 个参 数的输出结果
10		10>7　　//true	10+100　//110	110	10
	10-1　//9	9>7　　//true	9+100　//109	109	9
	9-1　//8	8>7　　//true	8+100　//108	108	8
	8-1　//7	7>7　　//false			

第 4 个参数是可选参数。

3 个参数的遍历顺序是，①一参→二参→二参为 true 输出一参，②三参→二参→二参为 true 输出三参，重复②。

4 个参数的遍历顺序是，①一参→二参→二参为 true 输出四参，②三参→二参→二参为 true 输出四参，重复②。

在上述遍历顺序中，当二参的逻辑判断结果为 false 时，跳出循环。

第 1 个参数的初始值只参与第 1 次遍历，将初始值传递给第 2 个参数。第 2 个参数的类型是 function，表达式的值必须为布尔值。

第 3 个参数是迭代器，如图 21-24 所示。

每次输出的结果，必须以第 2 个参数表达式的结果是 true 为前提。如果初始值第 1 次被遍历且传递到第 2 个参数的结果为 false，则立即跳出循环，结果为空列表，如图 21-25 所示。

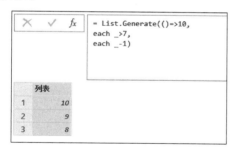

图 21-24　迭代的结果

图 21-25　第 1 次遍历则跳出循环

第 2 个参数是控制跳出循环的条件，因此，必须设置一个能够跳出循环的条件，否则结果为死循环，如图 21-26 所示。

21.13.2　删除首字母案例

【例 21-8】　删除信号列开头的大写字母，数据源如图 21-27 所示。

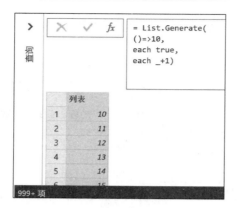

图 21-26 死循环

图 21-27 数据源

1. 遍历字符法

遍历字符串的每个字符,如果遇到非大写字母,则跳出循环,因此,会想到使用 List. Generate()。以一个字符串为例,代码如下:

```
 = List.Generate(
() = >"ABC123ABC456",
each List.Contains({"A".."Z"},Text.At(_,0)),
each Text.RemoveRange(_,0,1))
```

第 2 个参数用于判断字符串的第 1 个字母是否是大写字母,第 3 个参数的作用是删除字符串的第 1 个字符,用于下一次迭代,结果如图 21-28 所示。

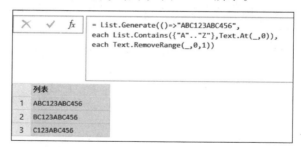

图 21-28 迭代的结果

从结果可以看出,当"C123ABC456"删除第 1 个字符遍历时,由于不符合循环的条件,所以跳出了循环,从而导致最后输出的结果不是最终需求,因此,对于本案例,可使用第 4 个参数获得想要的结果,代码如下:

```
//ch21.13 - 01
 = List.Generate(
() = >"ABC123ABC456",
each List.Contains({"A".."Z"},Text.At(_,0)),
each Text.RemoveRange(_,0,1),
each Text.RemoveRange(_,0,1))
```

将上述代码嵌套到添加列中,结果如图 21-29 所示。

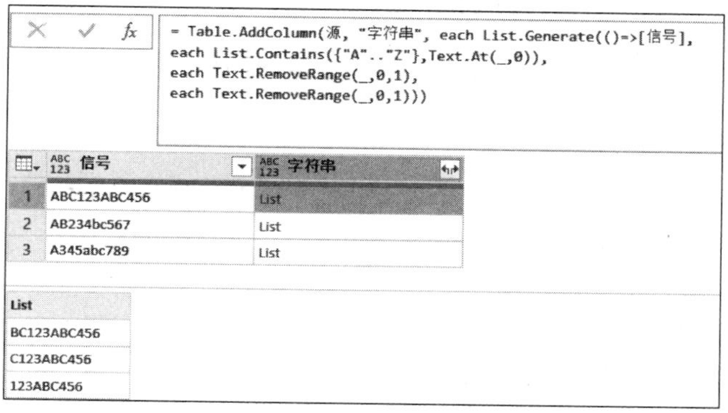

图 21-29　迭代的结果

最后,在当前结果的基础上用 List.Last() 获取想要的结果,最终的代码如下:

```
//ch21.13 - 02
= Table.AddColumn(源, "字符串", each List.Last(
List.Generate(
() = >[信号],
each List.Contains({"A".."Z"},Text.At(_,0)),
each Text.RemoveRange(_,0,1),
each Text.RemoveRange(_,0,1))))
```

2. 遍历索引法

List.Generate() 的初始值的类型是 function,表达式的值可以是任何类型,代码如下:

```
//ch21.13 - 03
= Table.AddColumn(源, "字符串", (x) = > List.Last(
List.Generate(
() = > 0,
each List.Contains({"A".."Z"},Text.At(x[信号],_)),
each _ + 1,
each Text.Middle(x[信号],_ + 1))))
```

List.Generate() 的第 1 个参数为 0,用于获取字符串的索引,第 3 个参数在每次迭代后将索引加 1,用于下一个字母的判断,结果如图 21-30 所示。

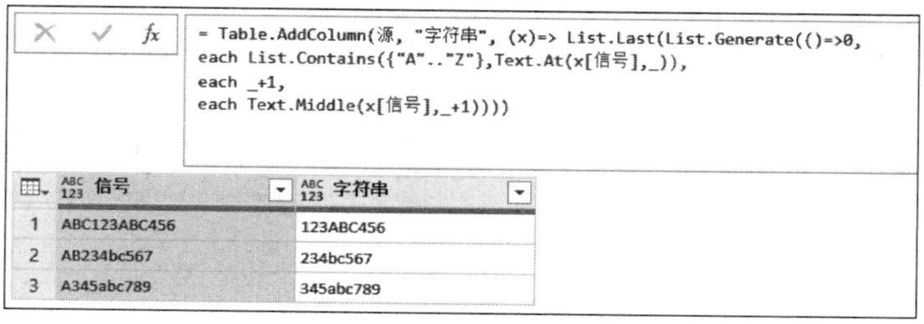

图 21-30　迭代的结果

21.14　List.TransformMany()

List.TransformMany 的作用是获得笛卡儿积的列表,参数如下:

```
List.TransformMany(
list as list,
collectionTransform as function,
resultTransform as function)
as list
```

第1个参数的类型是 list。

第2个参数、第3个参数的类型是 function。

示例代码如下:

```
= List.TransformMany(
{"1".."3"},
each {"A".."B"},
(x,y) => x&y)
```

结果如图 21-31 所示。

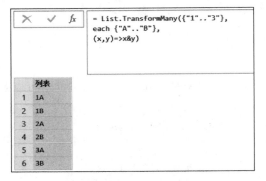

图 21-31　遍历的结果

对于第3个参数,x 是由第1个参数传递过来的,y 是由第2个参数传递过来的,第1个参数的 list 有3个元素,第2个参数有两个元素,结果为 3×2 的6个元素的笛卡儿积。

从结果可以看出,首先第1个参数的第1个元素与第2个参数的所有元素遍历,然后第1个参数的第2个元素与第2个参数的所有元素遍历,以此类推,遍历顺序见表 21-5。

表 21-5　遍历顺序

第1个参数	第2个参数	第3个参数 x & y
"1"	"A"	"1A"
	"B"	"1B"
"2"	"A"	"2A"
	"B"	"2B"

第 1 个参数	第 2 个参数	第 3 个参数 x & y
"3"	"A"	"3A"
	"B"	"3B"

List. TransformMany()的第 2 个参数是 function,表达式的结果应为 list,错误提示如图 21-32 所示。

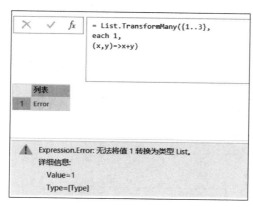

图 21-32　参数的要求

格式代码如下:

```
= List.TransformMany(
list,
each list,
function)
```

将第 2 个参数表达式的结果修改为 list,结果如图 21-33 所示。

第 3 个参数的表达式无论是否使用 x、y,遍历次数都只与第 1 个参数和第 2 个参数中 list 的元素的个数有关,如图 21-34 所示。

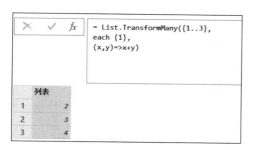

图 21-33　遍历的结果

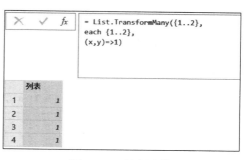

图 21-34　遍历次数

【例 21-9】　Excel 中的列名是笛卡儿积,做出从 A 列到 ZZ 列的列表,如图 21-35 所示。代码如下:

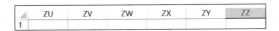

图 21-35 Excel 的列名

```
//ch21.14 - 01
 = List.TransformMany(
{"","A".."Z"},
each {"A".."Z"},
(x,y) => x&y)
```

List.TransformMany()还有一种用法,第 2 个参数 each _ 中的"_"是从第 1 个参数传递过来的。示例代码如下:

```
//ch21.14 - 02
 = List.TransformMany(
{"1".."3"},
each {"花"&_,"园"&_},
(x,y) => x&y)
```

结果如图 21-36 所示。

图 21-36 遍历的结果

21.15 Record 类

Record 类函数的个数比较少,见表 21-6。

表 21-6 Record 类函数

函 数 名	参 数
Record.AddField	(record as record, fieldName as text, value as any, optional delayed as nullable logical) as record
Record.Combine	(records as list) as record
Record.Field	(record as record, field as text) as any
Record.FieldOrDefault	(record as record, field as text, optional defaultValue as any) as any

续表

函　数　名	参　　数
Record. FieldCount	（record as record） as number
Record. FieldNames	（record as record） as list
Record. FieldValues	（record as record） as list
Record. HasFields	（record as record，fields as any） as logical
Record. RemoveFields	（record as record，fields as any，optional missingField as nullable number） as record
Record. RenameFields	（record as record，renames as list，optional missingField as nullable number） as record
Record. ReorderFields	（record as record，fieldOrder as list，optional missingField as nullable number） as record
Record. SelectFields	（record as record，fields as any，optional missingField as nullable number） as record
Record. TransformFields	（record as record，transformOperations as list，optional missingField as nullable number） as record
Record. ToList	（record as record） as list
Record. FromList	（list as list，fields as any） as record
Record. ToTable	（record as record） as table
Record. FromTable	（table as table） as record

多个 Record 类函数已经在前文讲解过，其他函数的用法举例见表 21-7。

表 21-7　Record 类函数的用法举例

示 例 代 码	结　　果
= Record. AddField([a = 1]，"b"，2)	[a = 1，b = 2]
= Record. FieldCount([a = 1，b = 2])	2
= Record. FieldCount([])	0
= Record. FieldNames([a = 1，b = 2])	{"a"，"b"}
= Record. HasFields([a = 1]，"b")	false
= Record. RemoveFields([a = 1，b = 1]，"b")	[a = 1]
= Record. RemoveFields([a = 1]，"b"，1)	[a = 1]　//第 3 个参数用于容错
= Record. RenameFields([a = 1]，{{"a"，"b"}})	[b = 1]
= Record. ReorderFields([a = 1，b = 2，c = 3]，{"c"，"b"})	[a = 1，c = 3，b = 2]
= Record. SelectFields([a = 1，b = 2]，{"b"})	[b = 2]
= Record. TransformFields([a = 1，b = 2]，{{"a"，each _ +3}})	[a = 4，b = 2]

示例代码如下：

```
list1 = Record.FieldNames([a = 1, b = 2])        //{"a", "b"}
list2 = Record.FieldNames([b = 2, a = 2])        //{"b", "a"}
比较 = list1 <> list2                             //true
```

需要注意的是，在上述代码中，record 的字段名没有顺序区别，但返回的结果 list 有顺序区别。

在 Record 类函数的方法名中，Field 指 record 的字段名。表 21-7 中的函数名都是顾名思义的，通过和 Table 类相关函数比较，能够容易地理解这些函数的作用和用法。

21.16 练习

【例 21-10】 用 List. Accumulate()模拟 11.15 节如图 11-28 所示的 Number. Round()的第 3 个参数的作用，如图 21-37 所示。

数值	Excel
1.234	1.24
1.235	1.24
1.225	1.23
1.236	1.24
-1.234	-1.24
-1.235	-1.24
-1.225	-1.23
-1.236	-1.24

(a) 数据源

数值	Excel	无	0	1	2	3	4
1.234	1.23	1.23	1.23	1.23	1.23	1.23	1.23
1.235	1.24	1.24	1.24	1.23	1.24	1.23	1.24
1.225	1.23	1.22	1.23	1.22	1.23	1.22	1.22
1.236	1.24	1.24	1.24	1.24	1.24	1.24	1.24
-1.234	-1.23	-1.23	-1.23	-1.23	-1.23	-1.23	-1.23
-1.235	-1.24	-1.24	-1.23	-1.24	-1.24	-1.23	-1.24
-1.225	-1.23	-1.22	-1.22	-1.23	-1.23	-1.22	-1.22
-1.236	-1.24	-1.24	-1.24	-1.24	-1.24	-1.24	-1.24

(b) 结果

```
= List.Accumulate({null,0,1,2,3,4},源,(x,y)=>Table.AddColumn(x,if y=null then "无" else Text.From(y),each Number.Round([数值],2,y)))
```

	数值	Excel	无	0	1	2	3	4
1	1.234	1.24	1.23	1.23	1.23	1.23	1.23	1.23
2	1.235	1.24	1.24	1.24	1.23	1.24	1.23	1.24
3	1.225	1.23	1.22	1.23	1.22	1.23	1.22	1.22
4	1.236	1.24	1.24	1.24	1.24	1.24	1.24	1.24
5	-1.234	-1.24	-1.23	-1.23	-1.23	-1.23	-1.23	-1.23
6	-1.235	-1.24	-1.24	-1.23	-1.24	-1.24	-1.23	-1.24
7	-1.225	-1.23	-1.22	-1.22	-1.23	-1.23	-1.22	-1.22
8	-1.236	-1.24	-1.24	-1.24	-1.24	-1.24	-1.24	-1.24

(c) 批量添加列

图 21-37 迭代表添加列

参考代码如下：

```
//ch21.16 - 01
= List.Accumulate(
{null,0,1,2,3,4},
源,
(x,y) => Table.AddColumn(x,if y = null then "无" else Text.From(y),
each Number.Round([数值],2,y)))
```

【例 21-11】 除第 1 列以外，如果整行是空值、空文本或 0，则删除该行，如图 21-38 所示。

姓名	金额1	金额2	金额3
甲	1		0
乙	1	0	1
丙	0	0	0
丁		0	
戊		1	
己	1	2	3

➡

姓名	金额1	金额2	金额3
甲	1		0
乙	1	0	1
戊		1	
己	1	2	3

图 21-38 数据源和结果

　　用界面操作删除空行,在 PQ 自动生成的代码的基础上对代码进行修改,修改后的代码如下:

```
= Table.SelectRows(源,
each not List.IsEmpty(
List.RemoveMatchingItems(
List.Skip(                          //增加 List.Skip()
Record.FieldValues(_)),
{"", null,0})))                     //增加 0
```

第四篇
扩　展　篇

第 22 章

自定义函数

22.1 自定义函数简介

实操中,自定义函数使用频繁,用于简化繁杂的多步骤的代码,以及方便多次调用,并且自定义函数能够简化多个 M 函数嵌套产生的 each 问题。

前文讲解过 M 函数的结构,见表 4-1。

以 List. Sum()内置函数为例,函数的结构如下:

```
List.Sum = (x,y) => x + y      //表达式只是作为举例,非 PQ 内部真正的代码
```

M 函数中,参数要求是 function,自定义函数的形式是(x)=>x。示例代码如下:

```
= List.Transform({1..3},(x) => x)
```

这种自定义函数没有函数名,属于匿名函数,只能限定用在这个参数中,只有自定义实名函数才能被其他步骤或其他查询调用。

22.2 内部调用

在高级编辑器中,示例代码如下:

```
let
    a = 1,
    b = 2,
    fx = (x,y) => x + y,           //定义自定义函数
    c = fx(a,b) + 1               //调用自定义函数
in
    c
```

结果如图 22-1 所示。

fx 作为函数名,定义了一个完整的自定义函数的形式,x、y 是形参。fx()在 c 步骤被调用,a 和 b 是实参。调用 fx()和调用 List. Sum()的方法完全相同。

fx 也是步骤名、变量名,根据变量的引用规则(参见 2.5.3 节),fx()只能在本查询的 let

图 22-1 高级编辑器的代码

in 内部被调用。

22.3 外部调用方法一

in 输出的结果可以被其他查询调用,修改后的代码如下:

```
let
    a = 1,
    b = 2,
    fx = (x,y) => x + y + a + b,
in
    fx
```

结果如图 22-2 所示。

图 22-2 输出结果为自定义函数

当 in 输出的结果为自定义函数时,这个查询则显示为一个函数的使用说明界面。对比其他内置函数,界面是相同的,如图 22-3 所示。

这个查询的名称是"自定义",查询名即是自定义函数名,这种方法创建的自定义函数可以被其他查询的任意步骤调用。与内置函数的唯一区别是内置函数可以在任意工作簿中调用,而自定义函数只能在当前的工作簿中调用。

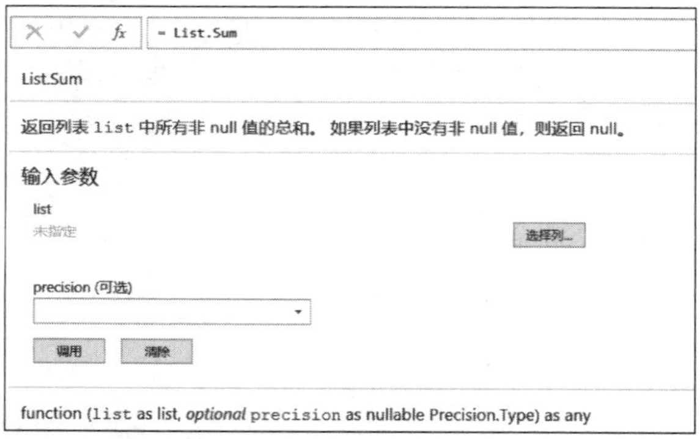

图 22-3　内置函数的使用说明界面

在查询 1 中调用"自定义"这个函数,举例如图 22-4 所示。

图 22-4　调用自定义函数

22.4　外部调用方法二

修改后的代码如下:

```
(x,y) =>
let
    a = 1,
    b = 2,
    c = x+y+a+b
in
    c
```

整个 let in 结构作为自定义函数的表达式,结果如图 22-5 所示。

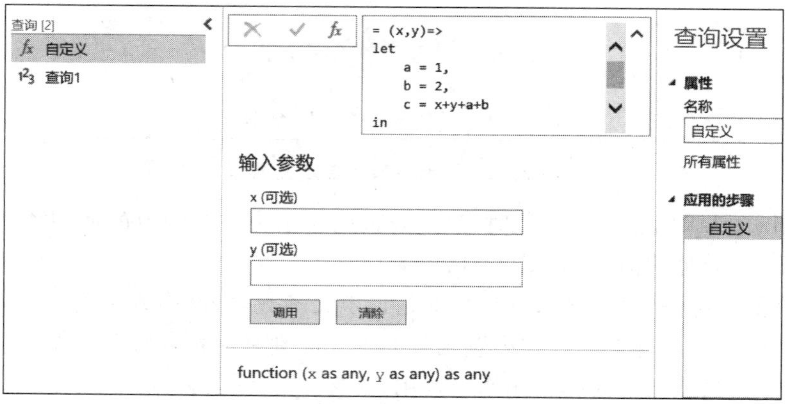

图 22-5　let in 作为表达式

同样，各种形式都可以作为自定义函数的表达式，示例代码如下：

```
(x, y, z) => 1 + 2 + 3
```

结果如图 22-6 所示。

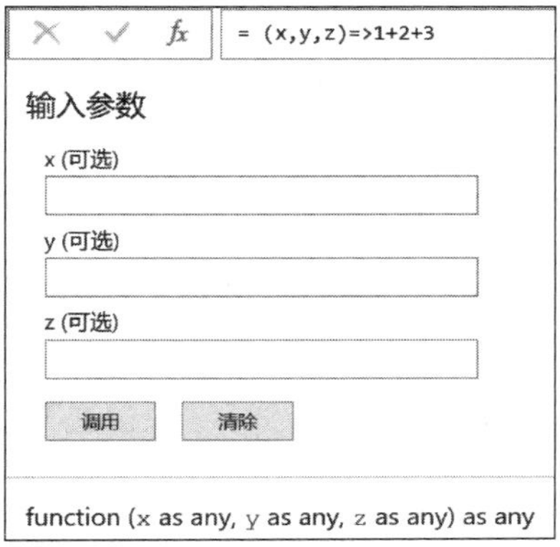

图 22-6　灵活的表达式

这种自定义函数的查询名即自定义函数名。本章的案例使用这种定义自定义函数的方式解决问题。

22.5　as 的用法

as 用于强制类型，是 PQ 的关键字之一。

List. Sum()的参数如下：

```
List.Sum(
list as list,
optional precision as nullable number)
as any
```

在上述代码中，第 1 个参数是必选参数，数据类型必须是 list，如果传递的参数的数据类型不符合参数要求，则函数会提示错误。如果不强制类型，则可以不写 as，或者写 as any。第 2 个参数的 optional 指可选参数。nullable 是可空类型。最后一个 as 指输出的结果的类型。

同样地，自定义函数也可以用 as 强制数据类型。示例代码如下：

```
(x as number, optional y, optional z) as any => 1 + 2 + 3
(x as number, optional y, optional z) => 1 + 2 + 3
(x as number, y, z) => 1 + 2 + 3
```

在自定义函数中写 as 的优点是可使数据类型一目了然，让用户清楚地知道应把什么类型的数据传递到函数中。

as 后面可以强制的数据类型见表 14-1。

optional 必须写在所有必选参数之后,如图 22-7 所示。

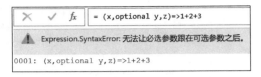

图 22-7   optional 的位置

前文讲过 is 的用法,用在 as 后面的数据类型也可以用在 is 后面。as 用于强制数据类型,is 用于判断数据类型。示例代码如下:

```
= List.Sum is function        //true
```

22.6   筛选前后 n 列案例

【**例 22-1**】   PQ 中内置函数有 Table.FirstN()、Table.LastN(),其作用分别是提取前、后 n 行,本例中设计一个自定义函数,用于提取前、后 n 列,数据源如图 22-8 所示。

姓名	1月	2月	3月
甲	1	2	3
乙	4	5	6
丙	7	8	9

图 22-8   数据源

解决问题的思路是先获取列名,再选择最前、最后 n 个列名,代码如下:

```
//ch22.6 - 01
let
    源 = Excel.CurrentWorkbook(){[Name = "表 1"]}[Content],
    name = Table.ColumnNames(源),
    first = List.FirstN(name,1),
    last = List.LastN(name,1),
    筛选列 = Table.SelectColumns(源,first&last)
in
    筛选列
```

在上述代码中,假设选择第 1 列和最后一列,结果如图 22-9 所示。

	ABC 123 姓名	ABC 123 3月
1	甲	3
2	乙	6
3	丙	9

`= Table.SelectColumns(源,first&last)`

图 22-9   筛选列

将上述代码修改成自定义函数,考虑的需求包括可能筛选前 n 列,也可能筛选后 n 列,还可能筛选前、后 n 列,所以列数是可选参数,要筛选的表是必选参数。

当省略可选参数时,代表可选参数的值为 null。

将上述代码修改成自定义函数,代码如下:

```
//ch22.6 - 02
(t as table, optional n1 as number, optional n2 as number) = >

/ * 函数说明:
本函数的作用是选择表的前、后 n 列
第 1 个参数 t 是表
第 2 个和第 3 个参数 n1、n2 是可选参数,n1 表示前 n 列,n2 表示后 n 列,默认值都是 0
* /

let
    源 = t,
    //将要操作的表修改为参数
    name = Table.ColumnNames(源),
    first = if n1 <> null then List.FirstN(name,n1) else {},
    //考虑省略可选参数的情况
    last = if n2 <> null then List.LastN(name,n2) else {},
    筛选列 = Table.SelectColumns(源,first&last)
in
    筛选列
```

假设上述自定义函数的函数名(查询名)为 code,调用自定义函数的示例代码如下:

```
= code(源,1,1)          //选择第 1 列和最后一列
= code(源,2)            //选择前两列
= code(源,null,2)       //选择最后两列
= code(源)              //返回空列的表
= code(源,0)            //返回空列的表
```

实操中,建议保留原始代码(ch22.6-01),复制一份查询再修改为自定义函数,因为一旦改为自定义函数,则显示不出每个步骤的结果,不方便后续的可视化修改。在原始代码中修改,观察结果,把修改后的代码复制到现有的自定义函数中效率更高。

22.7 删除空行空列案例

【例 22-2】 将 21.9 节和 21.10 节的删除空行和删除空列代码修改成自定义函数。考虑的需求是可能删除空行,可能删除空列,也可能删除空行空列,参考代码如下:

```
//ch22.7 - 01
(t as table, optional n as number) = >

/ * 函数说明:
本函数的作用是删除空行、空列
第 1 个参数 t 是表
第 2 个参数 n 是可选参数,默认为 0
当 n = 0、n 省略、n = null 时,作用是删除空行空列,
当 n = 1 时,只删除空行,当 n = 2 时,只删除空列
* /
```

```
let
    源 = t,
    空列 = List.Select(
            Table.ColumnNames(源),each
                List.RemoveItems(
                    Table.Column(源,_),
                    {null,""," "}
            ) = {}),
    删除空列 = Table.RemoveColumns(t,空列),
    删除空行 = Table.SelectRows(t,
                each not List.IsEmpty(
                    List.RemoveItems(
                        Record.FieldValues(_),
                        {"", null," "}))),
    删除空行空列 = Table.RemoveColumns(删除空行,空列)
in
    if n = null or n = 0 then 删除空行空列
    else if n = 1 then 删除空行
    else if n = 2 then 删除空列
    else null
```

假设上述自定义函数名为 del,调用自定义函数的示例代码如下:

```
= del(源)              //删除空行空列
= del(源,0)            //删除空行空列
= del(源,1)            //删除空行
= del(源,2)            //删除空列
```

22.8 增加空行案例

【例 22-3】 在表的每行的后面增加一个或多个新的空行,数据源如图 22-8 所示。

增加空行的思路非常多,本节用的思路是按照表的列数构造空行,重复空行,将原表转换成行,先将行和空行连接,再转回表。假设增加两个空行,代码如下:

```
//ch22.8 - 01
let
    源 = Excel.CurrentWorkbook(){[Name = "表 1"]}[Content],
    列名 = Table.ColumnNames(源),
    列数 = Table.ColumnCount(源),
    空行 = List.Repeat({null},列数),
    多空行 = List.Repeat({空行},2),
    转行 = Table.ToRows(源),
    加空行 = List.Combine(List.Transform(转行,each {_}& 多空行)),
    转表 = Table.FromRows(加空行,列名)
in
    转表
```

结果如图 22-10 所示。

将上述代码修改成自定义函数,代码如下:

= Table.FromRows(加空行,列名)

	姓名	1月	2月	3月
1	甲	1	2	3
2	null	null	null	null
3	null	null	null	null
4	乙	4	5	6
5	null	null	null	null
6	null	null	null	null
7	丙	7	8	9
8	null	null	null	null
9	null	null	null	null

图 22-10　增加空行

```
//ch22.8 - 02
(t as table, optional n as number) =>

/* 函数说明:
本函数的作用是在每行的后面增加 n 个空行
第 1 个参数 t 是表
第 2 个参数 n 是可选参数,默认为 1,是增加的空行数
*/

let
    源 = t,
    //将要操作的表修改为参数
    列名 = Table.ColumnNames(源),
    列数 = Table.ColumnCount(源),
    空行 = List.Repeat({null},列数),
    多空行 = List.Repeat({空行},if n = null then 1 else n),
    //考虑省略可选参数的情况
    转行 = Table.ToRows(源),
    加空行 = List.Combine(List.Transform(转行,each {_}& 多空行)),
    转表 = Table.FromRows(加空行,列名)
in
    转表
```

假设上述代码的函数名为 code,调用自定义函数的示例代码如下:

```
= code(源)                //增加一个空行
= code(源,0)              //不增加空行
= code(源,1)              //增加一个空行
= code(源,2)              //增加两个空行
```

22.9　压缩连续数字案例

【例 22-4】　对连续的数字进行压缩,用“-”连接,结果如图 22-11 所示。

解决问题的思路是数差序列与数差序列相减后差值相同。例如,9、10 分别与 1、2 相减,差值都是 8。1、2 可以通过添加索引列实现。

原数据	压缩后
1,2,3,5,7,9,10,12	1-3,5,7,9-10,12

图 22-11 数据源

原数据是文本，为了使用 Table.Group()，可先将文本转换为 table，代码如下：

```
= [
a = "1,2,3,5,7,9,10,12",
b = Text.Split(a,","),
c = List.Transform(b,Number.From),
d = Table.FromValue(c)
][d]
```

结果如图 22-12 所示。

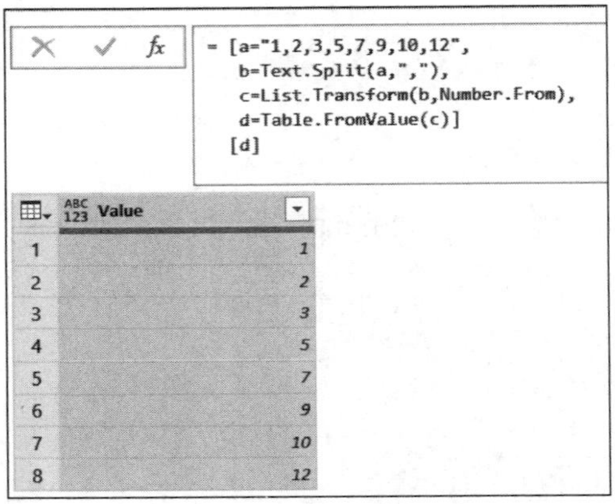
```
= [a="1,2,3,5,7,9,10,12",
  b=Text.Split(a,","),
  c=List.Transform(b,Number.From),
  d=Table.FromValue(c)]
  [d]
```

	Value
1	1
2	2
3	3
4	5
5	7
6	9
7	10
8	12

图 22-12 将文本转换为 table

下一步，添加索引列，添加相减列，结果如图 22-13 所示。

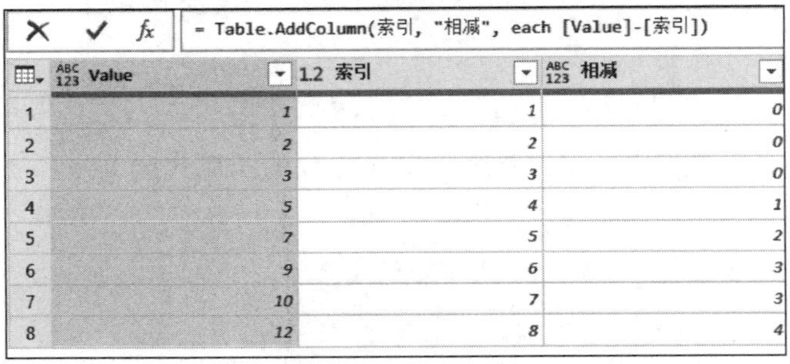
```
= Table.AddColumn(索引, "相减", each [Value]-[索引])
```

	Value	索引	相减
1	1	1	0
2	2	2	0
3	3	3	0
4	5	4	1
5	7	5	2
6	9	6	3
7	10	7	3
8	12	8	4

图 22-13 添加索引列后添加相减的列

可见，连续的数字与数差数列相减后结果相同（例如，相减列的 0 和 3）。

以相减列为分组依据，对连续的数字用“-”进行压缩，代码如下：

```
= Table.Group(两列相减, {"相减"}, {"压缩", each [
a = [Value],
```

```
    b = List.First(a),
    c = List.Last(a),
    //如果只有一个值,则不压缩
    d = if b = c then Text.From(b)
    else Text.Format("#{0} - #{1}",{b,c})
][d]})
```

步骤如图 22-14 所示。

(a) 分组

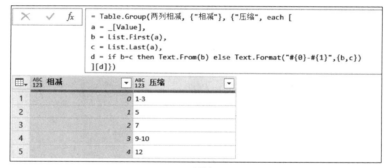

(b) 压缩

图 22-14　分组压缩的结果

将压缩列深化,用逗号合并文本,修改成自定义函数,最终的代码如下:

```
//ch22.9 - 01
(txt as text) = >

/* 函数说明:
本函数的作用是压缩连续数字
第 1 个参数是原文本
*/

let
    源 =
[
```

```
a = txt,        //将固定文本修改为参数
b = Text.Split(a,","),
c = List.Transform(b,Number.From),
d = Table.FromValue(c)
][d],
    索引 = Table.AddIndexColumn(源, "索引", 1),
    两列相减 = Table.AddColumn(索引, "相减", each [Value]-[索引]),
    分组压缩 = Table.Group(两列相减, {"相减"}, {"压缩", each
[
a = _[Value],
b = List.First(a),
c = List.Last(a),
d = if b = c then Text.From(b)
        else Text.Format("#{0} - #{1}",{b,c})
][d]}),
    压缩 = Text.Combine(分组压缩[压缩],",")
in
    压缩
```

假设上述代码的函数名是 code，调用自定义函数，举例如图 22-15 所示。

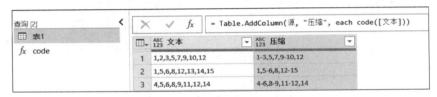

图 22-15　调用自定义函数

本例如果不用自定义函数，则添加列的代码会非常烦琐。

22.10　费用表合并案例

【例 22-5】　表格的特点是前几行是说明行，中间是项目明细行，然后是总计行，最后几行是说明行。本例的需求是在合并表格前清洗数据只保留明细行，数据源如图 22-16 所示。

学习Power Query的活动费用		
主办方：甲		
时间：2023-6-1		
地址：XXX大酒店		
序号	项目	金额
1	租用费	10
2	餐费	20
3	车费	30
总计		60
活动小结：		
通过本次学习，学会了三大容器和传参的 原理		

图 22-16　数据源

将数据导入 PQ 中,如图 22-17 所示。

ABC 123 Column1	ABC 123 Column2	ABC 123 Column3	ABC 123 Column4	ABC 123 Column5
1	学习Power Query的活动费用	null	null	null	null
2	主办方:甲	null	null	null	null
3	时间:2023-6-1	null	null	null	null
4	地址:xxx大酒店	null	null	null	null
5	null	null	null	null	null
6	序号	项目	金额	null	null
7	1	租用费	10	null	null
8	2	餐费	20	null	null
9	3	车费	30	null	null
10	null	null	null	null	null
11	null	null	null	null	null
12	总计	null	60	null	null
13	null	null	null	null	null
14	活动小结	null	null	null	null
15	通过本次学习,学会了三大...	null	null	null	null

图 22-17 将数据导入 PQ 中

动态地保留明细行,代码如下:

```
//ch22.10 - 01
let
    源 = Excel.Workbook(File.Contents("D:\22 章.xlsx"), null, true),
    t = 源{[ Item = "22.10",Kind = "Sheet"]}[Data],
    筛选 = Table.SelectRows(t, each ([Column1] <> null)),
    删除上面行 = Table.Skip(筛选,each [Column1]<>"序号"),
    删除下面行 = Table.RemoveLastN(删除上面行,
        each not Text.StartsWith([Column1],"总计")),
    删除总计 = Table.RemoveLastN(删除下面行,1),
    提升的标题 = Table.PromoteHeaders(删除总计)
in
    提升的标题
```

结果如图 22-18 所示。

ABC 123 序号	ABC 123 项目	ABC 123 金额	ABC 123 Column4	ABC 123 Column5
1	1	租用费	10	null	null
2	2	餐费	20	null	null
3	3	车费	30	null	null

图 22-18 清洗的结果

假设 22.7 节删除空行空列的自定义函数名为 del,将上述代码修改为自定义函数,代码如下:

```
//ch22.10 - 02
(原表 as table) =>
//本函数的作用是清洗原表,只保留明细行
```

```
let
    t = del(原表),        //删除空行空列
    筛选 = Table.SelectRows(t, each ([Column1] <> null)),
    删除上面行 = Table.Skip(筛选,each [Column1]<>"序号"),
    删除下面行 = Table.RemoveLastN(删除上面行,
        each not Text.StartsWith([Column1],"总计")),
    删除总计 = Table.RemoveLastN(删除下面行,1),
    提升的标题 = Table.PromoteHeaders(删除总计)
in
    提升的标题
```

假设上述自定义函数名为 code,调用自定义函数举例如图 22-19 所示。

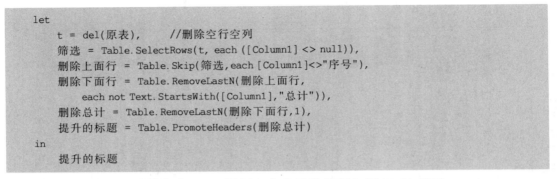

(a) 导入的Sheet   (b) 遍历Table

图 22-19   自定义函数的应用

22.6～22.9 节案例的自定义函数在制作步骤中不直接使用原表的列名、列值等,这类似于 PQ 内置的函数功能,用途较广。这种功能性的自定义函数可以存储到一个工作簿中,从而形成自己的函数库,以备后续使用。

本节案例的步骤中涉及原表的列值,例如"序号""总计";列名,例如"Column1",这种自定义函数只适用于当前的数据清洗,其作用是简化代码。

创建自定义函数的思路是先写出固定的步骤,再将传入的值修改成参数。

22.11　逆填充案例

【**例 22-6**】　PQ 中有向上、向下填充空值的函数,本节案例创建一个实现逆填充、向左填充、向右填充的自定义函数,效果如图 22-20 所示。

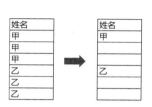

姓名
甲
甲
甲
乙
乙

➡

姓名
甲
乙

姓名	活动1	活动2	场地
甲			A
乙			B
丙			C
丁			D

⬇

姓名	活动1	活动2	场地
甲	甲	甲	A
乙	乙	乙	B
丙	丙	丙	C
丁	丁	丁	D

姓名	活动1	活动2	场地
甲			A
乙			B
丙			C
丁			D

⬇

姓名	活动1	活动2	场地
甲	A	A	A
乙	B	B	B
丙	C	C	C
丁	D	D	D

(a) 姓名列逆填充实现　　　　　　(b) 向右填充　　　　　　　(c) 向左填充
合并单元格的效果

图 22-20　各种填充效果

向左、向右填充最直接的思路是将原表转置、向上或向下填充、转置。

逆填充的思路是深化原表的每列,遍历列的每个值,如果"值{索引}=值{索引−1}",则"值{索引}=null",定义查询名为 fill,参考代码如下:

```
//ch22.11 − 01
(t as table, r as number, optional c as list) =>

/ * 函数说明:
本函数的作用是逆填充、向右填充、向左填充
第 1 个参数 t 是表
第 2 个参数 r = 0 实现逆填充,并且第 3 个参数用于指定填充的列名
第 2 个参数 r = 1 实现向右填充
第 2 个参数 r = 2 实现向左填充
* /

let
    源 = t,
    转置 = Table.Transpose(源),
    name = Table.ColumnNames(源),
    name2 = Table.ColumnNames(转置),
    逆填充 =
let
    //s 是每列,n 是每列逆填充的结果
    n = (s) => List.Transform(List.Positions(s),each try
        if s{_} = s{_ − 1} then null else s{_} otherwise s{_}),
    逆填充列 = List.Transform(name,each
        [a = Table.Column(源,_),
        b = if List.Contains(c,_) then n(a) else a][b]),
    逆填充结果 = Table.FromColumns(逆填充列,name)
in
```

```
        逆填充结果
in
        if r = 0 then 逆填充
        else if r = 1 then Table.Transpose(Table.FillDown(转置,name2),name)
        //向右填充
        else if r = 2 then Table.Transpose(Table.FillUp(转置,name2),name)
        //向左填充
        else ...
```

示例代码如下:

```
= fill(源,0,{"姓名"})              //将姓名列逆填充
= fill(源,1)                      //向右填充
= fill(源,2)                      //向左填充
```

22.12   总计行案例

【例 22-7】 将 13.8 节纵向添加总计行的案例转换成自定义函数,将查询名定义为 sum,参考代码如下:

```
//ch22.12 - 01
(t as table,optional column1 as number,optional name1 as text ) =>

/ * 函数说明:
本函数的作用是添加总计行
第 1 个参数 t 是表
第 2 个参数 column1 是可选参数,代表第几列写总计,默认值为 1
第 3 个参数 name1 是可选参数,代表名字,默认为"总计"
* /

let
    转置 = Table.Transpose(t),
    column = if column1 is null then 1 else column1,
    求和 = Table.AddColumn(转置, "求和", each try
        List.Sum(Record.ToList(_)) otherwise null),
    索引 = Table.AddIndexColumn(求和, "索引", 1, 1),
    name = if name1 is null then "总计" else name1,
    替换 = Table.ReplaceValue(索引,each [索引],null,
        (x,y,z) => if y = column then name else x,{"求和"}),
    删除的列 = Table.RemoveColumns(替换,{"索引"}),
    结果 = Table.Transpose( 删除的列,Table.ColumnNames(t))
in
    结果
```

数据源如图 22-21 所示。

示例代码如下:

```
= sum(源)
= sum(源,2)
= sum(源,2,"金额")
```

产品	门店	衬衫	裙子
A	甲	1	1
B	乙	1	1
B	丙	1	1

图 22-21　数据源

结果如图 22-22 所示。

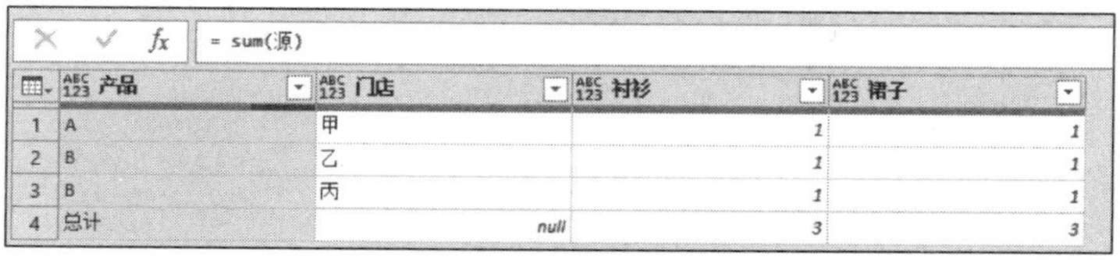

= sum(源)

	产品	门店	衬衫	裙子
1	A	甲	1	1
2	B	乙	1	1
3	B	丙	1	1
4	总计	null	3	3

(a) 第1列写总计

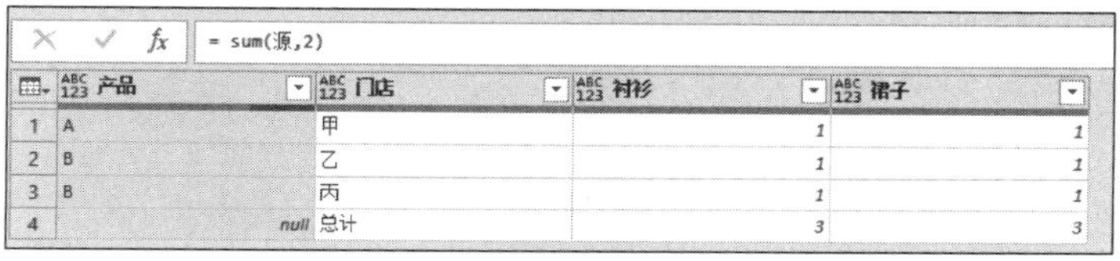

= sum(源,2)

	产品	门店	衬衫	裙子
1	A	甲	1	1
2	B	乙	1	1
3	B	丙	1	1
4	null	总计	3	3

(b) 第2列写总计

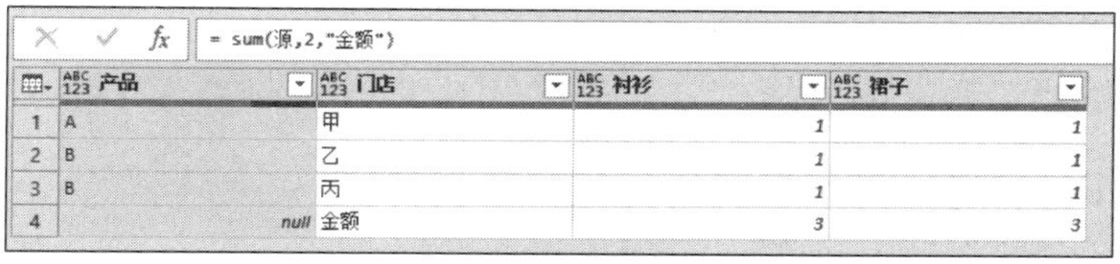

= sum(源,2,"金额")

	产品	门店	衬衫	裙子
1	A	甲	1	1
2	B	乙	1	1
3	B	丙	1	1
4	null	金额	3	3

(c) 第2列写金额

图 22-22　总计行结果举例

22.13　批量聚合案例

【例 22-8】 将 16.9 节的多字段批量聚合案例转换成自定义函数，将查询名定义为 group，参考代码如下：

```
//ch22.13 - 01
(t as table, yiju as list, optional bujuhe as list,
optional count as number, optional f as function) =>

/* 函数说明：
本函数的作用是分组时批量聚合列
第 1 个参数 t 是表
第 2 个参数 yiju 是分组依据，例如{"a","b"}
第 3 个参数 bujuhe 是可选参数，是不聚合的列名，例如{"c","d"}
第 4 个参数 count 是可选参数，是最前面的不聚合列数，例如 2
当用第 4 个参数时必须先将不聚合的列排序到最前面
第 5 个参数 f 是可选参数，默认为 List.Sum，可以为其他聚合函数，例如 List.Average
*/
```

```
let
    name = Table.ColumnNames(t),
    juhe1 = List.RemoveItems(name,
            if bujuhe = null
            then yiju
            else yiju & bujuhe),
    juhe2 = List.Skip(name,count) ,
    fun = if f = null then List.Sum else f,
    分组的行 = Table.Group(t,yiju,List.Transform(
                if count = null then juhe1 else juhe2,
                (x) =>{x, each fun(Table.Column(_,x))
    )}))
in
    分组的行
```

数据源如图 22-23 所示。

姓名	班级	数学	语文	英语
甲	一班	10	20	30
乙	一班	10	20	30
丙	一班	10	20	30
甲	一班	10	20	30

图 22-23　数据源

示例代码如下：

```
= group(源,{"姓名","班级"})
= group(源,{"姓名"},{"班级"})
= group(源,{"姓名"},null,3)
= group(源,{"姓名"},null,2,List.Average)
```

结果如图 22-24 所示。

ABC 123 姓名	ABC 123 班级	ABC 123 数学	ABC 123 语文	ABC 123 英语
= group(源,{"姓名","班级"})				
1 甲	一班	20	40	60
2 乙	一班	10	20	30
3 丙	一班	10	20	30

(a) 以姓名和班级列为分组依据

ABC 123 姓名	ABC 123 数学	ABC 123 语文	ABC 123 英语
= group(源,{"姓名"},{"班级"})			
1 甲	20	40	60
2 乙	10	20	30
3 丙	10	20	30

(b) 以姓名列为分组依据，班级列不聚合

ABC 123 姓名	ABC 123 语文	ABC 123 英语
= group(源,{"姓名"},null,3)		
1 甲	40	60
2 乙	20	30
3 丙	20	30

(c) 以姓名列为分组依据，前3列不聚合

图 22-24　分组聚合的结果

(d) 以姓名列为分组依据，前两列不聚和，从第3列开始求平均

图 22-24　（续）

22.14　神奇的函数名

在自定义函数中，函数名可以作为 function 的类型传入。自定义函数的示例代码如下：

```
(f as function) = >
let
    源 = f({1,2,3})
in
    源
```

假设上述代码的函数名是 code，调用自定义函数的示例代码如下：

```
= code(List.Sum)              //6
= code(List.Average)          //2
= code(List.Max)              //3
= code(List.Min)              //1
```

原理代码如下：

```
= List.Sum is function        //true
```

在 4.7 节讲解了 function 的简化写法，示例代码如下：

```
= List.Transform({{1,2},{3,4}},List.Sum)
```

在上述代码中，第 2 个参数的自定义函数符合的规律是表达式只有一个函数，并且表达式的函数的必选参数的个数与传参的个数相等，可以使用简化写法。示例代码如下：

```
= Table.ReplaceValue(源,0,null,Replacer.ReplaceValue,{"列 1"})
```

在上述代码中，第 4 个参数是自定义函数的简化写法，符合简化的规律，可以用函数名代表自定义函数的过程。

同理，自定义函数也可以用简化写法，示例代码如下：

```
code = (x,y) => x + y,
a = List.Accumulate({1..3},0,code)
```

22.15　练习

【例 22-9】　将 20.4 节的半角全角转换案例的代码转换成自定义函数。

自定义函数如下：

```
(txt as text) =>
let
源 = txt,                         //将"出差 627 电话费 43"修改为参数
转表 = …  …                        //其他步骤不变
```

【例 22-10】 设计一个 list 切片函数,根据索引提取元素值,参考代码如下:

```
= (t as list, index as list) =>
//本函数的作用是根据 list 和索引,返回值
let
    res = List.RemoveNulls(
        List.Transform(index,each t{_}?))
in
    res
```

假设这个自定义函数名为 code,调用自定义函数,示例代码如下:

```
= code({1..10},{2,5,10})        //{3,6} 第 2 个参数是索引
```

【例 22-11】 Table.SelectColumns()可根据列名任意筛选列,返回 table。设计一个根据列的位置返回 table 的自定义函数,过程代码如下:

```
//21.15 - 01
let
    源 = Excel.CurrentWorkbook(){[Name = "表 1"]}[Content],
    index = List.Transform({1,2,3},each _ - 1),
    name = List.RemoveNulls(
        List.Transform(index,each Table.ColumnNames(源){_}?)),
    res = Table.SelectColumns(源,name,1)
in
    res
```

修改成自定义函数,将查询名定义为 code,参考代码如下:

```
//ch21.15 - 02
(t as table, ist as list) =>
/ * 函数说明
第 1 个参数是表
第 2 个参数是第几列,类型是 list,例如{1,3,4},超出列数有容错能力
* /
let
    源 = t,
    index = List.Transform(ist,each _ - 1),
    name = List.RemoveNulls(
        List.Transform(index,each Table.ColumnNames(源){_}?)),
    res = Table.SelectColumns(源,name,1)
in
    res
```

调用自定义函数,示例代码如下:

```
= code(表,{2,9})        //返回表的第 2 列、第 9 列
```

第 23 章

Power Query 不孤单

实操中,清洗数据的需求多种多样,将 PQ 与其他工具结合,相得益彰。

23.1　PQ 与 VBA

已经精通了 VBA,是否有必要学习 PQ? PQ 是可视化界面,是简单易学的数据清洗工具,函数的个数多达 830 个,导入文件、遍历行、列、值非常方便,但是 PQ 只能针对数据做处理,而 VBA 能够处理各种对象,例如单元格格式、批量添加工作簿等,因此,发挥 PQ 与 VBA 各自的优势是处理数据的最佳实践。

例如,用户可添加一个按钮,用 VBA 刷新 PQ 查询。

刷新所有 PQ 查询的 VBA 代码如下:

```
Sub 刷新()
ActiveWorkbook.RefreshAll
End Sub
```

假设 PQ 导出到 Excel 的查询名称为"花名册",刷新指定查询的 VBA 代码如下:

```
Sub 刷新花名册()
ActiveSheet.ListObjects("花名册").Refresh
End Sub
```

23.2　PQ 与 Python

M 函数的代码实现思路与编程语言有诸多相通之处,如果有编程语言的基础,则可用类比法加快 PQ 的学习之路。以 Python 为例,加深对 PQ 循环遍历的理解。

List.Transform() 的 PQ 示例代码如下:

```
= List.Transform({1,2,3},each _ + 1)    //{2,3,4}
```

等同效果的 Python 代码如下:

```
for i in [1,2,3]:
    j = i + 1
    print(j)
```

List.Accumulate() 的 PQ 示例代码如下：

```
= List.Accumulate({1,2,3},0,(x,y) => x + y)        //6
```

等同效果的 Python 代码如下：

```
j = 0
for i in [1,2,3]:
    j = j + i
print(j)
```

List.Generate() 的 PQ 示例代码如下：

```
= List.Generate(() => 0, each _ < 3, each _ + 1)        //{0,1,2}
```

等同效果的 Python 代码如下：

```
j = 0
while j < 3:
    print(j)
    j = j + 1
```

List.TransformMany() 的 PQ 示例代码如下：

```
= List.TransformMany({1,2}, each {3,4}, (x,y) => x + y) //{4,5,5,6}
```

等同效果的 Python 代码如下：

```
for i in [1,2]:
    for j in [3,4]:
        print(i + j)
```

自定义函数的 PQ 示例代码如下：

```
//查询名为 sum
(x,y) =>
let
    z = x + y
in
    z

//调用
= sum(1,2)
```

等同效果的 Python 代码如下：

```
def sum(x,y):
    z = x + y
    print(z)

sum(1,2)
```

在 Python 中可用 for、while 实现循环遍历,在 PQ 中可用带有循环遍历功能的 M 函数实现。

PQ 可处理数据量较大、多次使用效率不高的 M 函数,例如合并查询 Table.NestedJoin()、筛选行 Table.SelectRows(),可能出现卡顿现象。如果需要解决这一问题,用户则可以考虑学习 Pandas。Pandas 是 Python 的一个数据分析包,数据处理速度快,可满足需要处理大数据的用户使用,但是,Pandas 不是可视化界面,学习效率不如 PQ 高,实操中,可根据需求选用 PQ 或 Pandas。

23.3　PQ 与数据透视表

数据分析的步骤是数据准备(数据布局)→数据清洗(Power Query)→数据分析(Power Pivot)→可视化呈现(图表、视觉对象)。第 1 步是必需的,其他步骤可根据需求来设计。Power Pivot 是超级透视表,简称为 PP,突破了传统数据透视表的限制,是非常受欢迎的分析工具。

在实操中,应注意数据刷新的问题。将 Excel 当前工作簿中的数据源插入数据透视表有多种方法,如图 23-1 所示。

(a) 将Excel数据添加到PP

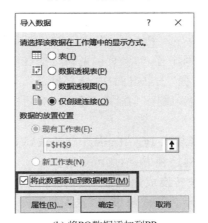

(b) 将PQ数据添加到PP

图 23-1　插入数据透视表的方法

(c) 区分超级透视表和普通数据透视表

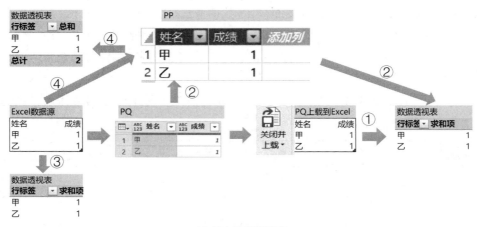

(d) 插入数据透视表

图 23-1　（续）

　　方法①：将 Excel 的数据源导入 PQ 中→从 PQ 加载到 Excel 中→将 Excel 查询表插入数据透视表。这种方法需要特别注意，如果直接刷新数据透视表，则结果不会更新。解决方法一是在 Excel 功能区单击"数据"→单击两次"全部刷新"。解决方法二是先选中查询，再单击"数据"→"全部刷新"→"连接属性"，在"查询属性"对话框中不勾选"允许后台刷新"，如图 1-52 所示。

　　方法②：将 Excel 的数据源导入 PQ 中→从 PQ 加载到 PP 中→通过 PP 插入数据透视表。这种方法可以直接刷新数据透视表，结果可更新。

　　方法③：将 Excel 的数据源转换成超级表→插入数据透视表。刷新数据透视表，结果可更新。如果 Excel 的数据源不转换成超级表，插入的数据透视表的数据源范围是绝对引用，一旦数据源增加数据，则刷新结果可能出错。

　　方法④：将 Excel 的数据源导入 PP 中→通过 PP 插入数据透视表。从 PP 插入的数据透视表可以直接刷新数据。

　　最保险的方法是从 PQ 输出的数据透视表检查一下是否能一次使全部刷新成功，否则需要单击两次"全部刷新"。

23.4 数据思维的养成

学会 PQ 不仅学会了如何清洗数据,学习 PQ 还是数据思维养成的过程。在使用 M 函数时,渐渐会领悟到,PQ 能够清洗的是有规律的数据集,如果原始数据的数据布局杂乱至极,则失去了清洗的价值,因为规律不明确,下次刷新后有可能出现查询数据错误等问题,所以数据布局是第 1 步,第 2 步才是清洗或分析。

设计查询步骤的过程也是解一道数学题的过程,应用数学知识、空间想象能力能帮助用户设计简洁、有效的代码。

23.5 null 的用法总结

在数据清洗过程中,对空值、错误值的处理是首先要考虑的事情。对于 PQ 来讲,每个 M 函数对于 null 的处理结果不尽相同。

1. 聚合运算

null 与任何值用运算符进行加、减、乘、除运算,其结果为 null。示例代码如下:

```
= 1 + null      //null
= 1 - null      //null
= 1 * null      //null
= 1/null        //null
```

因此,加、减、乘、除运算要考虑到空值返回的结果是否符合需求,在大多数情况下最好使用 List.Sum() 等聚合函数。

2. null 与 &

null 与文本用 & 连接,结果为 null,代码如下:

```
= null & "我"      //null
```

因此,文本连接要考虑到空值返回的结果是否符合需求,在大多数情况下最好使用 Text.Combine()。

3. null 与合并函数

Text.Combine() 连接 null 时忽略 null,对比代码如下:

```
= Text.Combine({"a",null,"b",null,"c"},"-")      //"a-b-c"
= Combiner.CombineTextByDelimiter("-")({"a",null,"b",null,"c"})
//a--b--c
```

4. nullable 类型

在 M 函数的参数要求中搜索 nullable,能够检索出大量的函数,是需要关注的函数用法。以 Text.Contains() 为例,参数如下:

```
Text.Contains(
text as nullable text,
substring as text,
optional comparer as nullable function)
as nullable logical
```

nullable 为非空类型。当参数类型为 nullable 类型时,说明该参数可以为 null 和其他指定的数据类型。例如上述参数中,第 1 个参数可以为 null 或 text,第 3 个参数可以为 null 或 function。nullable 类型的作用一是参数值可以为 null,二是起到占位作用,三是起到默认参数的作用。以 List.Sum()为例,参数如下:

```
List.Sum(
list as list,
optional precision as nullable number)
as any
```

当第 2 个参数使用 null 时,相当于没有使用该参数,或者理解为使用了该参数的默认值 0,如图 23-2 所示。

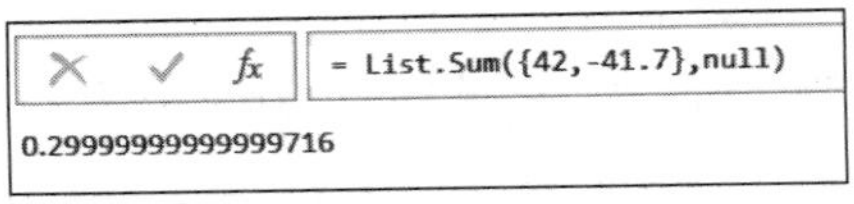

| × | ✓ | fx | = List.Sum({42,-41.7},null) |

0.29999999999999716

图 23-2　nullable 类型

等同的代码如下:

```
= List.Sum({42, - 41.7},null)
= List.Sum({42, - 41.7})
= List.Sum({42, - 41.7},0)
```

5. null 的占位作用

以 Table.TransformColumns()为例,参数如下:

```
Table.TransformColumns(
table as table,
transformOperations as list,
optional defaultTransformation as nullable function,
optional missingField as nullable number)
as table
```

第 3 个参数是可选参数,当不使用第 3 个参数但使用第 4 个参数时,第 3 个参数用 null 占位,示例代码如下:

```
= Table.TransformColumns(源,{"姓名",each _},null,0)
```

6. null 与语法

以 Text.Split()为例,第 1 个参数的类型是 text as text,如果第 1 个参数使用 null,则会报错。因为,类型不是 text as nullable text,如图 23-3 所示。

Text.Contains()的第 1 个参数的类型是 text as nullable text，如果第 1 个参数使用 null，则结果无误，如图 23-4 所示。

图 23-3　语法错误提示

图 23-4　nullable 类型的作用

7. null 与 if

if 语句的前段语法是 if＋布尔值，如果用 if＋null，则会报错，举例如图 23-5 所示。

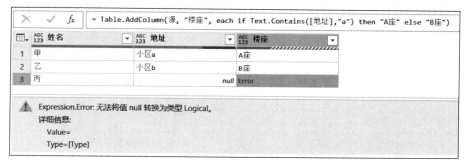

图 23-5　null 造成的语法错误

代码如下：

```
= if Text.Contains([地址],"a") then "A座" else "B座"        //Error
```

Text.Contains()的第 1 个参数是 nullable text，结果是 nullable logical，logical 是布尔值，可以用于 if 语句，同时，结果也可能是 null，当用于 if 语句时会出错。

代码本身的语法、逻辑都是正确的，如果不懂 null 的特殊性，则不能理解错误提示。加入容错语句，修改后的代码如下：

```
方法 1 = Table.AddColumn(源, "楼座", each try
        if Text.Contains([地址],"a") then "A座" else "B座"
        otherwise "没填地址")
方法 2 = if [地址] = null then "没填地址"
        else if Text.Contains([地址],"a") then "A座"
        else "B座"
```

null 与逻辑运算符配合是可以的，示例代码如下：

```
= not null              //null
= null and true         //false
= null or true          //true
```

8. null 与函数逻辑

Table. Skip()、Table. SelectRows()的原理近似,但是对 null 的"容忍"能力不尽相同,代码如下:

```
= Table.Skip(源,each [成绩]< 20)
= Table.Skip(源,each [成绩]< 30)
```

结果如图 23-6 所示。

姓名	成绩
甲	10
乙	20
丙	
丁	40
戊	50

(a) 数据源

(b) 判断完第1行跳出循环

(c) 判断到第2行空值出错

图 23-6　Table. Skip()的行遍历

从错误提示可以看出,问题在于第 2 行的 null 值。null 不能与数值比较吗? 实则不然,举例如图 23-7 所示。

图 23-7　null 与数值比较

null 与数值、文本比较的结果为 null,Table. Skip()删除行的原理是当判断结果为 true 时删除行,当判断结果为 false 时则跳出循环,当遇到判断结果为 null 时,则出现逻辑错误。解决方法是告诉 PQ 遇到空值时如何处理,例如删除空值的行,修改后的代码如下:

```
= Table.Skip(源,each [成绩] = null or [成绩]< 30)
```

Table. SelectRows()同样可遍历行,判断结果是 true 还是 false,筛选出为 true 的行,当遇到判断结果是 null 时,没有逻辑错误,只是不筛选判断结果为 null 的行,结果如图 23-8 所示。

姓名	成绩
甲	10
乙	20

图 23-8　筛选行的原理

9. null 与透视

对科目列透视,汇总成绩列,数据源和透视结果如图 23-9 所示。

姓名	科目	成绩
甲	数学	10
乙	语文	20
丙		30
丁	数学	40
戊	数学	50

(a) 数据源　　　　　　　(b) 透视的结果

图23-9　透视列的错误提示

代码如下：

```
= Table.Pivot(源, List.Distinct(源[科目]), "科目", "成绩", List.Sum)
```

透视的原理是将科目列去重，转换成标题，标题都是文本，而 null 不属于文本类型。解决这个问题的方法是在透视前根据需求处理空值，例如将空值替换为其他文本。

假设科目列的值，代码如下：

```
= {1,"1",#date(2023,1,1),{1,2}}
```

透视后的结果如图23-10所示。

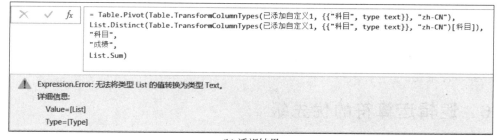

(a) 数据源

(b) 透视结果

图23-10　透视的错误提示

从结果可以看出，PQ 自动补全的代码将透视列的值转换为文本，本例中 list 无法转换为文本成为列标题，因此会报错。

10. null 与逆透视

将科目逆透视成一维表，数据源如图23-11所示。

代码如下：

```
= Table.UnpivotOtherColumns(源, {"姓名"}, "科目", "成绩")
```

结果如图 23-12 所示。

姓名	数学	语文
甲	10	20
乙		40

图 23-11　数据源

图 23-12　逆透视的结果

从逆透视的结果来看,无法体现出乙还没有考数学科目,即缺少了数据量,这是由 null 造成的。处理这种情况,需要在逆透视前将 null 替换成其他未出现过的数据,逆透视后再替换回 null。

11. 总结

null 是值还是类型? 示例代码如下:

```
= null is list        //false
= null is null        //true
= null = null         //true
= list = list         //Error
```

null 既可以作为值,也可以作为数据类型,如图 23-13 所示。

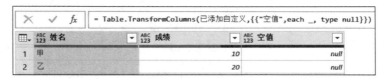

图 23-13　null 作为类型

空值 null 在 PQ 中出现的频率非常高,不论是在数据集中,还是在 M 函数中,null 的细节处理都非常重要。

23.6　逻辑运算符的优先级

在数据清洗过程中,细节处理无处不在,数据源如图 23-14 所示。
示例代码如下:

```
= Table.AddColumn(源, "自定义", each not [成绩] = 10)
```

结果如图 23-15 所示。

姓名	成绩
甲	10
乙	20
丙	30
甲	80
丙	10

图 23-14　数据源

[成绩]>10 的判断结果是布尔值,not+布尔值从逻辑上讲并无错误,然而,not 的优先级非常高,从错误提示中可以看出,not 无法应用于数字类型,而"[成绩]"的值是数字,等同代码如下:

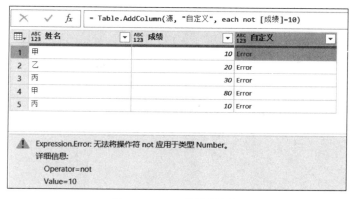

图 23-15　not 的错误提示

```
= Table.AddColumn(源, "自定义", each (not [成绩]) = 10)
```

更改优先级，修改后的代码如下：

```
= Table.AddColumn(源, "自定义", each not ([成绩] = 10))
```

示例代码如下：

```
= not 1 = 1              //Error
= not (1 = 1)            //false
```

结果如图 23-16 所示。

图 23-16　and 的优先级

筛选姓名为"甲"或"丙"，并且成绩＞10 的行，通过界面操作，如图 23-17 所示。

结果如图 23-18 所示。

PQ 自动补全的代码如下：

```
= Table.SelectRows(源, each
    [姓名] = "甲" or [姓名] = "丙" and [成绩] > 10)
```

从结果可以看出，成绩＝10 的行也被筛选保留。在上述代码中，并未出现"[成绩]＝10"的表达式，结果从何而来？问题仍然是由优先级造成的。and 的优先级大于 or，等同的代码如下：

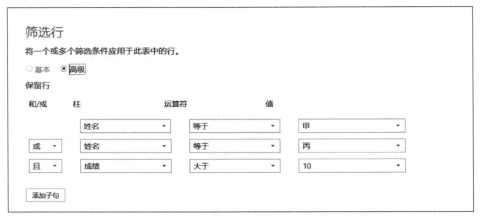

图 23-17 "筛选行"对话框

图 23-18 错误的筛选结果

```
= Table.SelectRows(源, each
   [姓名] = "甲" or ([姓名] = "丙" and [成绩] > 10))
   //注意括号的位置
```

更改优先级,修改后的代码如下:

```
= Table.SelectRows(源, each
   ([姓名] = "甲" or [姓名] = "丙") and [成绩] > 10)
   //注意括号的位置
```

运算符的优先级别是 not＞算术运算符＞比较运算符＞and＞or＞赋值运算符。示例代码如下:

```
= 1 + 1 > 2            //算术运算符和比较运算符的优先级比较
= 1 = 1 and 2 = 2      //比较运算符和逻辑运算符的优先级比较
```

23.7 复制工作簿查询

工作簿 1 中的查询代码,如何在工作簿 2 中使用?

方法一,复制工作簿 1 中 PQ 高级编辑器的代码,粘贴到工作簿 2 的高级编辑器中,这种方法不方便。

方法二,在 Excel 的"查询 & 连接"窗口,或在 PQ 的查询区,复制查询,如图 23-19所示。

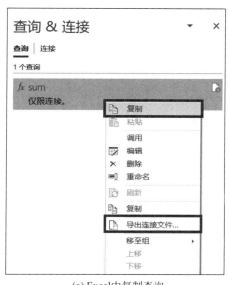 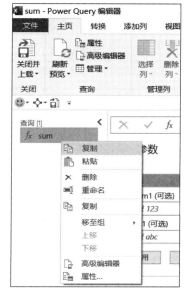

(a) Excel中复制查询   (b) PQ中复制查询

图 23-19 复制查询

在 Excel 的"查询 & 连接"窗口，或在 PQ 的查询区，将查询粘贴到工作簿 2，如图 23-20 所示。

(a) Excel中粘贴查询   (b) PQ中粘贴查询

图 23-20 粘贴查询

方法三，在工作簿 1 的"查询 & 连接"窗口，右击查询名，在弹出的菜单中单击"导出连接文件"，根据提示依次操作，如图 23-19 所示。

在工作簿 2 的 Excel 功能区单击"数据"→"现有链接",在弹出的"现有连接"窗口中选择导入的查询,并根据提示依次操作,如图 23-21 所示。

在弹出的"导入数据"窗口中选择"仅创建连接",如图 23-22 所示。

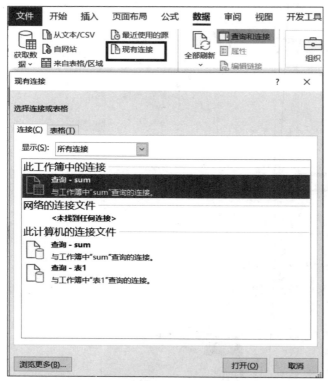

图 23-21 "现有连接"窗口

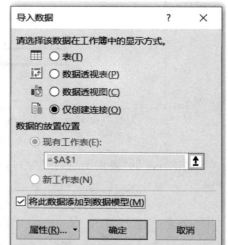

图 23-22 "导入数据"窗口

方法四,如果已将查询从 PQ 导出到 Excel 中,复制 Excel 中的查询数据,粘贴到工作簿 2 中,则粘贴到工作簿 2 的不仅是数据,PQ 查询也会被同步过来,如图 23-23 所示。

用这种方法需要注意,一是复制整个超级表,如果只复制部分单元格,则不能实现将 PQ 代码同步到工作簿 2。二是数据保密性,如果复制数据的初衷不是为了复制查询,而是将查询结果复制到新的工作簿后发给其他用户,则需要注意删除同步过来的 PQ 查询。

方法五,如果已将查询从 PQ 导出到 Excel 中,将这个查询所在的 Sheet 表"移动或复制"到工作簿 2,则 PQ 查询也会被同步到工作簿 2,如图 23-24 所示。

图 23-23 复制 PQ 查询的数据

图 23-24　移动或复制 Sheet 表

　　实操中常见的情景是，在工作簿 1 中放置所有的自定义函数，通过上述方法复制粘贴到其他工作簿中使用。

23.8　Power BI 技巧

　　Power BI 是微软的 BI（商业智能）软件，简称为 PBI，是将 Excel 的 PQ、PP、可视化整合后的软件，界面如图 23-25 所示。

(a) PBI的主页

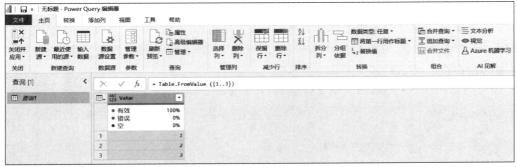

(b) PQ编辑器

图 23-25　PBI 的界面

从图 23-25 中可以看出，PBI 中的 PQ 界面和 Excel 的 PQ 界面相差无几，在 Excel 中学会了 PQ，在 PBI 中可无障碍地使用 PQ。PBI 的 M 函数多于 Excel，笔者下载的 PBI 版本已经有 1062 个 M 函数了，例如 Html.Table()是 Excel 中没有的函数，是获取网络数据比较实用的函数。

Excel 中的查询可以复制到 PBI 中使用，方法是先复制查询，如图 23-19 所示，然后在 PBI 的 PQ 查询区粘贴查询，如图 23-26 所示。

图 23-26 PBI 中粘贴查询

23.9 数据保密性

在分享 Excel 工作簿之前，数据保密性是必须考虑的事情。如果有保密性的要求，以下方面可能会泄露数据，需要特别注意。

1. 隐藏的 Sheet 表

检查 Excel 中是否有隐藏的 Sheet 表，Sheet 表有两种隐藏方式，浅层隐藏如图 23-24 所示，在 Sheet 表上右击能够取消工作表的隐藏，深层隐藏只能在 VBA 窗口中取消工作表的隐藏，如图 23-27 所示。

2. 检查 PQ 查询

PQ 查询的步骤是否不想被其他人查看？在"查询 & 连接"窗口，选择查询名，按 Delete 键删除，或右击查询名，在弹出的菜单中单击"删除"。如果需要同时删除多个查询，则可配合 Ctrl 键或 Shift 键选择多个查询。

还可以使用 VBA 删除所有的 PQ 查询，代码如下：

```
Sub 删除查询()
Dim q
For Each q In ActiveWorkbook.Queries
q.Delete
Next
End Sub
```

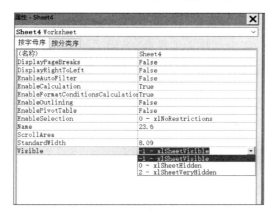

图 23-27　VBA 深度隐藏

3．检查数据透视表

双击数据透视表的单元格将展开明细数据，不论这个数据透视表的数据源是在本工作簿中，还是在其他工作簿中，数据透视表中都包含缓存数据。如果数据明细有保密性，则不要直接分享有数据透视表的工作簿。

23.10　设计收集表格案例

【例 23-1】　设计了一张求职申请表，每个求职者填写电子版申请表，HR 汇总数据，填写结果如图 23-28 所示。

如果将这种表格的设计导入 PQ 中，则会非常杂乱，应提前设计好布局，增加一个 Sheet，假设名为 Data，如图 23-29 所示。

图 23-28　数据源

图 23-29　收集表设计

用公式引用求职申请表填写的数据。根据个人习惯,设计这张表可以横向放置标题,也可以纵向设置标题,横向标题会使标题非常长,纵向标题导入 PQ 时需转置。

将 Data 这张表深度隐藏,方法如图 23-27 所示。汇总所有的求职申请表的方法是先导入文件夹,深化表名为 Data 的数据,再合并多表。

不管是 Excel 公式,还是 VBA、PQ、PP 都是数据清洗分析的一个工具,可结合使用,相得益彰。

23.11　迭代保留过程案例

【**例 23-2**】　Python 代码如下:

```
j = 0
for i in [1,2,3]:
    j = j + i
    print(j)
#[1,3,6]
```

上述代码返回的结果是每次累加求和的值,在 PQ 中如何实现? 参考代码如下:

```
//ch23.1101
let
    源 = {1,2,3},
    索引 = List.Count(源),
    结果 = List.Transform({1..索引},
            each List.Accumulate(
                List.FirstN(源,_),0,(x,y) => x + y))
in
    结果
```

在 Python 中修改缩进可以实现不同的输出效果,在 PQ 中,List.Accumulate()输出的是最后一次迭代的结果,如果要保留每次迭代的结果,则需要多次循环遍历。

23.12　设计报表技巧

维度表与事实表是相对应的表。维度表用来存储描述性的信息,例如部门表、客户表、产品表、地理表。事实表围绕业务过程进行设计,例如销售记录,打卡记录。维度表举例如图 23-30(a)所示。

将这张维度表导入 PP,与其他表建立关系。

将数据源导入 PP 有多种方法,参见 23.3 节。这张维度表不需要清洗,将这张表从 Excel 直接导入 PP 是最直接的方法,但是应考虑到后续增减数据时可能会产生空行问题,如图 23-30(b)所示。

空行将导致数据透视表产生空值,或刷新 PP 出

(a) 修改前

(b) 修改后

图 23-30　维度表

错。将维度表导入 PQ,增加一个删除空行的步骤,再导入 PP,是比较保险的设计方式。

第 24 章

获取其他源

24.1　获取网页表格案例

【例 24-1】　获取百度百科 NBA 的表格数据。

百度百科的 NBA 条目地址如图 24-1 所示。

图 24-1　百度百科条目搜索

在 Excel 功能区，单击"数据"→"自网站"，将网页网址复制到"从 Web"对话框中，依次操作，如图 24-2 所示。

(a)"从Web"对话框

图 24-2　获取网站数据步骤

(b) 访问Web内容设置

图 24-2 （续）

单击"连接"按钮，在弹出的"导航器"窗口中单击左侧任意表格，右侧会显示出网页中的表格数据，选择"转换数据"，如图 24-3 所示。

(a) "导航器"对话框

图 24-3 导入网页表格

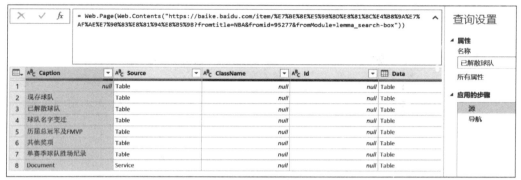

(b) 导入网页

	ABC 球队	ABC 所在城市	ABC 存在时间
1	安德森包装工队	印第安纳州安德森	1949–1950
2	巴尔的摩子弹队	马里兰州巴尔的摩	1947–1954
3	芝加哥牡鹿队	伊利诺伊州芝加哥	1946–1950
4	克利夫兰叛逆者队	俄亥俄州克利夫兰	1946–1947
5	丹佛掘金队（1948–50）	科罗拉多州丹佛	1949-1950
6	印第安纳波利斯喷气机队	印第安纳州印第安纳波利斯	1948–1949
7	印第安纳波利斯奥林匹亚队	印第安纳州印第安纳波利斯	1949–1953
8	匹兹堡铁人队	宾夕法尼亚州匹兹堡	1946–1947
9	普罗维登斯蒸汽压路机队	罗德岛州普罗维登斯	1946–1949
10	希伯根红人队	威斯康星州希伯根	1949–1950

（c）深化步骤

图 24-3　（续）

PQ 自动补全的代码如下：

```
let
源 = Web.Page(
Web.Contents(
"https://baike.baidu.com/item/%E7%BE%8E%E5%9B%BD%E8%81%8C%E4%B8%9A%E7%AF%AE%E7%90%83%E8%81%94%E8%B5%9B?fromtitle=NBA&fromid=95277&fromModule=lemma_search-box")),
    Data2 = 源{2}[Data]
in
    Data2
```

识别文件的 M 函数是 File.Contents()，而识别网页的 M 函数是 Web.Contents()，返回的是二进制类型，参数如下：

```
Web.Contents(
url as text,
optional options as nullable record)
as binary
```

第 1 个参数是网址,类型是文本。

第 2 个参数是可选参数,类型是 record。用于提供网页的属性,参数说明如图 24-4 所示。

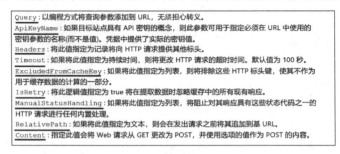

> Query:以编程方式将查询参数添加到 URL,无须担心转义。
> ApiKeyName:如果目标站点具有 API 密钥的概念,则此参数可用于指定必须在 URL 中使用的密钥参数的名称(而不是值)。凭据中提供了实际的密钥值。
> Headers:将此值指定为记录将向 HTTP 请求提供其他标头。
> Timeout:如果将此值指定为持续时间,则将更改 HTTP 请求的超时时间。默认值为 100 秒。
> ExcludedFromCacheKey:如果将此值指定为列表,则将排除这些 HTTP 标头键,使其不作为用于缓存数据的计算的一部分。
> IsRetry:将此逻辑值指定为 true 将在提取数据时忽略缓存中的所有现有响应。
> ManualStatusHandling:如果将此值指定为列表,将阻止对其响应具有这些状态代码之一的 HTTP 请求进行任何内置处理。
> RelativePath:如果将此值指定为文本,则会在发出请求之前将其追加到基 URL。
> Content:指定此值会将 Web 请求从 GET 更改为 POST,并使用选项的值作为 POST 的内容。

图 24-4　第 2 个参数的字段说明

最常用的字段是 Query、Headers 和 Content。

File.Contents()返回的是二进制文件,根据返回的数据需嵌套不同的函数解析,例如 Web.Page()。

Web.Page()的作用是返回 HTML 文档的内容(分解为其组成结构),参数如下:

```
Web.Page(html as any) as table
```

单击第 1 个步骤的最后一行 Table 的内容,一步步深化,发现 Web.Page()除了能够将表格形式解析出来,网页的其他表现形式也能够解析,如图 24-5 所示。

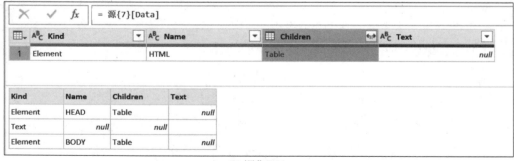

(a) 解析网页

(b) 深化Table

图 24-5　深化 HTML 内容

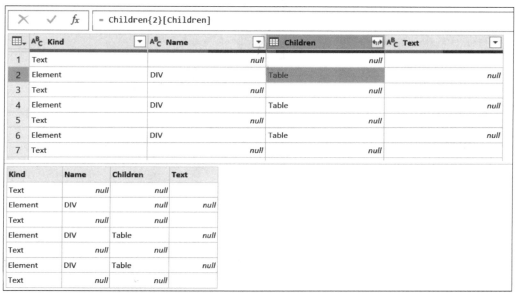

(c) 深化Table

(d) 深化Table

图 24-5 （续）

在 Name 列的名称是 HTML 的标签，常用的结构标签如下：

（1）< html >、</ html >。

（2）< head >、</ head >。

（3）< body >、</ body >

（4）< p >、</ p >。

（5）< div >、</ div >。

（6）< span >、</ span >。

将如图 24-1 所示的百度百科网址栏的网址复制到 PQ 中，网址发生了变化，代码如下：

```
//ch24.1 - 01
https://baike.baidu.com/item/ % E7 % BE % 8E % E5 % 9B % BD % E8 % 81 % 8C % E4 % B8 % 9A % E7 % AF %
AE % E7 % 90 % 83 % E8 % 81 % 94 % E8 % B5 % 9B? fromtitle = NBA&fromid = 95277&fromModule = lemma_
search - box
```

可见，网址中的中文进行了编码。如果将 PQ 中的编码修改成中文，也能够返回数据，如图 24-6 所示。

图 24-6 网址中有中文

在百度百科中搜索 Power Query,结果如图 24-7 所示。

图 24-7 百度百科搜索条目

可见,网址中的空格被转义成％20,是序列化的空格符。这些都是 URL 的编码规则。

Uri.EscapeDataString()的作用是根据 RFC3986 的规则对数据中的特殊字符进行编码,参数如下:

```
Uri.EscapeDataString(data as text) as text
```

示例代码如下:

```
= Uri.EscapeDataString("美国职业篮球联赛")
```

结果如图 24-8 所示。

```
×  ✓  fx  = Uri.EscapeDataString("美国职业篮球联赛")
%E7%BE%8E%E5%9B%BD%E8%81%8C%E4%B8%9A%E7%AF%AE%E7%90%83%E8%81%94%E8%B5%9B
```

图 24-8 编码结果

可见编码的结果和网址中的代码相同。

Uri.Parts()用于解析网址,参数如下:

```
Uri.Parts(absoluteUri as text) as record
```

举例如图 24-9 所示。

解码的代码如下:

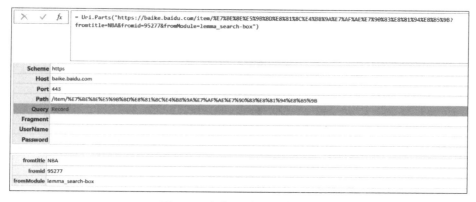

图 24-9 解析网址返回的结果

```
//ch24.1 - 02
编码 = Uri.EscapeDataString("美国职业篮球联赛"),
网址 = Uri.Parts("a?a = "& 编码),        //第 1 个参数用于构造网址
解码 = 网址[Query][a]                    //深化
```

24.2 获取网页文本案例

【例 24-2】 打开百度产品网页,获取百度产品,网址代码如下:

```
https://www.baidu.com/more/
```

用 Web.Page()解析网址返回的结果如图 24-10 所示。

(a) 百度产品网页

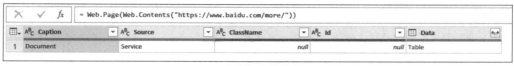

(b) 解析网址的结果

图 24-10 解析网址

本例中获取的不是表格,用 Web. Page()解析,一步步深化 Data 列的 Table,由于很难找到数据,因此使用其他函数解析网页数据。

用 Text. FromBinary()解析,结果如图 24-11 所示。

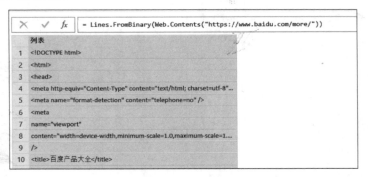

```
✗  ✓  fx  = Text.FromBinary(Web.Contents("https://www.baidu.com/more/"))

   <a href="https://aiqicha.baidu.com/?from=allp" target="_blank"
    >爱企查</a>
    >
    <br />
    <span>专业查企业,就上爱企查</span>
   </div>
  </div>
  <div class="con">
   <div>
```

图 24-11　解析网页内容

可见,产品名称包裹在<a>和</a>之间,因此可用文本类函数将产品名称清洗出来。

本例用 Lines. FromBinary()解析网页,后续的清洗更加方便,参数如下:

```
Lines.FromBinary(
binary as binary,
optional quoteStyle as nullable number,
optional includeLineSeparators as nullable logical,
optional encoding as nullable number)
as list
```

结果如图 24-12 所示。

```
✗  ✓  fx  = Lines.FromBinary(Web.Contents("https://www.baidu.com/more/"))

     列表
1    <!DOCTYPE html>
2    <html>
3    <head>
4    <meta http-equiv="Content-Type" content="text/html; charset=utf-8"...
5    <meta name="format-detection" content="telephone=no" />
6    <meta
7    name="viewport"
8    content="width=device-width,minimum-scale=1.0,maximum-scale=1...
9    />
10   <title>百度产品大全</title>
```

图 24-12　解析网页内容

下一步,将 list 转换成 table,再筛选产品名称,代码如下:

```
//ch24.2-01
let
    源 = Lines.FromBinary(Web.Contents("https://www.baidu.com/more/")),
    转换为表 = Table.FromList(源, Splitter.SplitByNothing()),
    清除的文本 = Table.TransformColumns(转换为表,
        {{"Column1", each Text.Trim(Text.Clean(_))}}),
    筛选的行 = Table.SelectRows(清除的文本,
            each Text.EndsWith( [Column1], "</a>" )
```

```
        and Text.StartsWith( [Column1], ">"))
in
    筛选的行
```

结果如图 24-13 所示。

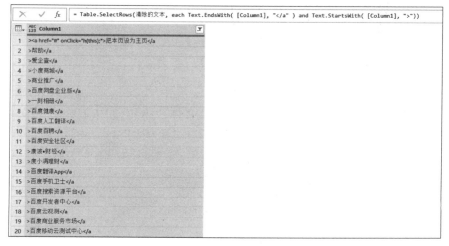

图 24-13　清洗数据的结果

根据网页返回的数据结构使用相应的函数解析，例如，如果返回的是 JSON 数据格式，则可用 Json.Document()解析，参数如下：

```
Json.Document(
jsonText as any,
optional encoding as nullable number)
as any
```

24.3　获取网页数据小结

获取网页数据仅具备 PQ 的知识是远远不够的，还需要了解网页请求的过程等知识。

当用户在浏览器的网址栏中发送一个 URL 之后，浏览器会向 HTTP 服务器发送 HTTP 请求。HTTP 请求主要分为 Get 和 Post 两种方法。

Get 的 PQ 模板可参考代码如下：

```
let
    url = "",                //Request URL 中?前面的部分或 URL
    headers = [Cookie = ""],
    query = [],              //Request URL 中?后面的部分
    web = Text.FromBinary(
        Web.Contents(
            url,[Headers = headers, Query = query]))
in
    web
```

Post 的 PQ 模板可参考代码如下：

```
let
    url = "",
    headers = [ ♯ "Content - Type" = "",Cookie = ""], //Content - Type 必填
    query = [],
    content = "",
    web = Text.FromBinary(
        Web.Contents(url,
            [Headers = headers,
            Query = query,
            Content = Text.ToBinary(content)]))
in
    web
```

上述两段代码中的步骤和参数都是可选的。

获取网页数据的代码的生命周期可能是短暂的，当网页结构、Cookie、反爬机制等发生变化时代码可能失效。

24.4 获取 Outlook 数据

在 PQ 功能区，选择"数据"→"来自在线服务"→"从 Microsoft Exchange Online"，在弹出的对话框中依次操作，如图 24-14 所示。

(a) 导入数据操作

图 24-14 导入 Outlook 数据的步骤

(b) 输入邮箱地址

(c) 登录邮箱

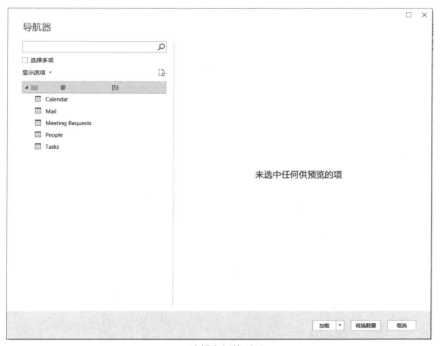

(d) 选择左侧的项目

图 24-14 （续）

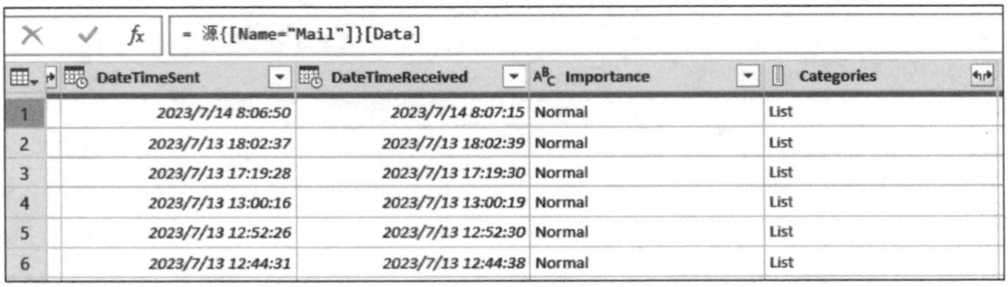

	DateTimeSent	DateTimeReceived	Importance	Categories
1	2023/7/14 8:06:50	2023/7/14 8:07:15	Normal	List
2	2023/7/13 18:02:37	2023/7/13 18:02:39	Normal	List
3	2023/7/13 17:19:28	2023/7/13 17:19:30	Normal	List
4	2023/7/13 13:00:16	2023/7/13 13:00:19	Normal	List
5	2023/7/13 12:52:26	2023/7/13 12:52:30	Normal	List
6	2023/7/13 12:44:31	2023/7/13 12:44:38	Normal	List

(e) 结果

图 24-14 （续）

使用的 M 函数是 Exchange. Contents()。

24.5 获取 PDF 数据

PDF 数据如图 24-15 所示。

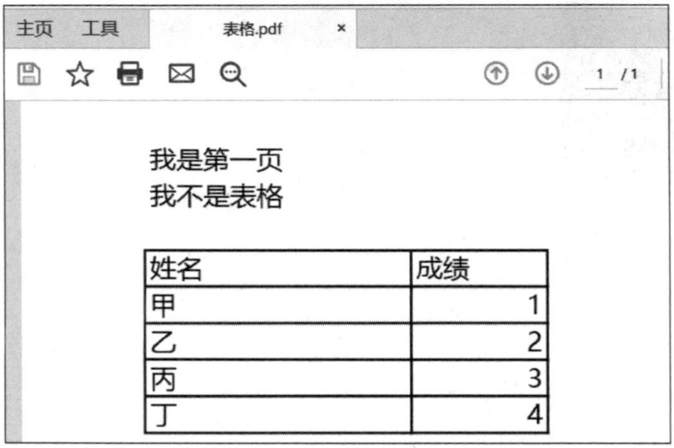

姓名	成绩
甲	1
乙	2
丙	3
丁	4

图 24-15 PDF 数据

在 Excel 功能区，选择“数据”→“获取数据”→“来自文件”→“从 PDF”，弹出的“导航器”窗口如图 24-16 所示。

从图 24-16 中可以看出，PDF 识别出了两种样式，识别出表格数据和页面上的所有数据，如同 Excel. Workbook()识别 Excel 文件，识别出超级表和 Sheet 表一样。

选择“转换数据”，结果如图 24-17 所示。

筛选 Kind/Name/Id，深化 Data 列的值。

Pdf. Tables()是 Excel 365 版本才有的 M 函数，参数如下：

```
Pdf.Tables(
pdf as binary,
optional options as nullable record)
as table
```

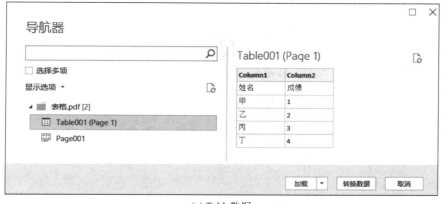

(a) Table数据

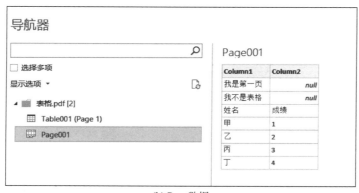

(b) Page数据

图 24-16　"导航器"窗口

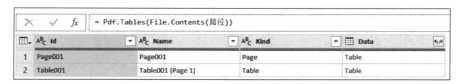

图 24-17　PDF 导入的结果

将 Word 数据另存为 PDF 类型，可以间接解决导入 Word 文件的问题。

图 书 推 荐

书　名	作　者
深度探索 Vue.js——原理剖析与实战应用	张云鹏
剑指大前端全栈工程师	贾志杰、史广、赵东彦
Flink 原理深入与编程实战——Scala＋Java(微课视频版)	辛立伟
Spark 原理深入与编程实战(微课视频版)	辛立伟、张帆、张会娟
PySpark 原理深入与编程实战(微课视频版)	辛立伟、辛雨桐
HarmonyOS 移动应用开发(ArkTS 版)	刘安战、余雨萍、陈争艳 等
HarmonyOS 应用开发实战(JavaScript 版)	徐礼文
HarmonyOS 原子化服务卡片原理与实战	李洋
鸿蒙操作系统开发入门经典	徐礼文
鸿蒙应用程序开发	董昱
鸿蒙操作系统应用开发实践	陈美汝、郑森文、武延军、吴敬征
HarmonyOS 移动应用开发	刘安战、余雨萍、李勇军 等
HarmonyOS App 开发从 0 到 1	张诏添、李凯杰
HarmonyOS 从入门到精通 40 例	戈帅
JavaScript 基础语法详解	张旭乾
华为方舟编译器之美——基于开源代码的架构分析与实现	史宁宁
Android Runtime 源码解析	史宁宁
数字 IC 设计入门(微课视频版)	白栎旸
数字电路设计与验证快速入门——Verilog＋SystemVerilog	马骁
鲲鹏架构入门与实战	张磊
鲲鹏开发套件应用快速入门	张磊
华为 HCIA 路由与交换技术实战	江礼教
华为 HCIP 路由与交换技术实战	江礼教
openEuler 操作系统管理入门	陈争艳、刘安战、贾玉祥 等
5G 核心网原理与实践	易飞、何宇、刘子琦
恶意代码逆向分析基础详解	刘晓阳
深度探索 Go 语言——对象模型与 runtime 的原理、特性及应用	封幼林
深入理解 Go 语言	刘丹冰
Spring Boot 3.0 开发实战	李西明、陈立为
Flutter 组件精讲与实战	赵龙
Flutter 组件详解与实战	[加]王浩然(Bradley Wang)
Flutter 跨平台移动开发实战	董运成
Dart 语言实战——基于 Flutter 框架的程序开发(第 2 版)	亢少军
Dart 语言实战——基于 Angular 框架的 Web 开发	刘仕文
IntelliJ IDEA 软件开发与应用	乔国辉
Vue＋Spring Boot 前后端分离开发实战	贾志杰
Python 量化交易实战——使用 vn.py 构建交易系统	欧阳鹏程
Python 从入门到全栈开发	钱超
Python 全栈开发——基础入门	夏正东
Python 全栈开发——高阶编程	夏正东
Python 全栈开发——数据分析	夏正东
Python 编程与科学计算(微课视频版)	李志远、黄化人、姚明菊 等
Python 游戏编程项目开发实战	李志远
编程改变生活——用 Python 提升你的能力(基础篇·微课视频版)	邢世通

书　名	作　者
编程改变生活——用 Python 提升你的能力(进阶篇·微课视频版)	邢世通
Python 数据分析实战——从 Excel 轻松入门 Pandas	曾贤志
Python 人工智能——原理、实践及应用	杨博雄 主编,于营、肖衡、潘玉霞、高华玲、梁志勇 副主编
Python 概率统计	李爽
Python 数据分析从 0 到 1	邓立文、俞心宇、牛瑶
从数据科学看懂数字化转型——数据如何改变世界	刘通
FFmpeg 入门详解——音视频原理及应用	梅会东
FFmpeg 入门详解——SDK 二次开发与直播美颜原理及应用	梅会东
FFmpeg 入门详解——流媒体直播原理及应用	梅会东
FFmpeg 入门详解——命令行与音视频特效原理及应用	梅会东
FFmpeg 入门详解——音视频流媒体播放器原理及应用	梅会东
Python Web 数据分析可视化——基于 Django 框架的开发实战	韩伟、赵盼
Python 玩转数学问题——轻松学习 NumPy、SciPy 和 Matplotlib	张骞
Pandas 通关实战	黄福星
深入浅出 Power Query M 语言	黄福星
深入浅出 DAX——Excel Power Pivot 和 Power BI 高效数据分析	黄福星
云原生开发实践	高尚衡
云计算管理配置与实战	杨昌家
虚拟化 KVM 极速入门	陈涛
虚拟化 KVM 进阶实践	陈涛
边缘计算	方娟、陆帅冰
LiteOS 轻量级物联网操作系统实战(微课视频版)	魏杰
物联网——嵌入式开发实战	连志安
动手学推荐系统——基于 PyTorch 的算法实现(微课视频版)	於方仁
人工智能算法——原理、技巧及应用	韩龙、张娜、汝洪芳
跟我一起学机器学习	王成、黄晓辉
深度强化学习理论与实践	龙强、章胜
自然语言处理——原理、方法与应用	王志立、雷鹏斌、吴宇凡
TensorFlow 计算机视觉原理与实战	欧阳鹏程、任浩然
计算机视觉——基于 OpenCV 与 TensorFlow 的深度学习方法	余海林、翟中华
深度学习——理论、方法与 PyTorch 实践	翟中华、孟翔宇
HuggingFace 自然语言处理详解——基于 BERT 中文模型的任务实战	李福林
Java+OpenCV 高效入门	姚利民
AR Foundation 增强现实开发实战(ARKit 版)	汪祥春
AR Foundation 增强现实开发实战(ARCore 版)	汪祥春
ARKit 原生开发入门精粹——RealityKit + Swift + SwiftUI	汪祥春
HoloLens 2 开发入门精要——基于 Unity 和 MRTK	汪祥春
巧学易用单片机——从零基础入门到项目实战	王良升
Altium Designer 20 PCB 设计实战(视频微课版)	白军杰
Cadence 高速 PCB 设计——基于手机高阶板的案例分析与实现	李卫国、张彬、林超文
Octave 程序设计	于红博
Octave GUI 开发实战	于红博
ANSYS 19.0 实例详解	李大勇、周宝
ANSYS Workbench 结构有限元分析详解	汤晖
全栈 UI 自动化测试实战	胡胜强、单镜石、李睿
pytest 框架与自动化测试应用	房荔枝、梁丽丽